银领工程——计算机项目案例与技能实训丛书

AutoCAD 建筑绘图

（第2版）

（累计第5次印刷，总印数17000册）

九州书源　编著

清华大学出版社

北　京

内 容 简 介

本书主要介绍了使用 AutoCAD 2008 进行建筑图形绘制的基础知识和基本技巧，主要内容包括：AutoCAD 2008 基础知识、AutoCAD 2008 的基本操作、AutoCAD 2008 的基本绘图命令、AutoCAD 2008 的编辑命令、高效绘制图形的方法、图层的创建与使用、文字和表格的使用、尺寸标注的使用等，并利用各种绘图及编辑命令，完成建筑平面图、建筑立面图、建筑剖面图、建筑总平面图的绘制，以及一个项目设计案例的分析和制作等。

本书采用了基础知识、应用实例、项目案例、上机实训、练习提高的编写模式，力求循序渐进、学以致用，并切实通过项目案例和上机实训等方式提高应用技能，适应工作需求。

本书提供了配套的实例素材与效果文件、教学课件、电子教案、视频教学演示和考试试卷等相关教学资源，读者可以登录 http://www.tup.com.cn 网站下载。

本书适合作为职业院校、培训学校、应用型院校的教材，也是非常好的自学用书。

图书在版编目（CIP）数据

AutoCAD 建筑绘图/九州书源编著. —2 版. —北京：清华大学出版社，2011.12
银领工程——计算机项目案例与技能实训丛书

ISBN 978-7-302-26966-3

I. ①A⋯　II. ①九⋯　III. ①建筑制图-计算机辅助设计-AutoCAD 软件-教材　IV. ①TU204

中国版本图书馆 CIP 数据核字（2011）第 198390 号

责任编辑：赵洛育　刘利民
版式设计：文森时代
责任校对：王　云
责任印制：李红英

出版发行：清华大学出版社　　　　　　　　　　地　　　址：北京清华大学学研大厦 A 座
　　　　　http://www.tup.com.cn　　　　　　　邮　　　编：100084
　　　　　社　总　机：010-62770175　　　　　邮　　　购：010-62786544
　　　　　投稿与读者服务：010-62776969，c-service@tup.tsinghua.edu.cn
　　　　　质　量　反　馈：010-62772015，zhiliang@tup.tsinghua.edu.cn
印　刷　者：北京富博印刷有限公司
装　订　者：北京市密云县京文制本装订厂
经　　　销：全国新华书店
开　　　本：185×260　印　张：20　字　数：462 千字
版　　　次：2011 年 12 月第 2 版　　　印　次：2011 年 12 月第 1 次印刷
印　　　数：1～6000
定　　　价：36.80 元

产品编号：042583-01

丛 书 序
Series Preface

本丛书的前身是"电脑基础·实例·上机系列教程",该丛书于 2005 年出版,陆续推出了 34 个品种,先后被 500 多所职业院校和培训学校作为教材,累计发行 **100 余万册**,部分品种销售在 50000 册以上,多个品种获得 **"全国高校出版社优秀畅销书"一等奖**。

众所周知,社会培训机构通常没有任何社会资助,完全依靠市场而生存,他们必须选择最实用、最先进的教学模式,才能获得生存和发展。因此,他们的很多教学模式更加适合社会需求。本丛书就是在总结当前社会培训的教学模式的基础上编写而成的,而且是被广大职业院校所采用的、最具代表性的丛书之一。

很多学校和读者对本丛书耳熟能详。应广大读者要求,我们对该丛书进行了改版,主要变化如下:

● 建立完善的立体化教学服务。
● 更加突出"应用实例"、"项目案例"和"上机实训"。
● 完善学习中出现的问题,更加方便学生自学。

一、本丛书的主要特点

1. 围绕工作和就业,把握"必需"和"够用"的原则,精选教学内容

本丛书不同于传统的教科书,与工作无关的、理论性的东西较少,而是精选了实际工作中确实常用的、必需的内容,在深度上也把握了以工作够用的原则,另外,本丛书的应用实例、上机实训、项目案例、练习提高都经过多次挑选。

2. 注重"应用实例"、"项目案例"和"上机实训",将学习和实际应用相结合

实例、案例学习是广大读者最喜爱的学习方式之一,也是最快的学习方式之一,更是最能激发读者学习兴趣的方式之一,我们通过与知识点贴近或者综合应用的实例,让读者多从应用中学习、从案例中学习,并通过上机实训进一步加强练习和动手操作。

3. 注重循序渐进,边学边用

我们深入调查了许多职业院校和培训学校的教学方式,研究了许多学生的学习习惯,采用了基础知识、应用实例、项目案例、上机实训、练习提高的编写模式,力求循序渐进、学以致用,并切实通过项目案例和上机实训等方式提高应用技能,适应工作需求。唯有学以致用,边学边用,才能激发学习兴趣,把被动学习变成主动学习。

二、立体化教学服务

为了方便教学，丛书提供了立体化教学网络资源，放在清华大学出版社网站上。读者登录 http://www.tup.com.cn 后，在页面右上角的搜索文本框中输入书名，搜索到该书后，单击"立体化教学"链接下载即可。"立体化教学"内容如下。

- **素材与效果文件**：收集了当前图书中所有实例使用到的素材以及制作后的最终效果。读者可直接调用，非常方便。
- **教学课件**：以章为单位，精心制作了该书的 PowerPoint 教学课件，课件的结构与书本上的讲解相符，包括本章导读、知识讲解、上机及项目实训等。
- **电子教案**：综合多个学校对于教学大纲的要求和格式，编写了当前课程的教案，内容详细，稍加修改即可直接应用于教学。
- **视频教学演示**：将项目实训和习题中较难、不易于操作和实现的内容，以录屏文件的方式再现操作过程，使学习和练习变得简单、轻松。
- **考试试卷**：完全模拟真正的考试试卷，包含填空题、选择题和上机操作题等多种题型，并且按不同的学习阶段提供了不同的试卷内容。

三、读者对象

本丛书可以作为职业院校、培训学校的教材使用，也可作为应用型本科院校的选修教材，还可作为即将步入社会的求职者、白领阶层的自学参考书。

我们的目标是让起点为零的读者能胜任基本工作！

欢迎读者使用本书，祝大家早日适应工作需求！

九州书源

前 言
Preface

　　建筑设计是一个专业性很强的传统行业，近年来随着电脑辅助设计走进建筑设计行业，不仅让更多的人能够轻松地踏进建筑设计门槛，更大大促进了建筑行业的发展。其中AutoCAD就是众多可以将电脑辅助设计应用到建筑上的软件之一，并且在同类软件中，它以功能强大、易学易用，以及具有良好的二次开发空间等特性成为全球应用最广泛的电脑辅助设计软件。

　　AutoCAD是由美国Autodesk公司生产的自动电脑辅助设计软件，主要用于二维绘图、详细绘制、设计文档等，本书将软件功能与行业实际应用相结合，通过众多的案例练习，以使读者更好地掌握AutoCAD 2008的应用，并能绘制建筑图形。

📖 本书的内容

　　本书共13章，可分为6个部分，各部分具体内容如下。

章　节	内　容	目　的
第1部分（第1～2章）	认识AutoCAD 2008工作界面、工作空间的切换、绘图环境的设置、图形文件的管理、命令的调用方法、认识与设置坐标系、视图的缩放、图形的输出	了解AutoCAD 2008的基本知识，掌握其基本操作
第2部分（第3～4章）	直线、构造线、圆、圆弧、椭圆、矩形、正多边形的绘制，以及修剪、延伸、打断、分解、复制、镜像、阵列、偏移、倒角、圆角等编辑命令的使用等	掌握基本图形的绘制及常用命令的使用
第3部分（第5～6章）	AutoCAD 2008中辅助功能的使用、使用图层管理图形对象，以及使用图块功能快速完成图形的绘制	掌握各种辅助功能的使用，以及图层的管理和图块的绘制
第4部分（第7～8章）	创建文字样式、使用单行和多行文字命令对建筑图形进行文字标注、创建尺寸标注样式等，以及使用尺寸标注命令对图形进行标注	掌握AutoCAD中文字的应用和尺寸标注的具体应用
第5部分（第9～12章）	使用AutoCAD 2008绘制建筑设计的各种图形，主要包括建筑设计中的建筑平面图、建筑立面图、建筑剖面图和建筑总平面图的绘制	能够结合前面所学知识绘制各种建筑图形
第6部分（第13章）	绘制住宅楼底层平面图、住宅楼立面图、住宅楼剖面图	巩固前面所学知识，提高综合运用AutoCAD进行建筑绘图的能力

✍ 本书的写作特点

　　本书图文并茂、条理清晰、通俗易懂、内容翔实，在读者难于理解和掌握的地方给出了提示或注意，并加入了许多 AutoCAD 的使用技巧，使读者能快速提高软件的使用技能。另外，本书中配置了大量的实例和练习，让读者在不断地实际操作中强化书中讲解的内容。

本书每章按"学习目标+目标任务&项目案例+基础知识与应用实例+上机及项目实训+练习与提高"结构进行讲解。

- ➥ **学习目标**：以简练的语言列出本章知识要点和实例目标，使读者对本章将要讲解的内容做到心中有数。
- ➥ **目标任务&项目案例**：给出本章部分实例和案例结果，让读者对本章的学习有一个具体的、看得见的目标，不至于感觉学了很多却不知道干什么用，以至于失去学习兴趣和动力。
- ➥ **基础知识与应用实例**：将实例贯穿于知识点中讲解，使知识点和实例融为一体，让读者加深理解思路、概念和方法，并模仿实例的制作，通过应用举例强化巩固小节知识点。
- ➥ **上机及项目实训**：上机实训为一个综合性实例，用于贯穿全章内容，并给出具体的制作思路和制作步骤，完成后给出一个项目实训，用于进行拓展练习，还提供实训目标、视频演示路径和关键步骤，以便于读者进一步巩固。
- ➥ **项目案例**：为了更加贴近实际应用，本书给出了一些项目案例，希望读者能完整了解整个制作过程。
- ➥ **练习与提高**：本书给出了不同类型的习题，以巩固和提高读者的实际动手能力。

另外，本书还提供有素材与效果文件、教学课件、电子教案、视频教学演示和考试试卷等相关立体化教学资源，立体化教学资源放置在清华大学出版社网站（http://www.tup.com.cn），进入网站后，在页面右上角的搜索引擎中输入书名，搜索到该书，单击"立体化教学"链接即可。

☺ 本书的读者对象

本书主要适用于 AutoCAD 初学者、建筑设计人员、绘图人员，尤其适合作为各大中专院校及社会培训班的 AutoCAD 教材使用。

✉ 本书的编者

本书由九州书源编著，参与本书资料收集、整理、编著、校对及排版的人员有：羊清忠、陈良、杨学林、卢炜、夏帮贵、刘凡馨、张良军、杨颖、王君、张永雄、向萍、曾福全、简超、李伟、黄沄、穆仁龙、陆小平、余洪、赵云、袁松涛、艾琳、杨明宇、廖宵、牟俊、陈晓颖、宋晓均、朱非、刘斌、丛威、何周、张笑、常开忠、唐青、骆源、宋玉霞、向利、付琦、范晶晶、赵华君、徐云江、李显进等。

由于作者水平有限，书中疏漏和不足之处在所难免，欢迎读者朋友不吝赐教。如果您在学习的过程中遇到什么困难或疑惑，可以联系我们，我们会尽快为您解答。联系方式是：

E-mail：book@jzbooks.com。

网　址：http://www.jzbooks.com。

编　者

导　读

Introduction

章　名	操 作 技 能	课 时 安 排
第 1 章　AutoCAD 基础知识	1. 学会启动和退出 AutoCAD 2008 2. 了解 AutoCAD 2008 的绘图环境 3. 掌握图形文件的管理	2 学时
第 2 章　AutoCAD 基本操作	1. 掌握绘图基本常识 2. 掌握 AutoCAD 命令的使用 3. 掌握输入坐标点的方法 4. 掌握调整视图显示的方法 5. 掌握图形输出的方法	1 学时
第 3 章　绘制基本建筑图形	1. 掌握线段对象的绘制 2. 掌握弧形对象的绘制 3. 掌握多边形和矩形的绘制 4. 掌握点对象的绘制 5. 掌握图案填充的方法	3 学时
第 4 章　编辑建筑图形	1. 掌握选择图形对象的方法 2. 掌握修改图形对象的方法 3. 掌握复制图形对象的方法 4. 掌握改变图形对象大小及位置的方法	3 学时
第 5 章　高效率绘图	1. 掌握利用辅助功能绘图的方法 2. 掌握图块绘图的技巧	2 学时
第 6 章　使用图层管理图形	1. 理解图层概念 2. 掌握创建并设置图层的方法 3. 掌握图层管理的方法	1 学时
第 7 章　文字和表格的使用	1. 掌握创建文字样式的方法 2. 掌握创建单行文字说明的方法 3. 掌握创建多行文字说明的方法 4. 掌握修改文字内容的方法 5. 掌握创建表格样式的方法 6. 掌握创建表格文字的方法	2 学时
第 8 章　尺寸标注	1. 掌握创建并设置标注样式的方法 2. 掌握修改标注样式的方法 3. 掌握使用标注命令标注图形对象的方法	2 学时

续表

章　名	操作技能	课时安排
第 9 章　绘制建筑平面图	1．了解建筑平面图的基本组成 2．掌握建筑平面设计的步骤 3．掌握建筑平面设计的基本方法 4．了解标注平面图的方法	2 学时
第 10 章　绘制建筑立面图	1．了解建筑设计立面图的概念 2．掌握建筑立面图绘制的基本步骤 3．了解建筑立面图绘制的技巧 4．了解建筑立面图的标注方式	2 学时
第 11 章　绘制建筑剖面图	1．了解建筑设计剖面图的概念 2．掌握建筑剖面图绘制的基本步骤 3．了解建筑剖面图绘制的技巧 4．了解建筑剖面图的标注方式	2 学时
第 12 章　绘制建筑总平面图	1．了解建筑设计总平面图的生成 2．掌握建筑总平面图的组成 3．了解建筑总平面图绘制的技巧	2 学时
第 13 章　项目设计案例	1．绘制住宅楼底层平面图 2．绘制住宅楼立面图 3．绘制住宅楼剖面图	2 学时

目 录

Contents

第 1 章　AutoCAD 基础知识

学习目标

- ☑ 启动与退出 AutoCAD 2008
- ☑ 调用工具栏、设置状态显示内容设置 AutoCAD 2008 工作界面
- ☑ 使用绘制单位、图形界限等命令设置 AutoCAD 2008 绘图环境
- ☑ 使用绘制单位、调用工具栏等方法创建 "建筑绘图" 图形文件

目标任务&项目案例

AutoCAD 2008 工作界面

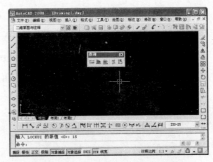

设置 AutoCAD 2008 工作界面

设置绘图环境

图形文件基本操作

使用 AutoCAD 2008 绘制图形时，首先应对图形的工作界面、绘图环境进行设置，并熟练掌握图形文件的相关操作。本章将具体讲解 AutoCAD 2008 工作界面、绘图环境的设置，以及图形文件的相关操作和对图形文件进行加密操作等。

1.1 认识 AutoCAD 2008

AutoCAD 2008 是由美国 Autodesk 公司开发的一款电脑辅助设计绘图软件，它的用途非常广泛，尤其在建筑设计方面应用更为普遍。下面将介绍 AutoCAD 2008 的启动与退出，以及工作界面的相关知识等。

1.1.1 启动与退出 AutoCAD 2008

在使用软件时，首先要启动该软件，完成操作后，应该退出该软件，这是软件操作的一般规范。启动和退出 AutoCAD 2008 的方式有多种，下面将进行详细的讲解。

1. 启动 AutoCAD 2008

将 AutoCAD 2008 安装完成后，就可以启动该软件进行绘图操作了，下面介绍两种启动 AutoCAD 2008 的方法。

> ❧ **从桌面图标启动**：双击桌面上的 图标，即可启动 AutoCAD 2008，如图 1-1 所示。
> ❧ **从"开始"菜单启动**：单击 Windows 窗口左下角的 按钮，在弹出的"开始"菜单中选择"所有程序/Autodesk/AutoCAD 2008-Simplified Chinese/AutoCAD 2008"命令，即可启动 AutoCAD 2008，如图 1-2 所示。

图 1-1 双击桌面快捷图标

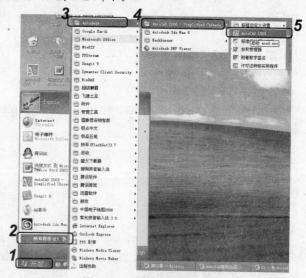

图 1-2 使用"开始"菜单启动

2. 退出 AutoCAD 2008

在完成图形的绘制及编辑之后，要退出 AutoCAD 程序。可以使用以下 3 种方法退出：

> ❧ 单击 AutoCAD 标题栏右上角的 按钮，即可退出 AutoCAD 2008，如图 1-3 所示。
> ❧ 选择"文件/退出"命令，退出 AutoCAD 2008。
> ❧ 单击标题栏左边的 图标，在弹出的快捷菜单中选择"关闭"命令，如图 1-4 所示。

图 1-3　单击"关闭"按钮

图 1-4　选择"关闭"命令

1.1.2　AutoCAD 2008 工作界面

启动 AutoCAD 2008 后，将打开如图 1-5 所示的工作界面，包括标题栏、菜单栏、工具栏、绘图区、十字光标、坐标系图标、命令行、状态栏等部分。下面对工作界面的各组成部分进行详细的介绍。

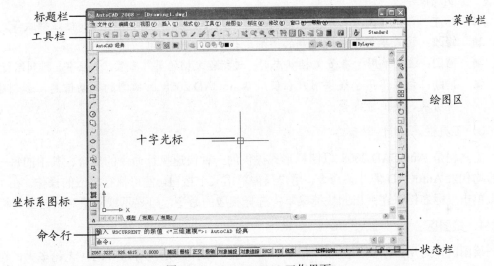

图 1-5　AutoCAD 2008 工作界面

1. 标题栏

标题栏位于工作界面的最上端，与其他图形图像类的软件相似，其左边显示了图标、软件名称和文件名称，其右边是"最小化"按钮■、"还原"按钮■（或"最大化"按钮■）和"关闭"按钮■ 3 个按钮，可以对图形进行最小化、还原（或最大化）和关闭操作。

◆》提示：

> 在标题栏的任意位置单击鼠标右键，将弹出相应的快捷菜单，选择快捷菜单中不同的命令将对窗口进行还原、移动、大小、最小化、最大化和关闭等操作。

2. 菜单栏

菜单栏位于标题栏的下方，其中包括了 AutoCAD 中常用的命令，通过各命令可以完成绘图及相应的编辑操作。菜单栏包括"文件"、"编辑"、"视图"、"插入"、"格式"、"工具"、"绘图"、"标注"、"修改"、"窗口"和"帮助"11 个下拉式菜单，下面分别对各菜单的功能进行介绍。

- **文件**：该菜单用于管理图形文件，还可以对文件的页面进行设置，如新建、打开、保存、输出和打印等。
- **编辑**：该菜单用于文件常规编辑操作，如剪切、复制、粘贴、链接、查找等。
- **视图**：该菜单用于管理 AutoCAD 的工作界面，如重画、重生成、缩放、平移、鸟瞰视图、着色以及渲染等操作。
- **插入**：该菜单主要用于在当前 AutoCAD 绘图状态下，插入所需的图块或其他格式的文件，如块、字段等。
- **格式**：该菜单用于设置与绘图环境有关的参数，如图层、颜色、线型、文字样式、标注样式、点样式等。
- **工具**：该菜单为用户设置了一些辅助绘图工具，如拼写检查、快速选择和查询等。
- **绘图**：该菜单中包含了用户绘制二维或三维图形时所需的命令，如直线、多线、多线段等。
- **标注**：该菜单用于对所绘制的图形进行尺寸标注，如快速标注、标注样式等。
- **修改**：该菜单用于对所绘制的图形进行编辑，如镜像、偏移等。
- **窗口**：该菜单用于在多文档状态时，进行各文档的屏幕布置，如层叠、排列图标等。
- **帮助**：该菜单用于提供用户在使用 AutoCAD 2008 时所需的帮助信息，如创建支持请求、其他资源等。

3．工具栏

工具栏是 AutoCAD 2008 以图标形式提供的一种快速执行命令的集合，其中的每一个按钮均代表 AutoCAD 的一条命令，用户只需单击某个按钮，便可执行相应的操作。在工具栏上单击鼠标右键，在弹出的快捷菜单中选择相应的命令，可显示或隐藏对应的工具栏。

4．绘图区

绘图区作为用户绘图的区域，位于屏幕中央。绘图区是没有边界的，无论多大的图形都可置于其中，通过绘图区右侧及下方的滚动条可拖动当前绘图区进行上、下、左、右移动。

5．命令行

命令行位于绘图区下方，是 AutoCAD 2008 与用户对话的一个平台。AutoCAD 通过命令行反馈各种信息，用户应密切关注命令行中出现的信息，并按信息提示进行相应的操作。使用 AutoCAD 绘图时，命令行一般有如下两种显示状态。

- **等待命令输入状态**：表示系统等待用户输入命令，从而进行图形的绘制或编辑操作，如图 1-6 所示。
- **命令执行状态**：在执行命令的过程中，命令行中将显示该命令的操作提示，以方便用户快速地确定下一步操作，如图 1-7 所示。

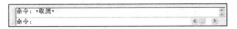

图 1-6　等待命令输入状态

图 1-7　命令执行状态

6．状态栏

状态栏位于 AutoCAD 2008 工作界面的最下方，主要由坐标值、辅助功能按钮、注释比例和状态栏菜单等组成，如图 1-8 所示。各部分的作用分别如下。

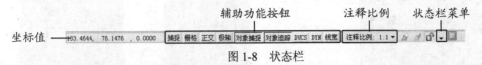

图 1-8　状态栏

- **坐标值**：用于显示当前光标的坐标，移动鼠标光标，坐标值也将随之发生变化。单击该坐标值区域，可关闭该功能。
- **辅助功能按钮**：用于设置 AutoCAD 的辅助绘图功能，如捕捉、栅格、对象追踪、线宽显示等。这些工具按钮属于开关型按钮，单击某个按钮，使其处于凹陷状态即表示启用了该功能；再次单击该按钮，使其处于凸起状态则表示关闭了该功能。
- **注释比例**：注释比例默认状态下是 1:1，根据用户的不同需求，可以自行调整注释比例，方法是单击其右侧的 ▾ 按钮，在弹出的下拉菜单中选择需要的比例即可。
- **状态栏菜单**：单击状态栏右侧的 ▾ 按钮，在弹出的下拉菜单中选择相应的命令，可显示或隐藏状态栏的相应部分。

1.1.3　应用举例——设置 AutoCAD 2008 工作界面

启动 AutoCAD 2008，对 AutoCAD 2008 的绘图区的颜色、十字光标进行更改，并调用工具栏，设置状态显示内容等，效果如图 1-9 所示。

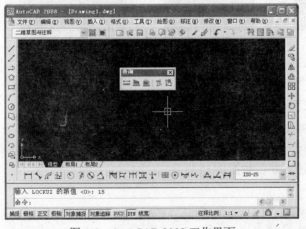

图 1-9　AutoCAD 2008 工作界面

操作步骤如下：

（1）单击 Windows 窗口左下角的 ▉▉▉ 按钮，选择"所有程序/Autodesk/AutoCAD 2008-Simplified Chinese/AutoCAD 2008"命令，启动 AutoCAD 2008。

（2）单击右侧面板固定窗口右上角的⊠按钮，将窗口关闭，如图 1-10 所示。

（3）在任意工具栏上单击鼠标右键，在弹出的快捷菜单中选择"绘图"命令，调用"绘图"工具栏，如图 1-11 所示。

图 1-10　关闭面板　　　　　　　图 1-11　调用"绘图"工具栏

（4）在任意工具栏上单击鼠标右键，在弹出的快捷菜单中选择"修改"命令，调用"修改"工具栏，如图 1-12 所示。

（5）在任意工具栏上单击鼠标右键，在弹出的快捷菜单中选择"查询"命令，调用"查询"工具栏，如图 1-13 所示。

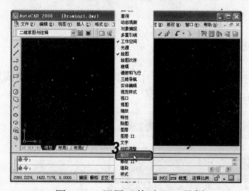
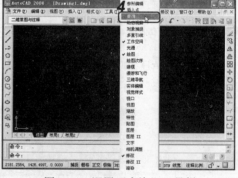

图 1-12　调用"修改"工具栏　　　　图 1-13　调用"查询"工具栏

（6）在任意工具栏上单击鼠标右键，在弹出的快捷菜单中选择"标注"命令，调用"标注"工具栏，如图 1-14 所示。

（7）将鼠标移动到"标注"工具栏的标题栏上，按住鼠标左键不放并拖动，将"标注"工具栏移动到绘图区下方，如图 1-15 所示。

📢提示：

在绘图区四周的工具栏称为固定工具栏，在绘图区上方的工具栏称为浮动工具栏，可以拖动浮动工具栏的标题栏，将浮动工具栏更改为固定工具栏，也可以拖动固定工具栏前方的▤图标，将固定工具栏更改为浮动工具栏。

（8）在任意工具栏中单击鼠标右键，在弹出的快捷菜单中选择"锁定位置/全部/锁定"命令，将工具栏、浮动窗口全部进行锁定，如图 1-16 所示。

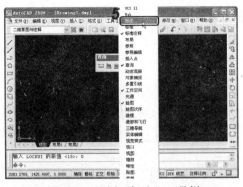

图 1-14 调用"标注"工具栏

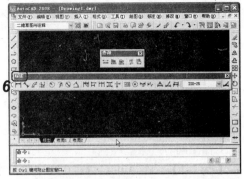

图 1-15 移动"标注"工具栏

（9）单击状态栏右侧的 ▾ 按钮，在弹出的下拉菜单中取消选择"光标坐标值"命令，取消光标坐标值在状态栏中的显示，如图 1-17 所示。

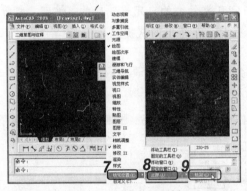

图 1-16 锁定工具栏

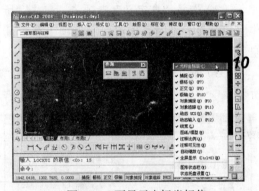

图 1-17 不显示光标坐标值

1.2 AutoCAD 2008 绘图环境

为了提高绘图效率，用户可以根据使用习惯对建筑绘图的工作环境进行设置。设置绘图环境主要包括设置工作空间、图形界限、绘图单位以及命令行字体和显示行数等操作。

1.2.1 设置工作空间

在 AutoCAD 中，使用工作空间可以帮助用户简化常规任务，使绘图任务和工作流程最佳化，从而提高绘图的效率。

1. 认识工作空间

工作空间是经过分组的菜单栏、工具栏、工具选项板和面板的集合，通过工作空间，用户可以在自定义的、面向任务的绘图环境中工作。AutoCAD 默认定义了"二维草图与注释"、"三维建模"和"AutoCAD 经典"3 个工作空间，用户可以通过如图 1-18 所示的"工作空间"工具栏在不同的工作空间之间进行切换。

图 1-18 "工作空间"工具栏

2. 配置工作空间

在实际操作中，系统默认的工作空间并不一定适合个人的需要，此时可以通过"自定义用户界面"对话框来配置适合的工作空间，并对其进行保存，方便以后在需要时直接调用该工作空间。

【例 1-1】 在 AutoCAD 2008 中创建名为"建筑绘图"的工作空间，并对工作空间要显示的工具栏、菜单进行设置。

（1）启动 AutoCAD 2008，选择"工具/工作空间/自定义"命令，打开"自定义用户界面"对话框。

（2）选择"自定义"选项卡，单击"所有 CUI 文件中的自定义"后的 ❤ 按钮，打开工作空间列表，在"工作空间"选项上单击鼠标右键，在弹出的快捷菜单中选择"新建工作空间"命令，如图 1-19 所示。

（3）将创建的工作空间的名称更改为"建筑绘图"，单击 `自定义工作空间(C)` 按钮，如图 1-20 所示。

图 1-19 创建工作空间 　　　图 1-20 更改工作空间名称

（4）单击"工具栏"选项前的 ⊞ 图标，展开"工具栏"扩展树，在其中选中"标注"、"绘图"、"查询"、"修改"、"特性"、"图层"和"对象捕捉"对应的复选框，如图 1-21 所示。

（5）单击"菜单"选项前的 ⊞ 图标，展开"菜单"扩展树，在其中选中"文件"、"编辑"、"视图"、"格式"、"绘图"和"修改"对应的复选框，如图 1-22 所示。

（6）完成设置后，单击 `完成(D)` 按钮，在"自定义用户界面"对话框中单击 `确定(O)` 按钮，返回 AutoCAD 2008 工作界面，如图 1-23 所示。

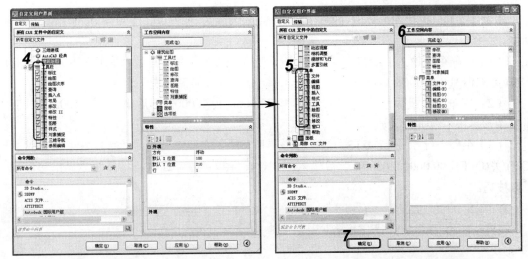

图 1-21 设置工作空间工具栏　　　　　　图 1-22 设置工作空间菜单

（7）在 AutoCAD 2008 的工作界面的"工作空间"工具栏中单击 二维草图与注释 下拉列表框，在弹出的下拉列表中选择"建筑绘图"工作空间选项，切换至创建的"建筑绘图"工作空间，如图 1-24 所示。

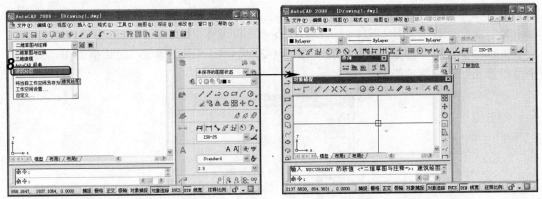

图 1-23 选择工作空间　　　　　　　　图 1-24 切换工作空间

提示：

> 在切换工作空间之后，可以对工作空间中的工具栏、选项板进行调用和关闭操作，也可以更改工具栏、选项板的位置，并对其进行锁定等操作。

1.2.2 设置图形界限

在绘制图形前可根据图纸的规格设置绘图范围，即图形界限，一般图形界限应大于或等于选择的图纸尺寸。执行图形界限命令主要有如下两种调用方法：

- 选择"格式/图形界限"命令。
- 在命令行中执行 LIMITS 命令。

【例1-2】　执行图形界限命令，将图形界限设置为"29700,21000"，并打开图形界限功能。

（1）在命令行输入 LIMITS，执行图形界限命令，在命令行提示"指定左下角点或 [开(ON)/关(OFF)] <0.0000,0.0000>:"后按 Enter 键指定图形界限的左下角端点。

（2）在命令行提示"指定右上角点 <420.0000,297.0000>:"后输入"29700,21000"，指定图形界限右上角的端点。

（3）在命令行输入 LIMITS，执行图形界限命令，在命令行提示"指定左下角点或 [开(ON)/关(OFF)] <0.0000,0.0000>:"后输入"ON"，选择"开"选项，打开图形界限功能。

✍️技巧：

> 使用图形界限命令设置绘图区域之后，还应该打开图形界限功能，这样绘制图形时，只能在设置的范围内进行；当关闭绘图界限检查功能后，绘制图形时将不受图形界限的限制。

1.2.3　设置绘图单位

绘图单位就是在使用 AutoCAD 2008 绘图时采用的单位。一般情况下，绘图单位都采用样板文件的默认设置，用户也可根据需要重设绘图单位。设置绘图单位的命令主要有如下两种调用方法：

- 　选择"格式/单位"命令。
- 　在命令行中执行 UNITS、DDUNITS 或 UN 命令。

执行以上任意一种操作后，将打开如图 1-25 所示的"图形单位"对话框。在该对话框中可设置长度、角度的类型与精度。

图 1-25　"图形单位"对话框

各选项的作用如下。

- 　"长度"栏：在"类型"下拉列表框中选择长度单位的类型，如分数、工程、建筑、科学、小数等；在"精度"下拉列表框中可选择长度单位的精度。
- 　"角度"栏：在"类型"下拉列表框中选择角度单位的类型，如百分度、度/分/秒、弧度、勘测单位、十进制度数等；在"精度"下拉列表框中可选择角度单位的精度。
- 　☐顺时针(C)复选框：系统默认不选中该复选框，即以逆时针方向旋转的角度为正方向；选中该复选框，则以顺时针方向为正方向。

- ➥ "插入比例"栏：在"用于缩放插入内容的单位"下拉列表框中可选择插入图块时的单位，这也是当前绘图环境的尺寸单位。
- ➥ "光源"栏：主要是用于指定光源强度的单位，其中包括"国际"、"美国"和"常规"选项，一般情况保持默认的"国际"选项即可。

1.2.4　设置十字光标大小

十字光标一般位于绘图区中，以十字形式显示，可用于绘图时指定坐标点，也可以用于选择要进行编辑的图形对象。在 AutoCAD 2008 中，十字光标的默认大小为屏幕的 5%，用户也可以根据实际需要设定十字光标的大小。

【例 1-3】　将十字光标的大小进行调整，其大小为整个屏幕的 20%。

（1）选择"工具/选项"命令，打开"选项"对话框，选择"显示"选项卡，如图 1-26 所示。

（2）在"十字光标大小"栏的文本框中输入"20"，指定十字光标的大小，单击 确定 按钮，关闭"选项"对话框，效果如图 1-27 所示。

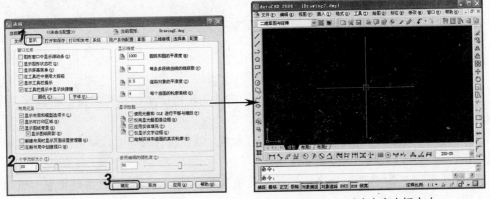

图 1-26　"选项"对话框　　　　　　　图 1-27　更改十字光标大小

📢提示：

十字光标大小的取值范围一般为"1~100"，"100"表示十字光标全屏幕显示，其默认尺寸为"5"；数值越大，十字光标越长。

1.2.5　设置绘图区颜色

启动 AutoCAD 后，其绘图区的颜色默认为黑色，用户可以根据自己的需要对绘图区的颜色进行修改。

【例 1-4】　将绘图区的颜色由黑色更改为蓝色。

（1）选择"工具/选项"命令，打开"选项"对话框，选择"显示"选项卡，如图 1-28 所示。然后单击"窗口元素"栏中的 颜色(C)... 按钮，打开"图形窗口颜色"对话框。

（2）在"图形窗口颜色"对话框中单击"颜色"下拉列表框后的 ∨ 按钮，弹出颜色下拉列表，在其中选择"蓝"选项，如图 1-29 所示。

（3）单击 应用并关闭 按钮，返回"选项"对话框，单击 确定 按钮返回到工作界面中，绘图区颜色将更改为蓝色。

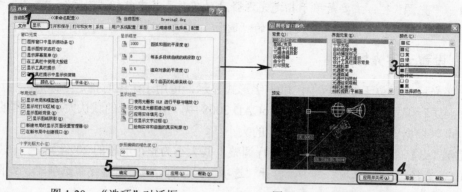

图 1-28 "选项"对话框　　　　图 1-29 "图形窗口颜色"对话框

技巧：

> 将绘图区背景颜色设置为白色后，十字光标的颜色会自动变为黑色。在"图形窗口颜色"对话框的"界面元素"列表框中提供了"模型空间光标"、"命令行背景"和"命令行文字"等选项，通过选择这些选项可以对十字光标颜色、命令行背景颜色和文字颜色等进行设置。

1.2.6 设置鼠标右键功能

使用 AutoCAD 2008 绘制图形时，在不同的绘图阶段中单击鼠标右键，可以调出不同的快捷菜单命令，以帮助用户提高绘图效率。

【例 1-5】 对单击鼠标右键的功能进行设置，使在执行命令时，单击鼠标右键的功能为确认。

（1）选择"工具/选项"命令，打开"选项"对话框，选择"用户系统配置"选项卡，如图 1-30 所示。

（2）单击"Windows 标准操作"栏中的 自定义右键单击(I)... 按钮，打开"自定义右键单击"对话框，如图 1-31 所示。

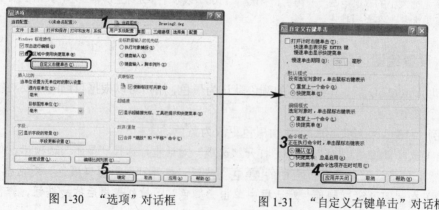

图 1-30 "选项"对话框　　　　图 1-31 "自定义右键单击"对话框

（3）在"命令模式"栏中选中 ⊙确认(R) 单选按钮，单击 应用并关闭 按钮，返回"选项"对话框，单击 确定 按钮，完成鼠标右键单击功能的设置。

1.2.7　应用举例——设置工作环境

本例将利用前面所学的知识，设置 AutoCAD 2008 的工作环境，效果如图 1-32 所示（立体化教学:\源文件\第 1 章\工作环境.dwg）。

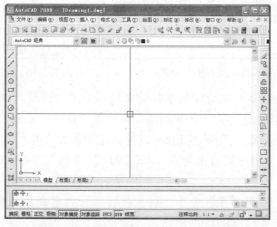

图 1-32　设置 AutoCAD 2008 工作环境

操作步骤如下：

（1）启动 AutoCAD 2008，在"工作空间"工具栏中单击 二维草图与注释 下拉列表框，在弹出的下拉列表中选择"AutoCAD 经典"选项，将 AutoCAD 2008 的工作空间切换至 AutoCAD 经典，如图 1-33 所示。

（2）单击"选项板-所有选项板"的 X 按钮，关闭该窗口，如图 1-34 所示。

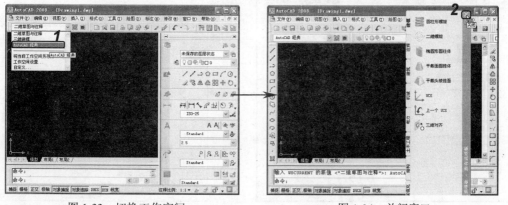

图 1-33　切换工作空间　　　　　　　　　图 1-34　关闭窗口

（3）选择"格式/单位"命令，执行图形单位命令，打开"图形单位"对话框，如图 1-35 所示。

（4）在"长度"栏的"类型"下拉列表框中选择"小数"选项，在"精度"下拉列表框中选择"0"选项，如图 1-36 所示。

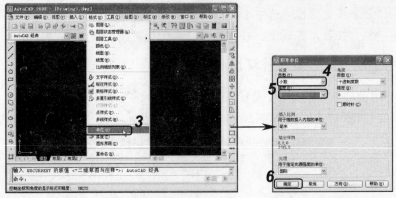

图 1-35 执行图形单位命令   图 1-36 设置图形单位

（5）单击 [确定] 按钮，完成图形单位的设置，关闭"图形单位"对话框。

（6）选择"格式/图形界限"命令，执行图形界限命令，在命令行提示"指定左下角点或 [开(ON)/关(OFF)] <0,0>:"后按 Enter 键指定绘图区左下角的端点。

（7）在命令行提示"指定右上角点 <420,297>:"后输入"42000,29700"，指定图形界限的右上角的端点。

（8）选择"格式/图形界限"命令，再次执行图形界限命令，在命令行提示"指定左下角点或 [开(ON)/关(OFF)] <0,0>:"后输入"ON"，选择"开"选项，打开图形界限功能。

（9）选择"工具/选项"命令，打开"选项"对话框，选择"显示"选项卡，在"十字光标大小"栏的文本框中输入"100"，设置十字光标的大小，如图 1-37 所示。

（10）单击"窗口元素"栏中的 [颜色(C)...] 按钮，打开"图形窗口颜色"对话框，在"背景"列表框中选择"二维模型空间"选项，在"界面元素"列表框中选择"统一背景"选项，在"颜色"下拉列表框中选择"白"选项，如图 1-38 所示。

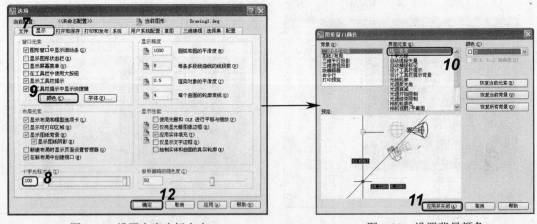

图 1-37 设置十字光标大小   图 1-38 设置背景颜色

（11）在"图形窗口颜色"对话框中单击 [应用并关闭(A)] 按钮，返回"选项"对话框。

（12）单击 [确定] 按钮，完成绘图区颜色及十字光标大小的更改，关闭"选项"对话框，返回绘图区。

1.3　AutoCAD 图形文件管理

在使用 AutoCAD 2008 进行图形的绘制之前，应掌握管理图形文件的基本操作，如新建、保存、打开和关闭图形文件，以及对文件进行加密等操作。

1.3.1　新建图形文件

启动 AutoCAD 之后，系统自动打开一个默认名称为 Drawing1 的图形文件。在绘制图形时，需要新建图形文件。新建图形文件命令的调用方法有如下 3 种：

- ➥ 选择"文件/新建"命令。
- ➥ 单击"标准"工具栏中的"新建"按钮 。
- ➥ 直接在命令行中输入 NEW 命令。

执行以上任意一种操作后将打开如图 1-39 所示的"选择样板"对话框，保持默认选择的 acadiso.dwt 样板文件，单击 打开(O) 按钮即可新建图形文件。用户也可以选择其他样板文件。

图 1-39　新建图形文件

🔊提示：

单击 打开(O) 按钮右侧的 按钮，在弹出的下拉菜单中选择"无样板打开-英制"命令将打开以英制为单位计量的标准图形文件；选择"无样板打开-公制"命令将打开以公制单位为计量标准的图形文件。

1.3.2　保存图形文件

在新建的图形文件中绘制图形时，为了避免电脑出现意外故障，需要使用保存命令对当前图形进行存盘，防止绘制的图形丢失。调用保存图形文件命令的方法主要有如下 3 种：

- ➥ 选择"文件/保存"命令。
- ➥ 单击"标准"工具栏中的"保存"按钮 。
- ➥ 直接在命令行中输入 SAVE 命令。

执行上述任何一种方法后，系统将打开"图形另存为"对话框，如图 1-40 所示。在"保存于"下拉列表框中选择图形文件保存的路径，在"文件名"文本框中输入图形文件的名称，然后在"文件类型"下拉列表框中选择需要保存的文件类型，单击 保存(S) 按钮。

图 1-40 "图形另存为"对话框

在 AutoCAD 2008 中为用户提供了以下几种保存图形文件的格式。

- ❧ dwg：在 AutoCAD 中默认的图形文件类型。
- ❧ dws：保存为这种格式后可以方便地在网络上发布该图形。
- ❧ dwt：是 AutoCAD 的样板文件，新建图形文件后，可基于该样板文件创建新的图形文件。
- ❧ dxf：包括了文本文件的图形信息，可在其他 CAD 程序中读取该图形文件的信息。

1.3.3 打开图形文件

如需对电脑中已有的图形文件进行编辑，则首先必须将其打开。打开图形文件的命令主要有如下 3 种调用方法：

- ❧ 选择"文件/打开"命令。
- ❧ 单击"标准"工具栏中的"打开"按钮 。
- ❧ 直接在命令行中输入 OPEN 命令。

执行以上任意一种方法后，系统将打开"选择文件"对话框，在"文件类型"下拉列表框中选择要打开的文件类型，在"搜索"下拉列表框中选择文件的路径，在中间的文件列表中选择要打开的文件后，单击 打开(O) 按钮将打开该图形文件，如图 1-41 所示。

图 1-41 "选择文件"对话框

单击 打开⑩ 按钮右侧的 ∨ 按钮,将弹出一个下拉菜单,在该菜单中可选择如下打开方式。

➥ **打开**:选择该命令,将直接打开图形文件。

➥ **以只读方式打开**:选择该命令,文件将以只读方式打开,以此方式打开的文件可以进行编辑操作,但保存时不能覆盖原文件。

➥ **局部打开**:选择该命令,系统将打开"局部打开"对话框。如果图形中图层较多,可采用"局部打开"方式,只打开其中某些图层。

➥ **以只读方式局部打开**:选择该命令,将以只读方式打开图形的部分图层。

1.3.4　加密图形文件

对图形进行加密,可以拒绝未经授权的人员查看该图形,有助于在进行工程协作时确保图形数据的安全。加密后的图形文件在打开时,只有输入正确的密码后才能对图形进行查看和修改。

【**例 1-6**】　将 3D House.dwg 图形文件进行加密保存,设置密码为 autocad(立体化教学:\源文件\第 1 章\3D House.dwg)。

(1)打开 3D House.dwg 图形文件(立体化教学:\实例素材\第 1 章\3D House. dwg),如图 1-42 所示。

(2)选择"文件/另存为"命令,打开"图形另存为"对话框,单击 工具⑴ ∨ 按钮,在弹出的下拉菜单中选择"安全选项"命令,如图 1-43 所示。

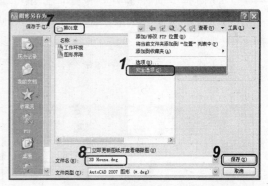

图 1-42　打开图形文件　　　　　　　　图 1-43　"图形另存为"对话框

(3)打开"安全选项"对话框,选择"密码"选项卡,在"用于打开此图形的密码或短语"文本框中输入"autocad",单击 确定 按钮,如图 1-44 所示。

(4)打开"确认密码"对话框,在"再次输入用于打开此图形的密码"文本框中输入"autocad",单击 确定 按钮,如图 1-45 所示,返回"图形另存为"对话框。

(5)在"保存于"选项后的下拉列表框中选择保存的位置,单击 保存⑤ 按钮,完成图形的加密保存操作。

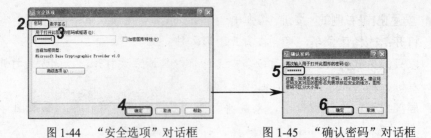

图 1-44 "安全选项"对话框　　　　图 1-45 "确认密码"对话框

1.3.5 关闭图形文件

关闭 AutoCAD 2008 的图形文件与退出 AutoCAD 2008 软件不同，关闭图形文件只是关闭当前编辑的图形文件，而不会退出 AutoCAD 2008 软件。关闭图形文件，主要有以下 3 种方法：

- 选择"文件/关闭"命令。
- 单击绘图区右上方的"关闭"按钮⊠。
- 在命令行中输入 CLOSE 命令。

1.3.6 应用举例——综合管理图形文件

综合利用本节所学知识，新建一个文件并进行加密保存，密码为 123（立体化教学:\源文件\第 1 章\文件管理.dwg）。

操作步骤如下：

（1）选择"文件/新建"命令，打开"选择样板"对话框，如图 1-46 所示。

（2）在样板文件列表中选择 Tutorial-mMfg.dwt 样板文件，单击 打开(O) 按钮，新建图形文件。

（3）选择"文件/保存"命令，打开"图形另存为"对话框，如图 1-47 所示。

图 1-46 新建图形文件　　　　　图 1-47 选择"保存"命令

（4）在"图形另存为"对话框的"保存于"下拉列表框中选择文件的保存位置，在"文件名"文本框中输入"文件管理"，单击 工具(L) 按钮，在弹出的下拉菜单中选择"安全选项"命令，如图 1-48 所示，打开"安全选项"对话框。

（5）选择"密码"选项卡，在"用于打开此图形的密码或短语"文本框中输入"123"，单击 确定 按钮，如图 1-49 所示，打开"确认密码"对话框。

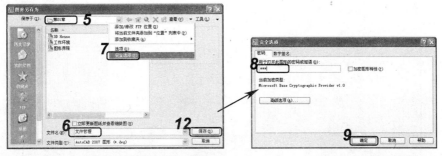

图 1-48　选择"安全选项"命令　　　　　　　　　图 1-49　输入密码

（6）在"确认密码"对话框的"再次输入用于打开此图形的密码"文本框中输入"123"，单击 确定 按钮，如图 1-50 所示，返回"图形另存为"对话框。

（7）单击 保存(S) 按钮，将图形进行保存并关闭"图形另存为"对话框。

（8）选择"文件/关闭"命令，将图形文件进行关闭，如图 1-51 所示。

图 1-50　再次输入密码　　　　　　　　　图 1-51　关闭图形文件

1.4　上机及项目实训

1.4.1　设置绘图环境

本次实训将启动 AutoCAD 2008，并对图形文件的绘图环境进行设置，然后对图形文件进行保存，如图 1-52 所示（立体化教学:\源文件\第 1 章\建筑绘图.dwg）。

操作步骤如下：

（1）双击桌面快捷图标 ，启动 AutoCAD 2008。

（2）在"工作空间"工具栏的下拉列表框中选择"AutoCAD 经典"选项，切换到该工作空间，单击面板固定窗口右上角的 按钮将其关闭。

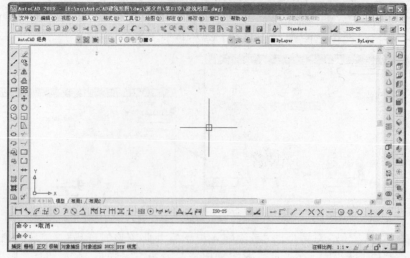

图 1-52　设置绘图环境

（3）选择"格式/单位"命令，在打开的对话框中将"长度"栏的"类型"选项设置为"小数"，"精度"选项设置为"0.00"，如图 1-53 所示。

（4）选择"格式/图形界限"命令，在命令行中设置第一个角点的坐标为（0,0），另一个角点的坐标为（29700,21000）。

（5）选择"工具/选项"命令，打开"选项"对话框，选择"显示"选项卡，在"十字光标大小"栏中将十字光标大小设置为 10，如图 1-54 所示。

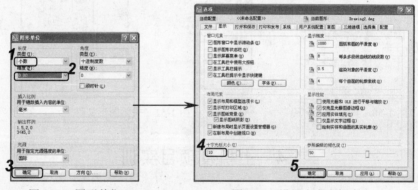

图 1-53　图形单位　　　　　　　　　图 1-54　设置十字光标大小

（6）在工具栏上单击鼠标右键，在弹出的快捷菜单中选择命令调用"标注"、"对象捕捉"、"建模"和"视图"工具栏，并使用鼠标将工具栏移动到绘图区的四周。

（7）选择"文件/保存"命令，将图形文件进行保存，保存文件的名称为"建筑绘图"。

1.4.2　设置工作环境

本次实训将启动 AutoCAD 2008，并对图形文件的工作环境进行设置。设置工作环境时，将十字光标大小更改为 100% 显示，屏幕颜色更改为洋红，将命令行文字的字体更改为"仿宋_GB2312"，文字大小设置为 12，如图 1-55 所示。

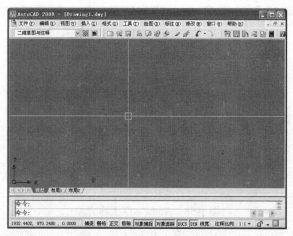

图 1-55 设置工作环境

本练习可结合立体化教学中的视频演示进行学习（立体化教学:\视频演示\第 1 章\设置工作环境.swf）。主要操作步骤如下：

（1）双击桌面快捷图标⚊，启动 AutoCAD 2008。

（2）打开"选项"对话框，将十字光标的大小更改为 100%，如图 1-56 所示。

（3）打开"选项"对话框，将屏幕颜色更改为"洋红"，如图 1-57 所示。

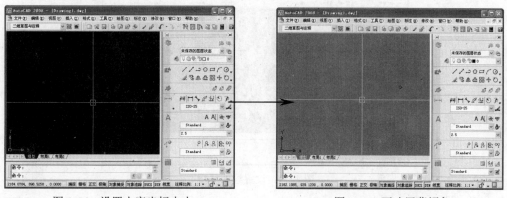

图 1-56 设置十字光标大小　　　　　　图 1-57 更改屏幕颜色

（4）关闭右侧的面板窗口，并打开"选项"对话框，将命令行提示的字体设置为"仿宋_GB2312"，字号设置为 12。

1.5 练习与提高

（1）通过双击桌面图标的方法启动 AutoCAD 2008，并通过菜单命令方式退出 AutoCAD 2008。

（2）练习设置如图 1-58 所示的 AutoCAD 2008 工作界面。

提示：启动 AutoCAD 2008，然后在"二维草图与注释"工作空间中调用"建模"和"实体编辑"工具栏，并移动工具栏。

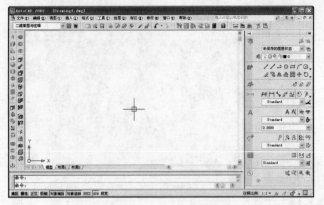

图 1-58　AutoCAD 工作界面

（3）设置如图 1-59 所示的绘图环境，并对图形文件进行加密保存，密码为 321（立体化教学:\源文件\第 1 章\图形练习.dwg）。

提示：启动 AutoCAD 2008，将绘图区颜色设置为红色，将十字光标的大小设置为 100%，并将图形文件进行保存，文件名称为"图形练习"，最后设置密码。本练习可结合立体化教学中的视频演示进行学习（立体化教学:\视频演示\第 1 章\图形练习.dwg）。

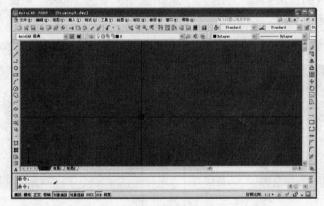

图 1-59　设置绘图环境

　**总结 AutoCAD 基础操作的方法**

本章主要介绍了图形基础知识，如工作界面、工作环境的设置，以及图形文件的相关操作等，下面介绍几点 AutoCAD 的绘图经验供读者参考和探索：

➥　单击工具栏中的相应按钮可以快速执行命令，绘制图形时，应调用常用的工具栏。

➥　绘制图形时，应设置适合自己的单位精度，一般为小数点后两位，也可以根据需要设置为整数。

第 2 章　AutoCAD 基本操作

学习目标

- ☑ 掌握建筑绘图的基本常识
- ☑ 以命令方式执行并绘制圆
- ☑ 使用绝对直角坐标和相对极坐标方式绘制倾斜线
- ☑ 将图形放大 5 倍进行显示
- ☑ 使用直线命令并结合绝对直角坐标和相对直角坐标绘制建筑轮廓
- ☑ 对图形进行打印预览操作

目标任务&项目案例

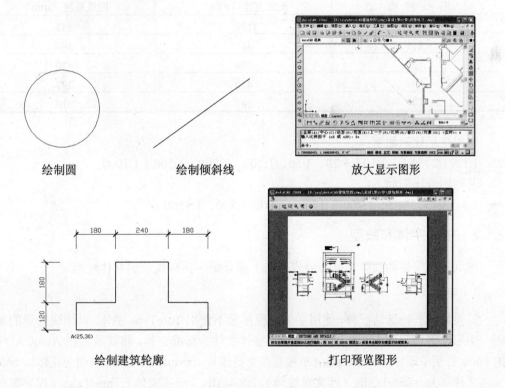

绘制圆　　　　　　　绘制倾斜线　　　　　　　放大显示图形

绘制建筑轮廓　　　　　　　　打印预览图形

　　要使用 AutoCAD 绘制图形，应先掌握其基本操作，如视图的缩放、坐标的输入等。本章将具体讲解建筑绘图的一般规定、命令的使用、坐标的输入、视图控制，以及图形的输出等。

2.1 建筑绘图基本常识

AutoCAD 在建筑方面的应用非常广泛，除了用于绘制建筑方案图、施工图、细部表现图和竣工验收图之外，还可以快速创建、共享以及高效地管理各种类型的建筑方案图和施工图。

2.1.1 建筑绘图的一般规定

建筑专业图纸目录参照下列顺序编制：建筑设计说明、室内装饰一览表、建筑构造作法一览表、建筑定位图、平面图、立面图、剖面图、楼梯、部分平面、建筑详图、门窗表、门窗图。

图纸幅面常采用 A0、A1、A2、A3 和 A4 这 5 种标准，各图纸对应尺寸如表 2-1 所示。其中以 A1 图纸为主。

表2-1　图纸尺寸对照表

图 纸 种 类	图纸宽度（mm）	图纸高度（mm）
A0	1189	841
A1	841	594
A2	594	420
A3	420	297
A4	297	210

常用图纸比例如下：

1:1、1:2、1:5、1:10、1:20、1:50、1:100、1:200、1:500、1:1000。

其他图纸比例如下：

1:3、1:15、1:25、1:30、1:150、1:250、1:300、1:1500。

2.1.2 中文字体和线型

图纸中的字体和线型部分需要规范，下面介绍字体和线型的具体规范。

1. 字体

除投标及其特殊情况外，使用字体时应尽量不使用 TureType 字体，以加快图形的显示；同一图形文件内字体不要超过 4 种。以下字体文件为标准字体，将其放置在 AutoCAD 软件的 Fonts 目录中即可：romans.shx（单线制西文花体）、romand.shx（双线制西文花体）、bold.shx（西文黑体）、simpelx.shx（西文单线体）、st64f.shx（汉字宋体）、ht64f.shx（汉字黑体）、kt64f.shx（汉字楷体）、fs64f.shx（汉字仿宋）、hztxt.shx（单笔划小仿宋体）。

2. 线型

常用线宽标准如下：

- **粗线**：0.50mm、0.55mm、0.60mm。
- **中粗线**：0.25mm、0.35mm、0.40mm。
- **细线**：0.15mm、0.18mm、0.20mm。

在使用 AutoCAD 绘图时，尽量用色彩（COLOR）控制绘图笔的宽度，少用多段线（PLINE）等有宽度的线，以加快图形的显示，减小图形文件大小。

各组件在图纸中的规范如下。

- **轴线**：轴线圆均应以细实线绘制，一般圆的直径为 8mm。
- **索引符号**：索引符号的圆及直径均应以细实线绘制，一般圆的直径为 10mm。
- **详图**：详图符号以粗实线绘制，一般直径为 14mm。
- **引出线**：引出线为水平线，均采用 0.25mm 细线，文字说明均写于水平线之上。

2.2　AutoCAD 命令的使用

在 AutoCAD 中，可以通过键盘、工具栏、菜单栏、屏幕菜单、对话框、快捷菜单来输入命令；执行完命令后还应退出命令。本节将讲解命令的使用方法。

2.2.1　执行命令

在 AutoCAD 2008 中绘制图形、编辑图形时，首先应执行命令，下面介绍 3 种执行命令的方法。

1．在命令行中输入命令

通过在命令行中输入命令的方式来执行命令，是非常快捷的方法之一，其方法是在命令行中输入命令的英文全称或英文缩写，然后按 Enter 键，即可执行该命令。例如执行矩形命令，只需在命令行中输入 RECTANG 或 REC，然后按 Enter 键即可，如图 2-1 所示。

图 2-1　在命令行中输入命令

在执行命令过程中，会根据操作过程来提示用户进行下一步的操作，其命令行提示的各种特殊符号的含义如下。

- **[ ]符号中的选项**：该类括号中的选项用以表示该命令在执行过程中可以使用的各种功能选项，若要选择某个选项，只需输入圆括号中的数字或字母即可。
- **< >符号中的数值**：该类括号中的数值是当前系统的默认值或是上次操作时使用的值。在这类提示下，直接按 Enter 键则采用括号内的数值。

2．使用菜单方式执行命令

利用菜单方式来执行命令时，其操作方法是将鼠标移动到菜单栏中相应的选项上单击鼠标左键，在弹出的菜单中选择要执行的相应命令。例如，要执行直线命令，则选择"绘图/直线"命令，如图 2-2 所示。

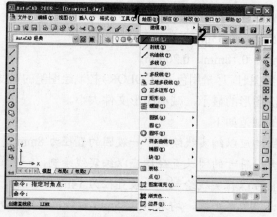

图 2-2　以菜单方式执行命令

3．单击工具栏按钮执行命令

通过单击工具栏按钮执行命令是最常用、最方便的命令执行方式。单击按钮后，在命令行中会显示相应的命令及提示，然后根据命令行提示便可完成相关操作。但某些特殊或使用频率较低的命令没有工具栏按钮，执行这类命令时只能通过在命令行中输入命令或选择菜单命令的方式进行。

2.2.2　退出正在执行的命令

在使用 AutoCAD 2008 绘制图形的过程中，可以随时退出正在执行的命令。在执行某个命令时，按 Esc 键和 Enter 键可以随时退出正在执行的命令，当按 Esc 键时，可取消并结束命令；当按 Enter 键时，则确定命令的执行并结束命令。

2.2.3　重复使用命令

如果在命令行"命令："提示下要重复执行刚才执行过的命令，有如下 3 种方法：

- ➥　直接按 Enter 键或空格键。
- ➥　在绘图区单击鼠标右键，在弹出的快捷菜单中选择需要重复执行的命令。
- ➥　按"↑"键或"↓"键，将光标移动到需要执行的命令处后按 Enter 键即可。

2.2.4　应用举例——绘制圆

利用在命令行中输入命令的方法来执行命令，以坐标点（0,0）为圆心，绘制半径为 20 的圆，效果如图 2-3 所示（立体化教学:\源文件\第 2 章\圆.dwg）。

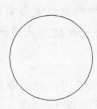

图 2-3　绘制圆

操作步骤如下：

（1）在命令行输入 C，按 Enter 键执行圆命令，在命令行提示"指定圆的圆心或 [三点(3P)/两点(2P)/相切、相切、半径(T)]:"后输入"0,0"，指定圆的圆心。

（2）在命令行提示"指定圆的半径或 [直径(D)]:"后输入"20"，指定圆的半径，完成圆的绘制。

2.3　输入坐标点

建筑图形都具有精确的尺寸，因此在使用 AutoCAD 绘制时必须指定构成图形的各点的坐标。通过坐标系指定点的位置是使用 AutoCAD 绘图的基本操作之一，通过输入坐标点的方法可以精确地绘制图形对象。

2.3.1　认识坐标系

坐标系是确定图形位置最基本的手段，任何物体在空间中的位置都可以通过一个坐标系来定位。根据绘制图形对象的不同，坐标系可以分为世界坐标系和用户坐标系。

1. 世界坐标系

在进入 AutoCAD 绘图区时，系统默认的坐标系就是世界坐标系（WCS）。在世界坐标系中，X 轴是水平的，Y 轴是垂直的，Z 轴垂直于 XY 平面。当 Z 轴坐标为 0 时，XY 平面就是我们进行绘图的平面，它的原点是 X 轴和 Y 轴的交点（0,0）。

2. 用户坐标系

用户坐标系（UCS）是一种可自定义的坐标系，可以修改坐标系的原点和轴方向，即 X、Y、Z 轴以及原点方向都可以移动和旋转，在绘制三维对象时非常有用。

调用用户坐标系命令的方法有如下 3 种：

- 选择"工具/新建 UCS/三点"命令。
- 单击 UCS 工具栏中的 ╚ 按钮。
- 在命令行中输入 UCS 命令。

执行上面任意一种方法后，系统将在命令行中提示"指定 UCS 的原点或 [面(F)/命名(NA)/对象(OB)/上一个(P)/视图(V)/世界(W)/X/Y/Z/Z 轴(ZA)]<世界>:_3 指定新原点<0,0,0>:"，在该提示下可以选择相应的命令提示进行操作。

2.3.2　输入坐标

在 AutoCAD 2008 中绘制图形对象时，经常需要输入点的坐标值来确定线条或图形的位置、大小或方向。输入坐标点时，可以通过输入绝对直角坐标、相对直角坐标、绝对极坐标、相对极坐标和动态输入等方法来确定。

1. 绝对直角坐标

绝对直角坐标的输入方法是以坐标原点（0,0,0）为基点来定位其他所有的点，用户可以通过输入（X,Y,Z）坐标来确定点在坐标系中的位置。

其中，X 值表示此点在 X 方向上到原点间的距离；Y 值表示此点在 Y 方向上到原点间的距离；Z 值表示此点在 Z 方向上到原点间的距离。如果输入的点是二维平面上的点，则可省略 Z 坐标值，例如，如图 2-4 中 A 点的绝对坐标点（50,50,0）与输入（50,50）相同。

2．相对直角坐标

相对直角坐标的输入方法是以某点为参考点，然后输入相对位移坐标的值来确定点，相对直角坐标与坐标系的原点无关，只相对于参考点进行位移，其输入方法是在绝对直角坐标前添加"@"符号。例如，如图 2-4 中 B 点的坐标点相对于 A 点在 X 轴上向右移动了 70 个绘图单位，其输入方法是（@70,0）。

3．绝对极坐标

绝对极坐标输入法，就是以指定点距原点之间的距离和角度来确定线段，距离和角度之间用尖括号"<"分开。例如，如图 2-5 所示图形中的 A 点，其距离坐标原点的长度为 65，角度为 56，则其绝对极坐标的输入方法是 65<56。

4．相对极坐标

相对极坐标与绝对极坐标较为类似，不同的是，绝对极坐标的距离是相对于原点的距离，而相对极坐标的距离则是指定点到参照点之间的距离，而且应该在相对极坐标值前加上"@"符号。例如，在如图 2-5 所示图形中的 A 点基础上指定 B 点的极坐标，其相对极坐标为 58<0。

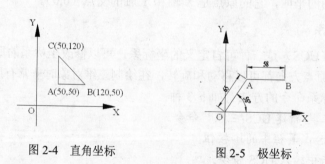

图 2-4　直角坐标　　　　图 2-5　极坐标

5．动态输入

使用动态输入功能可以在图形绘制时的动态文本框中输入坐标值，而不必在命令行中进行输入。单击状态栏中的"动态输入"按钮，可以开启动态输入功能，使用该功能可以在鼠标光标附近看到相关的操作信息，而无须再看命令提示行中的提示信息了。在动态输入开启的情况下，还可以直接在动态命令框中输入数据或命令。

2.3.3　应用举例——绘制倾斜线

本例将执行直线命令，利用绝对直角坐标和相对极坐标功能，绘制一条长度为 15，角度为 35 的直线，效果如图 2-6 所示（立体化教学:\源文件\第 2 章\倾斜线.dwg）。

图 2-6　绘制倾斜线

操作步骤如下：

（1）单击状态栏中的"动态输入"按钮 DYN，打开动态输入功能。

（2）在命令行输入 L，执行直线命令，在命令行提示"指定第一点:"后输入"30,25"，指定直线的起点，如图 2-7 所示。

（3）在命令行提示"指定下一点或 [放弃(U)]:"后输入"15<35"，指定直线的下一点的极坐标，如图 2-8 所示。

📢提示：

在动态输入功能开启时，除了输入的第一个坐标为绝对坐标之外，其余的均为相对坐标，即使在输入的坐标值前不添加"@"符号，该坐标也表示相对坐标。如果要输入绝对坐标，则应该关闭动态输入功能。

（4）在命令行提示"指定下一点或 [放弃(U)]:"后按 Enter 键，结束直线命令，如图 2-9 所示。

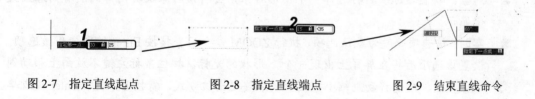

图 2-7　指定直线起点　　　　　图 2-8　指定直线端点　　　　　图 2-9　结束直线命令

2.4　调整视图显示

在建筑图纸的绘制过程中，使用 AutoCAD 提供的视图调整工具可以在视觉上将对象放大或缩小，但是图形对象的实际尺寸并不改变。在 AutoCAD 中，视图的调整主要包括缩放视图、平移视图和重画与重生成。

2.4.1　缩放视图

在绘制图形时，有时需要放大视图以方便绘制建筑图形的细节，绘制完毕后又需要缩小视图以查看整体效果。缩放视图命令主要有以下 3 种调用方法：

➤　选择"视图/缩放"命令，在弹出的子菜单中选择相应的命令。

➤　单击"标准"或"缩放"工具栏中相应的视图缩放按钮。

➤　在命令行中执行 ZOOM 或 Z 命令。

在不同的情况下可以采用不同的方法缩放视图，如执行 ZOOM 命令后，其命令行中各选项的含义如下。

- **全部**：在当前视窗中显示全部图形。当绘制的图形均包含在用户定义的图形界限内时，则在当前视窗中完全显示出图形界限；如果绘制的图形超出了图形界限以外，则以图形范围进行显示。
- **中心**：以指定点为中心进行缩放，并需输入缩放倍数，缩放倍数可以使用绝对值或相对值。
- **动态**：对图形进行动态缩放。设置该选项后屏幕上将显示出几个不同颜色的方框，主要为观察框、图形扩展区、当前视区和生成图形区。拖动鼠标移动当前视区到所需位置，再单击鼠标左键，即可拖动鼠标缩放当前视区框，调整到适当大小后按 Enter 键就可将当前视区框内的图形最大化显示。
- **范围**：将当前窗口中的所有图形尽可能大地显示在屏幕上。
- **上一个**：返回前一个视图。
- **比例**：根据输入的比例值缩放图形。有 3 种输入比例值的方式，其中直接输入数值表示相对于图形界限进行缩放；在输入的比例值后面加上 X，表示相对于当前视图进行缩放；在输入的比例值后面加上 XP，表示相对于图纸空间单位进行缩放。
- **窗口**：设置该选项后可以用鼠标光标拖曳出一个矩形区域，释放鼠标后该区域内的图形便以最大化显示。
- **对象**：设置该选项后再选择一个图形对象，会将该对象及其内部的所有内容最大化显示。
- **实时**：该选项一般为默认选项，执行 ZOOM 命令后直接按 Enter 键即使用该选项。设置该选项后将在屏幕上出现一个 形状的光标，按住鼠标左键不放向上移动则放大视图；向下移动则缩小视图。如果要退出该方式，需按 Esc 键、Enter 键或单击鼠标右键，在弹出的快捷菜单中选择"退出"命令。

◀ 提示：

全部缩放与范围缩放的操作效果基本相同，其中全部缩放是将图形中的所有对象都显示出来，而范围缩放是以绘图区的最大显示范围将所有对象显示出来。

2.4.2 平移视图

在使用 AutoCAD 2008 绘制图形的过程中，由于某些图形比较大，在放大该图形进行绘制及编辑时，其余图形对象将不能显示。如果要显示绘图区边上，或绘图区外的图形对象，但是不想改变图形对象的显示比例时，则可以使用平移视图功能，将图形对象进行移动。执行平移视图命令，主要有以下 3 种方法：

- 选择"视图/平移"命令下的子命令。
- 在状态栏中单击"平移"按钮 。
- 在命令行中输入 PAN 或 P 命令。

选择"视图/平移"命令时，可以看出视图平移分为"实时平移"和"定点平移"两种方式，其含义如下。

- **实时平移**：光标形状变为手形，按住鼠标左键拖动可使图形的显示位置随鼠标向同一方向移动。
- **定点平移**：通过指定平移起始基点和目标点的方式进行平移。

2.4.3 重画与重生成

在绘制较复杂的建筑图形时，绘图区中常会留下一些用来指示对象位置的标记点，使显示屏看起来有些杂乱，此时可通过重画或重生成操作来刷新当前视图中的图形，以消除残留的标记点。重画或重生成命令主要有如下两种调用方法：

- 选择"视图/重画"、"视图/重生成"或"视图/全部重生成"命令。
- 在命令行中执行 REDRAWALL、REGEN（RE）或 REGENALL 命令。

2.4.4 应用举例——放大显示

执行缩放命令，将图形文件的当前视图放大 5 倍，效果如图 2-10 所示。

操作步骤如下：

（1）打开"图形练习.dwg"图形文件（立体化教学:\实例素材\第 2 章\图形练习.dwg），如图 2-11 所示。

图 2-10 放大显示图形

图 2-11 打开素材文件

（2）在命令行输入 Z，执行视图缩放命令，在命令行提示"指定窗口的角点，输入比例因子 (nX 或 nXP)，或者[全部(A)/中心(C)/动态(D)/范围(E)/上一个(P)/比例(S)/窗口(W)/对象(O)] <实时>:"后输入"S"，选择"比例"选项，如图 2-12 所示。

（3）在命令行提示"输入比例因子 (nX 或 nXP):"后输入"5X"，指定视图的缩放比例，如图 2-13 所示。

提示:

> 如果用户使用的是 3 键鼠标，即中间有滚轮的鼠标，只要上下滚动鼠标滚轮，即可对图形进行放大或缩小操作。

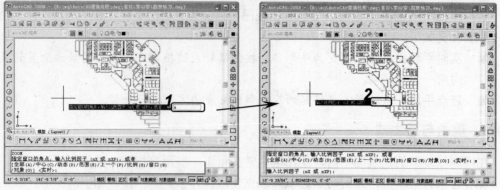

图 2-12　选择"比例"选项　　　　　图 2-13　指定缩放比例

2.5　图　形　输　出

在完成建筑绘图后，一般都要将图形输出到图纸上。在进行图形输出时，需要注意打印图纸与图形比例之间的关系，做到将图形完全、真实地打印到图纸上。另外，在 AutoCAD 中还可将图形输出为其他图形格式，从而供其他软件调用。

2.5.1　设置打印参数

在 AutoCAD 中，将图形输出到图纸上之前，应对输出的图形进行打印参数的设置，包括选择打印设备、打印样式、图纸纸型、打印区域、打印位置、打印方向和打印比例等。执行打印命令，主要有以下 3 种方法：

- ➥　选择"文件/打印"命令。
- ➥　单击"标准"工具栏中的 🖨 按钮。
- ➥　在命令行中输入 PLOT 命令。

执行打印命令后，将打开如图 2-14 所示的"打印-模型"对话框，在该对话框中可以对打印参数进行设置，如选择打印设备、设置打印样式表、选择打印图纸等。

图 2-14　"打印-模型"对话框

1．选择打印设备

要将图形从打印机打印到图纸上，首先应安装打印机，然后打开"打印-模型"对话框，在"打印机/绘图仪"栏中的"名称"下拉列表框中进行打印设备的选择，如图 2-15 所示。

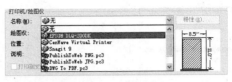

图 2-15　选择打印设备

2．指定打印样式表

打印样式用于修改图形的外观，选择某个打印样式后，图形中的每个对象或图层都具有该打印样式的属性。修改打印样式可以改变对象输出的颜色、线型或线宽等特性。

在"打印-模型"对话框的"打印样式表"栏中的下拉列表框中选择要使用的打印样式，即可指定打印样式表，如图 2-16 所示。单击"打印样式表"栏中的"编辑"按钮，将打开如图 2-17 所示的"打印样式表编辑器"对话框，从中可以查看或修改当前指定的打印样式表。

图 2-16　选择打印样式表　　　　　图 2-17　设置打印样式表

📢提示：

> 打印样式表有两种类型：颜色相关打印样式和命名打印样式。一个图形只能使用一种类型的打印样式表。

3．选择打印图纸

图纸纸型是指用于打印图形的纸张大小，在"打印-模型"对话框的"图纸尺寸"下拉列表框中即可选择纸型，如图 2-18 所示。不同的打印设备支持的图纸纸型也不相同，所以选择的打印设备不同，在该下拉列表框中选择的选项也不相同，但是一般都支持 A4 和 B5 等标准纸型。

4．控制出图比例

在"打印-模型"对话框的"打印比例"栏中，可以设置图形输出时的打印比例，如图 2-19 所示。打印比例主要用于控制图形单位与打印单位之间的相对尺寸。

图 2-18　选择打印图纸　　　　图 2-19　设置打印比例

在"打印比例"栏中，各选项含义如下。

- ❧ **布满图纸**：如选中该复选框，将缩放打印图形以布满所选图纸尺寸，并应用了固定的"比例"设置，下面的设置项将不可操作。
- ❧ **比例**：用于定义打印的比例。
- ❧ **毫米**：指定与单位数等价的英寸数或毫米数。当前所选图纸尺寸决定单位是英寸还是毫米。
- ❧ **单位**：指定与英寸数或毫米数等价的单位数。
- ❧ **缩放线宽**：与打印比例成正比缩放线宽。这时可指定打印对象的线宽并按该尺寸打印而不考虑打印比例。

5．设置打印区域

打印图形时，必须设置图形的打印区域，从而更准确地打印需要的图形。在"打印区域"栏的"打印范围"下拉列表框中可以选择打印区域的类型，如图 2-20 所示。其中各选项功能如下。

- ❧ **窗口**：选择该选项后，将返回绘图区指定要打印的窗口，在绘图区中绘制一个矩形框，选择打印区域后返回"打印-模型"对话框，同时右侧出现 窗口(O)< 按钮，单击该按钮可以返回绘图区重新选择打印区域。
- ❧ **范围**：选择该选项后，在打印图形时，将打印出当前空间内的所有图形对象。
- ❧ **图形界限**：选择该选项后，打印时只会打印绘制的图形界限内的所有对象。
- ❧ **视图**：选择该选项可打印以前使用 VIEW 命令保存的视图。选择后可在后面的下拉列表框中选择视图选项。
- ❧ **显示**：打印模型空间当前视口中的视图或布局空间中当前图纸空间视图中的对象。

6．设置打印位置

"打印偏移"栏可以对打印时图形位于图纸的位置进行设置。"打印偏移"栏包含相对于 X 轴和 Y 轴方向的位置，也可将图形进行居中打印，如图 2-21 所示。该栏中各选项功能如下。

- X：指定打印原点在 X 轴方向上的偏移值。
- Y：指定打印原点在 Y 轴方向上的偏移值。
- 居中打印：选中该复选框后将图形打印到图纸的正中间，系统自动计算出 X 和 Y 偏移值。

图 2-20　设置打印区域

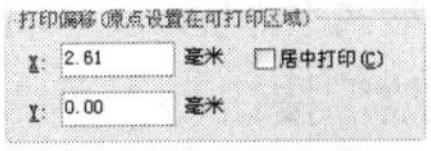

图 2-21　设置打印位置

7．打印着色的三维模型

如果要将着色后的三维模型打印到纸张上，需在"打印-模型"对话框的"着色视口选项"栏中进行设置，如图 2-22 所示。"着色打印"下拉列表框中常用选项含义如下。

- 按显示：按对象在屏幕上显示的效果进行打印。
- 线框：用线框方式打印对象，不考虑它在屏幕上的显示方式。
- 消隐：打印对象时消除隐藏线，不考虑它在屏幕上的显示方式。
- 渲染：按渲染后的效果打印对象，不考虑它在屏幕上的显示方式。

8．设置打印方向

打印方向是指图形在图纸上打印时的方向，如横向和纵向等。在"打印方向"栏中即可设置图形的打印方向，如图 2-23 所示。该栏中各选项功能如下。

图 2-22　打印三维模型

图 2-23　设置打印方向

- 纵向：选中该单选按钮，将图纸的短边作为图形页面的顶部进行打印。
- 横向：选中该单选按钮，将图纸的长边作为图形页面的顶部进行打印。
- 反向打印：选中该复选框，将图形在图纸上倒置打印，相当于将图形旋转 180° 后再进行打印。

9．打印预览

将图形发送到打印机或绘图仪之前，最好先进行打印预览，以查看打印输出时的图形效果。方法是在"打印-模型"对话框中单击 预览(P)... 按钮，效果如图 2-24 所示。

图 2-24　打印预览图形

35

打印预览状态下工具栏中各按钮功能如下。

- **"打印"按钮**：单击该按钮可直接打印预览的图形文件。
- **"平移"按钮**：该功能与视图缩放中的平移操作相同。
- **"缩放"按钮**：单击该按钮后，鼠标光标变成 形状，按住鼠标左键向下拖动鼠标，图形文件视图窗口将变小，向上拖动鼠标，图形文件视图窗口将变大。
- **"窗口缩放"按钮**：单击该按钮后，鼠标光标变成 形状，框选文件图形的某部分，框选的图形将显示在整个预览视图中。
- **"缩放为原窗口"按钮**：单击该按钮将还原窗口大小。
- **"关闭"按钮**：单击该按钮将退出打印预览窗口。

📢提示：

打印预览是将图形通过打印机打印到图纸之前，在显示器上显示打印输出图形后的效果，主要包括图形线条的线宽、线型、填充图案等。

2.5.2 图形文件输出

经过 AutoCAD 2008 绘制的图形对象，不仅可以在 AutoCAD 2008 中进行编辑处理，还可以通过其他图形处理软件进行处理，如 Photoshop、CorelDRAW、3ds Max 等，但是必须要将图形输出为其他软件能够识别的文件格式。执行输出命令，主要有以下两种方法：

- 选择"文件/输出"命令。
- 在命令行中输入 EXPORT 命令。

执行输出命令，将打开如图 2-25 所示的"输出数据"对话框，在"保存于"下拉列表框中选择保存路径，在"文件类型"下拉列表框中选择要输出的文件格式，在"文件名"文本框中输入图形文件的名称，单击 保存(S) 按钮返回到编辑窗口，然后框选需要输出的图形范围即可进行输出。

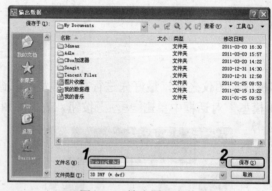

图 2-25　输出图形文件

在 AutoCAD 中，可以将图形输出为下列格式的图形文件。

- **.bmp**：输出为位图文件，几乎可供所有的图像处理软件使用。
- **.wmf**：输出为 Windows 图元文件格式。
- **.dwf**：输出为 Autodesk Web 图形格式，便于在网上发布。

- .dxx：输出为 DXX 属性的抽取文件。
- .dgn：输出为 MicroStation V8 DGN 格式的文件。
- .dwg：输出为可供其他 AutoCAD 版本使用的图块文件。
- .stl：输出为实体对象立体画文件。
- .sat：输出为 ACIS 文件。
- .eps：输出为封装的 PostScript 文件。

2.5.3 应用举例——打印户型图

下面利用本节所学的知识将"户型图.dwg"图形文件打印到 A4 幅面的图纸上，设置打印方向为横向，打印份数为 3 份。

操作步骤如下：

（1）打开"户型图.dwg"图形文件（立体化教学:\实例素材\第 2 章\户型图.dwg），如图 2-26 所示。

（2）选择"文件/打印"命令，打开"打印-模型"对话框，如图 2-27 所示。

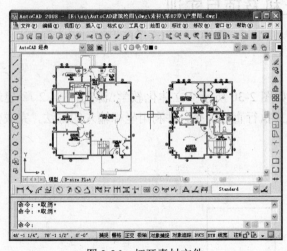
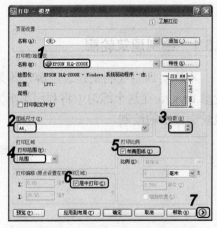

图 2-26 打开素材文件　　　　　图 2-27 "打印-模型"对话框

（3）在"打印机/绘图仪"栏的"名称"下拉列表框中选择 EPSON DLQ-2000K，指定打印机设备。

（4）在"图纸尺寸"栏中选择 A4 选项，指定图形打印的纸张类型。

（5）在"打印份数"栏的数值框中输入"3"，指定图形的打印份数。

（6）在"打印区域"栏的"打印范围"下拉列表框中选择"范围"选项，在"打印比例"栏中选中 布满图纸(I) 复选框，指定图形的打印比例。

（7）在"打印偏移（原点设置在可打印区域）"栏中选中 居中打印(C) 复选框，指定图形的偏移值。

（8）单击"更多选项"按钮 ，展开"打印-模型"对话框，在"图纸方向"栏中选中 横向 单选按钮，指定图纸方向，如图 2-28 所示。

（9）单击 预览(P)... 按钮，对图形进行打印预览操作，如图 2-29 所示。

（10）在打印预览窗口中单击"打印"按钮，对图形进行打印操作。

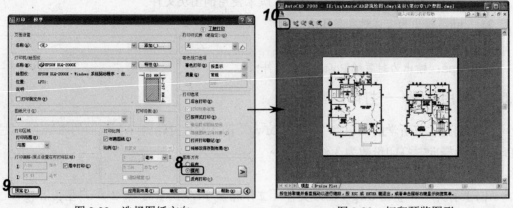

图 2-28　选择图纸方向　　　　　　　　图 2-29　打印预览图形

2.6　上机及项目实训

2.6.1　绘制建筑轮廓

本次实训将绘制某建筑轮廓，效果如图 2-30 所示（立体化教学:\源文件\第 2 章\建筑轮廓.dwg）。在这个练习中将利用菜单方式执行直线命令，并利用坐标输入的方法，完成建筑轮廓图形的绘制。

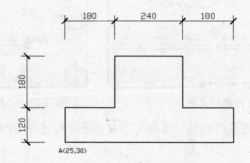

图 2-30　建筑轮廓

操作步骤如下：

（1）选择"绘图/直线"命令，执行直线命令，在命令行提示"指定第一点:"后输入"25,30"，指定直线的起点，如图 2-31 所示。

（2）在命令行提示"指定下一点或 [放弃(U)]:"后输入"@0,120"，绘制垂直直线，如图 2-32 所示。

（3）在命令行提示"指定下一点或 [放弃(U)]:"后输入"@180,0"，绘制长度为 180 的水平直线，如图 2-33 所示。

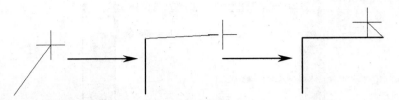

图 2-31　指定直线起点　　图 2-32　绘制垂直直线　　图 2-33　绘制水平直线

（4）在命令行提示"指定下一点或 [闭合(C)/放弃(U)]:"后输入"@0,180"，绘制长度为 180 的垂直直线，如图 2-34 所示。

（5）在命令行提示"指定下一点或 [闭合(C)/放弃(U)]:"后输入"@240,0"，绘制长度为 240 的水平直线，如图 2-35 所示。

（6）在命令行提示"指定下一点或 [闭合(C)/放弃(U)]:"后输入"@0,-180"，绘制长度为 180 的垂直直线，如图 2-36 所示。

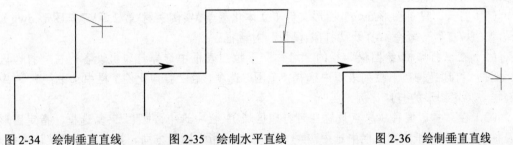

图 2-34　绘制垂直直线　　　　图 2-35　绘制水平直线　　　　图 2-36　绘制垂直直线

（7）在命令行提示"指定下一点或 [闭合(C)/放弃(U)]:"后输入"@180,0"，绘制长度为 180 的水平直线，如图 2-37 所示。

（8）在命令行提示"指定下一点或 [闭合(C)/放弃(U)]:"后输入"@0,-120"，绘制长度为 120 的垂直直线，如图 2-38 所示。

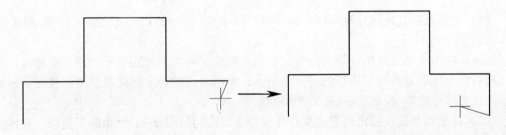

图 2-37　绘制水平直线　　　　　　　图 2-38　绘制垂直直线

（9）在命令行提示"指定下一点或 [闭合(C)/放弃(U)]:"后输入"C"，选择"闭合"选项，绘制完全封闭的图形对象，完成建筑轮廓图形的绘制。

2.6.2　打印建筑图形

利用本章所学知识，将图形进行打印操作，其打印预览效果如图 2-39 所示。

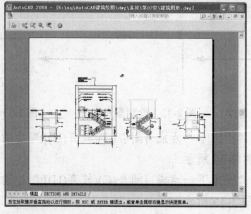

图 2-39　预览效果

本练习可结合立体化教学中的视频演示进行学习（立体化教学:\视频演示\第 2 章\打印建筑图形.swf）。主要操作步骤如下：

（1）打开"建筑图形.dwg"图形文件（立体化教学:\实例素材\第 2 章\建筑图形.dwg），选择"文件/打印"命令，打开"打印-模型"对话框。

（2）在"打印机/绘图仪"栏的"名称"下拉列表框中选择打印机设备，在"打印区域"栏的"打印范围"下拉列表框中选择"范围"选项，在"打印比例"栏中选中 ☑布满图纸(I) 复选框，指定图形的打印比例。

（3）在"打印偏移（原点设置在可打印区域）"栏中选中 ☑居中打印(C) 复选框，指定图形的偏移值，在"图纸方向"栏中选中 ⦿横向 单选按钮，指定图纸方向，其余选项按默认选择。

（4）单击 预览(P)... 按钮，对图形进行打印预览操作。

（5）在打印预览窗口中单击"打印"按钮 🖨，对图形进行打印操作。

2.7　练习与提高

（1）使用菜单方式执行矩形命令，绘制如图 2-40 所示的矩形（立体化教学:\源文件\第 2 章\矩形.dwg）。

提示：使用菜单方式执行矩形命令，以绝对直角坐标方式指定矩形的第一个角点，使用相对直角坐标的方式指定矩形的另一个角点。本练习可结合立体化教学中的视频演示进行学习（立体化教学:\视频演示\第 2 章\测绘矩形.swf）。

（2）以单击工具栏按钮的方式执行直线命令，绘制如图 2-41 所示的三角形（立体化教学:\源文件\第 2 章\三角形.dwg）。

提示：单击"绘图"工具栏中的"直线"按钮 ✐，执行直线命令，在命令行提示后以绝对直角坐标方式指定直线的点，绘制三角形图形。本练习可结合立体化教学中的视频演示进行学习（立体化教学:\视频演示\第 2 章\绘制三角形.swf）。

（3）执行图形输出命令，将如图 2-42 所示的"建筑图块.dwg"图形文件（立体化教学:\实例素材\第 2 章\建筑图块.dwg）输出为.wmf格式（立体化教学:\源文件\第 2 章\建筑图块.wmf）。

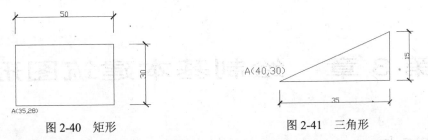

图 2-40　矩形　　　　　　　　　　　图 2-41　三角形

　　（4）执行视图缩放命令，将"建筑图块.dwg"图形文件（立体化教学:\实例素材\第 2 章\建筑图块.dwg）以窗口方式进行缩放处理，缩放的对象为其中的餐桌图形对象，然后进行打印，预览效果如图 2-43 所示。

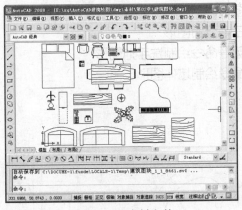

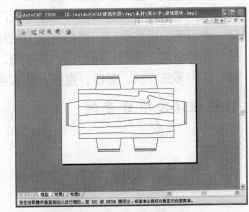

图 2-42　素材文件　　　　　　　　　　图 2-43　预览效果

　　提示：打开"建筑图块.dwg"图形文件，执行打印命令，分别选择打印设备、图纸大小，在"打印区域"栏中选择"窗口"选项，进入绘图区，选择餐桌图形区域，单击 预览(P)... 按钮，对图形进行打印预览，并单击"打印"按钮 ⚙ 对图形进行打印操作。

经验技巧 总结 AutoCAD 中基本操作的方法

　　本章主要介绍了 AutoCAD 的基本操作，如命令的调用、坐标点的输入、视图控制、图形输出等，课后还必须学习和总结 AutoCAD 的基本操作方法及技巧。这里总结以下几点供读者参考和探索：

➥ 执行 AutoCAD 命令时，在命令行中输入相应的命令能够快速执行绘图及编辑命令。执行常见命令时，如直线、圆、移动命令，尽量使用命令的简写 L、C 和 M 等，以便能够快速执行各种命令。

➥ 对视图进行实时缩放时，如果是 3 键或 3 键以上的鼠标，将鼠标滚轮向前滚动则为放大视图；向后滚动则为缩小视图；按住鼠标滚轮不动，移动鼠标，则可以将视图进行平移操作。

➥ 使用坐标方式指定图形对象的点时，应结合绝对直角坐标、相对直角坐标，以及绝对极坐标、相对极坐标等方式来完成。

第3章　绘制基本建筑图形

学习目标

- ☑ 使用构造线、直线等命令绘制楼梯立面图
- ☑ 使用直线、圆弧、椭圆、圆等命令绘制面盆图形
- ☑ 使用矩形、正多边形命令绘制立面门图形
- ☑ 使用圆、定数等分、直线等命令绘制三等分圆图形
- ☑ 使用直线、椭圆、椭圆弧、多段线、圆等命令绘制洗手池图形
- ☑ 使用多线样式、多线、直线、圆弧等命令绘制墙体图形

目标任务&项目案例

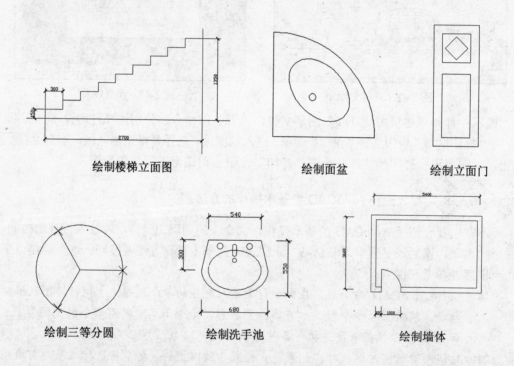

绘制楼梯立面图　　　　　绘制面盆　　　　　绘制立面门

绘制三等分圆　　　　绘制洗手池　　　　绘制墙体

　　在使用 AutoCAD 绘制图形时，必不可少的要使用直线、圆弧等命令对图形进行绘制。本章将具体讲解使用直线、构造线、多线、圆弧、圆、椭圆、矩形、正多边形等命令绘制图形的方法。

3.1　绘制线段对象

在 AutoCAD 2008 中，线段对象包括直线、射线、构造线、多线、多段线等。线段对象是建筑图形的主要组成部分，大多数图形都由线段对象组成。

3.1.1　绘制直线

直线是有方向和长度的矢量线段，它由位置和长度两个参数确定，即只要指定了其起点和终点或起点和长度就可以确定直线。执行直线命令，主要有如下 3 种调用方法：

- 选择"绘图/直线"命令。
- 单击"绘图"工具栏中的"直线"按钮 ✐。
- 在命令行中输入 LINE 或 L 命令。

执行直线命令后，将提示指定直线的起点，然后指定直线的端点，从而完成一条直线的绘制。

【例 3-1】　使用直线命令，并结合直角坐标和相对直角坐标完成三角形图形的绘制，最终效果如图 3-1 所示（立体化教学:\源文件\第 3 章\三角形.dwg）。

（1）单击"绘图"工具栏中的"直线"按钮 ✐，执行直线命令。

（2）在命令行提示"指定第一点:"后输入"0,0"，指定直线的起点，如图 3-2 所示。

（3）在命令行提示"指定下一点或 [放弃(U)]:"后输入"@40,0"，指定直线的下一点坐标，绘制水平线，如图 3-3 所示。

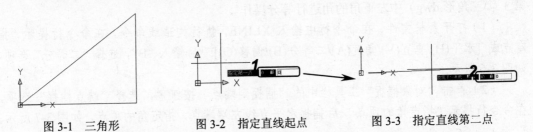

图 3-1　三角形　　　　图 3-2　指定直线起点　　　　图 3-3　指定直线第二点

（4）在命令行提示"指定下一点或 [放弃(U)]:"后输入"@0,30"，指定直线的下一点坐标，绘制垂直线，如图 3-4 所示。

（5）在命令行提示"指定下一点或 [闭合(C)/放弃(U)]:"后输入"C"，选择"闭合"选项，完成直线的绘制，如图 3-5 所示。

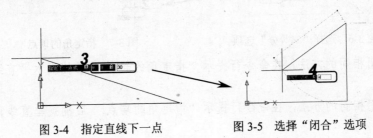

图 3-4　指定直线下一点　　　　图 3-5　选择"闭合"选项

✍ 技巧：

单击状态栏中的 `DYN` 按钮，打开动态输入功能，在输入坐标值时，除了第一点之外，都为相对坐标，相当于在坐标值前添加"@"符号。

3.1.2 绘制构造线

构造线只有方向，没有起点和终点，其在绘制建筑图形时作为辅助线使用，用于确定建筑图形的结构。执行构造线命令，主要有如下 3 种调用方法：

- ➥ 选择"绘图/构造线"命令。
- ➥ 单击"绘图"工具栏中的 ⟋ 按钮。
- ➥ 在命令行中输入 XLINE 或 XL 命令。

执行构造线命令后，将提示指定构造线的起点，并在命令行提示"指定通过点:"后指定构造线所通过的点来绘制一条或多条构造线。使用构造线命令绘制构造线时，命令行提示中各选项的含义如下。

- ➥ **两点法**：系统默认的方法，指定构造线上的起点和通过点绘制构造线。
- ➥ **水平**：绘制一条通过指定点且平行于 X 轴的构造线。
- ➥ **垂直**：绘制一条通过指定点且平行于 Y 轴的构造线。
- ➥ **角度**：以指定的角度或参照某条已存在的直线以一定的角度绘制一条构造线。在指定构造线的角度时，该角度是构造线与坐标系水平方向上的夹角，若角度值为正值，则绘制的构造线将逆时针旋转。

【**例 3-2**】 执行构造线命令，将"三角形.dwg"图形文件（立体化教学\实例素材\第 3 章\三角形.dwg）中左下角的角进行等分操作。

（1）打开素材文件，在命令行中输入 XLINE，执行构造线命令，在命令行提示"指定点或 [水平(H)/垂直(V)/角度(A)/二等分(B)/偏移(O)]:"后输入"B"，选择"二等分"选项，如图 3-6 所示。

（2）单击"对象捕捉"工具栏中的"捕捉到端点"按钮 ⟋，选择"端点捕捉"选项，在命令行提示"指定角的顶点:"后捕捉水平直线左端端点，指定角的顶点，如图 3-7 所示。

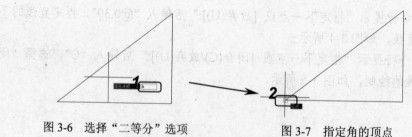

图 3-6 选择"二等分"选项　　　图 3-7 指定角的顶点

（3）使用相同的方法，在命令行提示"指定角的起点:"后捕捉水平直线右端端点，如图 3-8 所示。

（4）使用相同的方法，在命令行提示"指定角的端点:"后捕捉垂直线顶端端点，如图 3-9 所示。

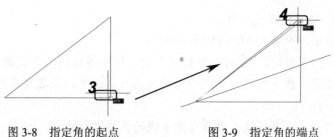

图 3-8 指定角的起点   图 3-9 指定角的端点

技巧：

使用构造线命令绘制作图辅助线时，在指定构造线的起点后，可以单击状态栏中的正交按钮，打开正交功能，然后在水平及垂直方向上各拾取一点，以快速完成水平及垂直辅助线的绘制。

3.1.3 绘制射线

射线在建筑图形中一般作为辅助线使用，它在 AutoCAD 中表示从一个指定的坐标点向某个方向无限延伸的直线段对象，该线段对象拥有起点和方向，没有终点。执行射线命令，主要有如下两种方法：

    ➥ 选择"绘图/射线"命令。

    ➥ 在命令行中输入 RAY 命令。

【例 3-3】 执行射线，以坐标点（50,50）为起点，绘制角度为 15 的射线，如图 3-10 所示。

（1）在命令行输入 RAY，执行射线命令。

（2）在命令行提示"指定起点："后输入"50,50"，指定射线的起点位置，如图 3-11 所示。

（3）在命令行提示"指定通过点："后输入"@2<15"，指定射线通过的点，如图 3-12 所示。

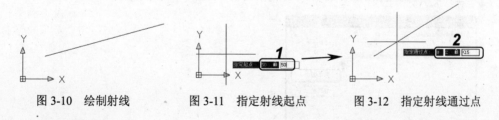

图 3-10 绘制射线   图 3-11 指定射线起点   图 3-12 指定射线通过点

3.1.4 绘制多线

多线是由多条平行线构成的线段，它具有起点和终点，同时还具有构成多线的单条平行线元素属性。多线一般用于在建筑制图过程中绘制墙体、窗户和细部特殊组件。

1．设置多线样式

使用多线命令绘制多线时，首先应对多线的样式进行设置，其中包括多段线条的数量，以及每条线之间的偏移距离等。执行多线样式命令，主要有如下两种方法：

➥ 选择"格式/多线样式"命令。

➥ 在命令提示行中输入 MLSTYLE 命令。

设置多线样式的参数时，"新建多线样式"对话框中各选项的含义如下。

➥ **封口**：设置多线平行线段之间两端封口的样式，可以设置起点和端点的样式。各选项命令如下。

   ↻ **直线**：表示多线端点由垂直于多线的直线进行封口。

   ↻ **外弧**：表示多线的最外端元素之间的圆弧。

   ↻ **内弧**：表示成对的内部元素之间的圆弧。

   ↻ **角度**：用于设置多线封口处的角度。

➥ **填充**：设置封闭多线内的填充颜色，选择"无"表示使用透明的颜色填充。

➥ **显示连接**：显示或隐藏每条多线线段顶点处的连接。

➥ **图元**：构成多线的每一条直线，可以通过添加或删除来确定多线图元的个数，并设置相应的偏移量、颜色及线型。其含义分别如下。

   ↻ **添加**：单击 添加(A) 按钮，可以添加一个图元，然后再对该图元的偏移量等进行设置。

   ↻ **删除**：在图元列表中选择任一图元，单击 删除(D) 按钮，即可删除选中的图元。

   ↻ **偏移**：设置多线元素从中线的偏移值，值为正表示向上偏移，值为负表示向下偏移。

   ↻ **颜色**：设置组成多线元素的线条颜色。

   ↻ **线型**：设置组成多线元素的线条线型。

【**例 3-4**】 执行多线样式命令，创建名为"外墙"的多线样式（立体化教学:\源文件\第 3 章\多线样式.dwg）。

（1）选择"格式/多线样式"命令，打开"多线样式"对话框，如图 3-13 所示。

（2）单击 新建(N)... 按钮，打开"创建新的多线样式"对话框，如图 3-14 所示。

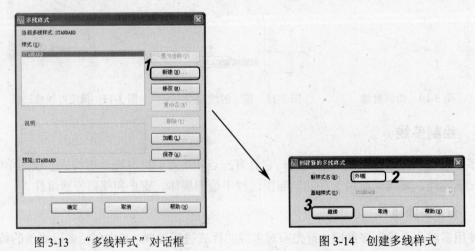

图 3-13 "多线样式"对话框   图 3-14 创建多线样式

（3）在"新样式名"文本框中输入"外墙"，单击 继续 按钮，打开"新建多线样式:

外墙"对话框，如图 3-15 所示。

（4）在"封口"栏中分别选中"起点"和"端点"选项中的"直线"复选框，单击 [确定] 按钮，返回"多线样式"对话框，如图 3-16 所示。

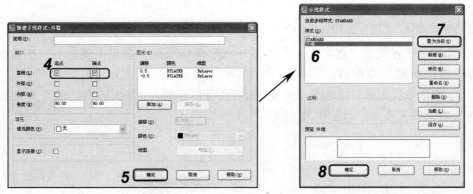

图 3-15　设置多线样式　　　　　图 3-16　设置当前样式

（5）在"样式"列表中选择"外墙"选项，单击 [置为当前(U)] 按钮，将"外墙"多线样式设置为当前样式，单击 [确定] 按钮，完成设置并关闭"多线样式"对话框。

2．绘制多线

新建多线样式命令后，即可将新建的多线样式置为当前，并绘制该样式的多线。执行多线命令，主要有如下两种调用方法：

➤　选择"绘图/多线"命令。

➤　在命令行中执行 MLINE 或 ML 命令。

在执行多线命令的过程中，命令行提示中各主要选项的含义如下。

➤　**对正**：选择该选项后可以设置多线的对正样式，有"上 T"、"无 Z"和"下 B"3 种对正样式，其中，"上 T"是指以多线最上方直线元素的起点作为绘图基点；"无 Z"是指以多线中心线的起点作为绘图基点；"下 B"是指以多线最下方直线元素的起点作为绘图基点。

➤　**比例**：选择该选项后可以设置多线的比例。

➤　**样式**：选择该选项后可以设置当前多线的样式。

【例 3-5】　执行多线命令，在"外墙"多线样式的基础上绘制围墙，其中墙体的长度为 4800，高度为 3600，墙体厚度为 240（立体化教学:\源文件\第 3 章\围墙.dwg）。

（1）在命令行中输入 MLINE，执行多线命令，在命令行提示"指定起点或 [对正(J)/比例(S)/样式(ST)]:"后输入"S"，选择"比例"选项，如图 3-17 所示。

（2）在命令行提示"输入多线比例 <20.00>:"后输入"240"，指定多线比例，如图 3-18 所示。

（3）在命令行提示"指定起点或 [对正(J)/比例(S)/样式(ST)]:"后输入"0,0,0"，指定多线的起点，如图 3-19 所示。

图 3-17 选择"比例"选项　　图 3-18 输入多线比例　　图 3-19 指定多线起点

（4）在命令行提示"指定下一点:"后输入"@4800,0"，指定多线的下一点坐标，绘制水平多线，如图 3-20 所示。

（5）在命令行提示"指定下一点或 [放弃(U)]:"后输入"@0,3600"，指定多线的下一点坐标，绘制垂直多线，如图 3-21 所示。

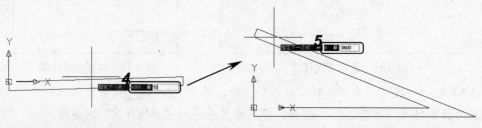

图 3-20 绘制水平多线　　　　　　图 3-21 绘制垂直多线

（6）在命令行提示"指定下一点或 [闭合(C)/放弃(U)]:"后输入"@-4800,0"，指定多线的下一点坐标，绘制水平多线，如图 3-22 所示。

（7）在命令行提示"指定下一点或 [闭合(C)/放弃(U)]:"后输入"C"，选择"闭合"选项，完成多线图形的绘制，如图 3-23 所示。

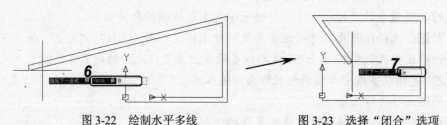

图 3-22 绘制水平多线　　　　　　图 3-23 选择"闭合"选项

3.1.5 绘制多段线

多段线是由直线或圆弧等多条线段构成的特殊线段，这些线段所构成的图形是一个整体，可对其进行统一编辑。执行多段线命令，主要有如下 3 种调用方法：

- 选择"格式/多段线"命令。
- 单击"绘图"工具栏中的⌐按钮。
- 在命令行中输入 PLINE 或 PL 命令。

在执行多段线命令的过程中，命令行提示中各主要选项的含义如下。

- 圆弧：将绘制直线的方式转变为绘制圆弧的方式，这种绘制圆弧的方法与用 ARC
  命令绘制圆弧的方法类似。

➥ **半宽**：用于指定多段线的半宽值，AutoCAD 将提示输入多段线的起点半宽值与终点半宽值。

➥ **长度**：定义下一条多段线的长度，AutoCAD 将按照上一条直线的方向绘制这一条多段线。如果上一段是圆弧，则将绘制与此圆弧相切的直线。

➥ **宽度**：设置多段线的宽度值。

【例 3-6】 执行多段线命令，绘制如图 3-24 所示的箭头，其中直线的长度为 300，箭头的宽度为 50，箭头的长度为 100（立体化教学:\源文件\第 3 章\箭头.dwg）。

（1）在命令行中输入 PLINE，执行多段线命令，在命令行提示"指定起点:"后在绘图区任意位置单击鼠标左键，指定多段线的起点，如图 3-25 所示。

（2）在命令行提示"指定下一个点或 [圆弧(A)/半宽(H)/长度(L)/放弃(U)/宽度(W)]:"后输入"@300,0"，指定多段线的下一点，绘制水平线，如图 3-26 所示。

图 3-24 绘制箭头　　　图 3-25 指定多段线起点　　　图 3-26 指定多段线下一点

（3）在命令行提示"指定起点或 [对正(J)/比例(S)/样式(ST)]:"后输入"0,0,0"，指定多段线的起点。

（4）在命令行提示"指定下一点或 [圆弧(A)/闭合(C)/半宽(H)/长度(L)/放弃(U)/宽度(W)]:"后输入"W"，选择"宽度"选项，如图 3-27 所示。

（5）在命令行提示"指定起点宽度 <0.0000>:"后输入"50"，指定多段线的起点宽度，如图 3-28 所示。

（6）在命令行提示"指定端点宽度 <50.0000>:"后输入"0"，指定多段线的端点宽度，如图 3-29 所示。

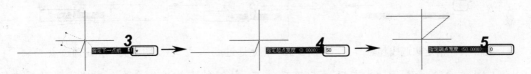

图 3-27 选择"宽度"选项　　　图 3-28 指定起点宽度　　　图 3-29 指定端点宽度

（7）在命令行提示"指定下一点或 [圆弧(A)/闭合(C)/半宽(H)/长度(L)/放弃(U)/宽度(W)]:"后输入"@100,0"，指定箭头的端点坐标。

（8）在命令行提示"指定下一点或 [圆弧(A)/闭合(C)/半宽(H)/长度(L)/放弃(U)/宽度(W)]:"后按 Enter 键结束多段线命令。

📢**提示:**

使用多段线命令创建多段线之后，可以使用 EXPLODE 命令将其分解为单独的直线和圆弧，然后对其进行单独处理。

3.1.6 应用举例——绘制楼梯立面图

使用构造线、直线等命令，完成楼梯立面图的绘制，效果如图 3-30 所示（立体化教学:\源文件\第 3 章\楼梯立面图.dwg）。

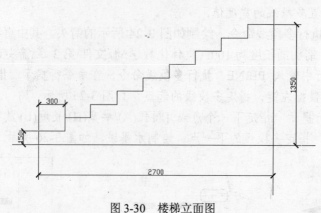

图 3-30 楼梯立面图

操作步骤如下：

（1）在命令行输入 XL，执行构造线命令，在命令行提示"指定点或 [水平(H)/垂直(V)/角度(A)/二等分(B)/偏移(O)]:"后，在绘图区中单击鼠标左键，指定构造线的起点，如图 3-31 所示。

（2）在命令行提示"指定通过点:"后输入"@20,0"，指定构造线通过的点，绘制水平构造线，如图 3-32 所示。

（3）在命令行提示"指定通过点:"后输入"@0,20"，指定另一条构造线通过的点，绘制垂直构造线，如图 3-33 所示。

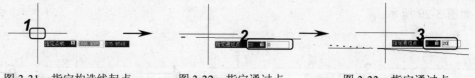

图 3-31 指定构造线起点　　　　图 3-32 指定通过点　　　　图 3-33 指定通过点

（4）在命令行提示"指定通过点:"后按 Enter 键结束构造线命令，完成水平及垂直构造线的绘制，如图 3-34 所示。

（5）在命令行输入 L，执行直线命令，在命令行提示"指定第一点:"后输入"FROM"，选择"捕捉自"选项，如图 3-35 所示。

（6）单击"对象捕捉"工具栏中的X按钮，选择"捕捉到交点"选项，在命令行提示"基点:"后将鼠标移动到构造线的交点处，单击鼠标左键，捕捉构造线的交点，指定基点，如图 3-36 所示。

（7）在命令行提示"<偏移>:"后输入"@-2700,0"，指定直线的起点，如图 3-37 所示。

（8）在命令行提示"指定下一点或 [放弃(U)]:"后输入"@0,150"，指定直线的第二点坐标，绘制垂直线，如图 3-38 所示。

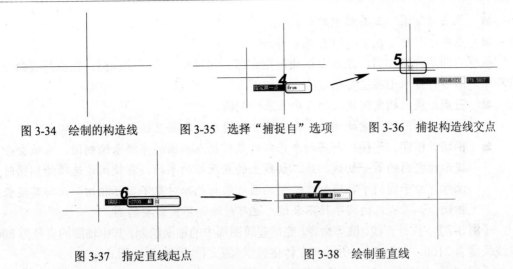

图 3-34　绘制的构造线　　　图 3-35　选择"捕捉自"选项　　　图 3-36　捕捉构造线交点

图 3-37　指定直线起点　　　　　　　　图 3-38　绘制垂直线

（9）在命令行提示"指定下一点或 [放弃(U)]:"后输入 "@300,0"，指定直线的下一点坐标，绘制水平线，如图 3-39 所示。

（10）使用相同的方法，绘制楼梯立面图的其余垂直线和水平线，最终效果如图 3-40 所示。

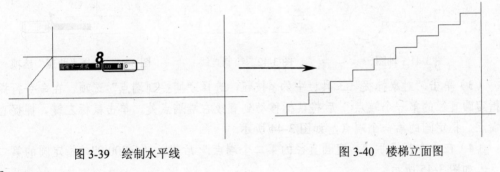

图 3-39　绘制水平线　　　　　　　　　图 3-40　楼梯立面图

✎ 技巧：

绘制水平线及垂直线时，除了使用坐标的方法进行绘制之外，还可以单击状态栏中的正交按钮，打开正交功能，然后移动鼠标指定线条方向，并输入线条长度，即可完成水平线及垂直线的绘制。

3.2　绘制圆和圆弧

在建筑绘图过程中，弧形对象通常用来绘制装饰图案、桥梁、建筑部件和家具等，它主要包括圆、圆弧、椭圆、圆环、样条曲线等。

3.2.1　绘制圆

圆是弧形对象中最规则和最简单的图形对象，主要的控制元素为圆心和半径。执行圆命令，主要有如下 3 种调用方法：

➥　选择"绘图/圆"命令。

> 单击"绘图"工具栏中的 ⊘ 按钮。

> 在命令行中输入 CIRCLE 或 C 命令。

执行后面两种操作后，系统默认通过指定圆心和半径的方式绘制圆。在执行圆命令的过程中，命令行提示中各主要选项的含义如下。

> **三点**：通过指定圆周上的 3 个点来绘制圆。

> **两点**：利用两个点绘制圆，系统将分别提示指定圆直径方向的两个端点。

> **相切、相切、半径**：利用两个已知对象的切点和圆的半径来绘制圆，系统会分别提示指定圆的第一切线、第二切线上的点及圆的半径。在使用该选项绘制圆时应注意，由于圆的半径限制，绘制的圆可能与已知对象不实际相切，而与其延长线相切；如果输入的圆半径不合适，也可能绘制不出需要的圆。

【例3-7】 执行直线、圆等命令，完成建筑图形中的轴圈绘制，其中轴圈的直径为800，直线长度为2100，如图3-41所示（立体化教学:\源文件\第3章\轴圈.dwg）。

（1）在命令行输入 L，执行直线命令，绘制一条长度为 2100 的水平直线，如图 3-42 所示。

（2）在命令行输入 C，执行圆命令，在命令行提示"指定圆的圆心或 [三点(3P)/两点(2P)/相切、相切、半径(T)]:"后输入"2P"，选择"两点"选项，如图 3-43 所示。

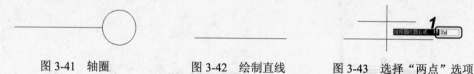

| 图 3-41 轴圈 | 图 3-42 绘制直线 | 图 3-43 选择"两点"选项 |

（3）单击"对象捕捉"工具栏中的 ✎ 按钮，选择"捕捉到端点"选项，在命令行提示"指定圆直径的第一个端点:"后将鼠标移动到直线右端端点处，单击鼠标左键，捕捉直线的端点，指定圆的第一个端点，如图 3-44 所示。

（4）在命令行提示"指定圆直径的第二个端点:"后输入"@800,0"，指定圆的第二个端点，如图 3-45 所示。

| 图 3-44 指定圆的第一个端点 | 图 3-45 指定圆的第二个端点 |

3.2.2 绘制圆弧

圆弧是图形中常见对象之一，圆弧的形状主要是通过起点、方向、终点、包角、弦长和半径等参数来确定的。执行圆弧命令，主要有如下 3 种调用方法：

> 选择"绘图/圆弧"命令下的子命令。

> 单击"绘图"工具栏中的"圆弧"按钮 ✔。

> 在命令行中输入 ARC 或 A 命令。

绘制圆弧时，通常有以下几种方式。

➥ **三点**：通过指定圆弧的起点、第二点以及终点来绘制圆弧。

➥ **起点、圆心、端点**：通过指定圆弧的起点、圆心、终点来绘制圆弧。

➥ **起点、圆心、角度**：通过指定圆弧的起点、圆心以及圆弧所对应的圆心角来绘制圆弧。

➥ **起点、圆心、长度**：通过指定圆弧的起点、圆心和圆弧所对应弦长来绘制圆弧。

➥ **起点、端点、方向**：通过指定圆弧的起点、终点和圆弧起点外的切线方向来绘制圆弧。

➥ **起点、端点、半径**：通过指定圆弧的起点、终点和圆弧的半径圆心角来绘制圆弧。当半径为正数时绘制劣弧，当半径为负数时绘制优弧。

【例3-8】 执行直线及圆弧命令，绘制单开门示意图，如图 3-46 所示（立体化教学:\源文件\第 3 章\单开门.dwg）。

（1）在命令行输入 L，执行直线命令，绘制一条长度为 800 的垂直线，如图 3-47 所示。

（2）在命令行输入 A，执行圆弧命令，在命令行提示"指定圆弧的起点或 [圆心(C)]:"后输入"C"，选择"圆心"选项，如图 3-48 所示。

图 3-46 单开门   图 3-47 绘制垂直线   图 3-48 选择"圆心"选项

（3）单击"对象捕捉"工具栏中的✐按钮，选择"捕捉到端点"选项，在命令行提示"指定圆弧的圆心:"后捕捉直线底端端点，指定圆弧的圆心，如图 3-49 所示。

（4）在命令行提示"指定圆弧的起点:"后输入"@800,0"，指定圆弧的起点，如图 3-50 所示。

（5）单击"对象捕捉"工具栏中的✐按钮，选择"捕捉到端点"选项，在命令行提示"指定圆弧的端点或 [角度(A)/弦长(L)]:"后捕捉直线顶端端点，指定圆弧的端点，如图 3-51 所示。

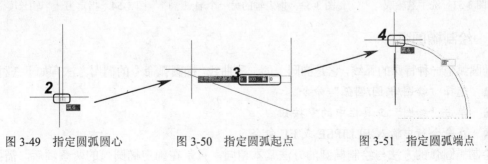

图 3-49 指定圆弧圆心   图 3-50 指定圆弧起点   图 3-51 指定圆弧端点

📢**提示：**

> 使用"起点、圆心、角度"方式绘制圆弧时，当圆心角为正数时，圆弧沿逆时针方向绘制；当圆心角为负数时，圆弧沿顺时针方向绘制。

3.2.3　绘制椭圆

椭圆是特殊样式的圆，其形状主要由中心点、长轴与短轴 3 个参数来确定。如果长轴与短轴相等，则可以绘制出正圆。执行椭圆命令，主要有如下 3 种调用方法：

- ➥　选择"绘图/椭圆"命令下的子命令。
- ➥　单击"绘图"工具栏中的 ⬭ 按钮。
- ➥　在命令行中输入 ELLIPSE 或 EL 命令。

执行椭圆命令的过程中，各选项的含义如下。

- ➥　**圆弧**：只绘制一段椭圆弧，与选择"绘图/椭圆/圆弧"命令的作用相同。
- ➥　**中心点**：以指定椭圆圆心和两半轴的方式绘制椭圆或椭圆弧。
- ➥　**旋转**：通过绕第一条轴旋转圆的方式绘制椭圆或椭圆弧。输入的值越大，椭圆的离心率就越大，输入"0"时将绘制正圆图形。

【**例 3-9**】　执行椭圆命令，绘制如图 3-52 所示的洗手盆轮廓（立体化教学:\源文件\第 3 章\洗手盆.dwg）。

（1）在命令行输入 EL，执行椭圆命令，在命令行提示"指定椭圆的轴端点或[圆弧(A)/中心点(C)]:"后在绘图区中拾取一点，指定椭圆的轴端点。

（2）在命令行提示"指定轴的另一个端点:"后输入"@800,0"，指定轴的另一个端点位置，如图 3-53 所示。

（3）在命令行提示"指定另一条半轴长度或 [旋转(R)]:"后输入"250"，指定另一条半轴的长度，如图 3-54 所示。

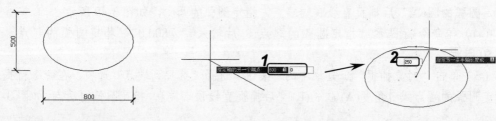

图 3-52　洗手盆轮廓　　　图 3-53　指定轴的另一个端点　　　图 3-54　指定另一半轴长度

3.2.4　绘制椭圆弧

椭圆弧是一种特殊的弧线，它是椭圆上的一段曲线。椭圆弧命令的调用方法有如下 3 种：

- ➥　选择"绘图/椭圆/圆弧"命令。
- ➥　单击"绘图"工具栏中的 ⬭ 按钮。
- ➥　在命令行中输入 ELLIPSE 或 EL 命令。

绘制椭圆弧的方法与绘制椭圆的方法基本相同，只是在确定椭圆弧的两条轴后，需要指定椭圆弧的起始角度与终止角度。

3.2.5　绘制圆环

从构成上来看，圆环是由两个同心圆构成的，但是通过圆环命令绘制的圆环是一个整体，并且系统默认在大圆和小圆之间填充颜色。执行圆环命令，主要有以下两种方法：

- ➥ 选择"绘图/椭圆/圆环"命令。
- ➥ 在命令行中输入 DONUT 命令。

【例 3-10】　执行圆环命令，在坐标点（150,230）处绘制内径为 50、外径为 70 的圆环，如图 3-55 所示（立体化教学:\源文件\第 3 章\圆环.dwg）。

（1）选择"绘图/椭圆/圆环"命令，执行圆环命令，在命令行提示"指定圆环的内径 <0.5000>:"后输入"50"，指定圆环的内径，如图 3-56 所示。

图 3-55　圆环　　　　　　　　　　　图 3-56　输入圆环内径

（2）在命令行提示"指定圆环的外径 <1.0000>:"后输入"70"，指定圆环的外径，如图 3-57 所示。

（3）在命令行提示"指定圆环的中心点或 <退出>:"后输入"100,230"，指定圆环的中心点，如图 3-58 所示。

（4）在命令行提示"指定圆环的中心点或 <退出>:"后按 Enter 键结束圆环命令。

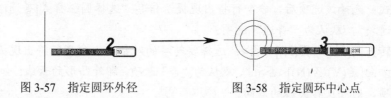

图 3-57　指定圆环外径　　　　　　　图 3-58　指定圆环中心点

3.2.6　绘制样条曲线

使用样条曲线命令可生成拟合光滑曲线，可以通过起点、控制点、终点及偏差变量来控制曲线，该命令一般用于绘制建筑大样图等图形。执行样条曲线命令，主要有如下 3 种调用方法：

- ➥ 选择"绘图/样条曲线"命令。
- ➥ 单击"绘图"工具栏中的 ∿ 按钮。
- ➥ 在命令行中输入 SPLINE 或 SPL 命令。

执行样条曲线命令后，系统将提示指定样条曲线的点，在绘图区依次指定所需位置的点即可创建出样条曲线。绘制样条曲线的过程中，各选项的含义如下。

- **对象**：将一条多段线拟合生成样条曲线。
- **闭合**：生成一条闭合的样条曲线。当指定两个以上的顶点后，命令行中将出现此选项，选择该选项则闭合样条曲线，并需指定切线的矢量方向，然后结束 SPLINE 命令。
- **拟合公差**：选择该选项可以设置样条曲线的拟合公差值。输入的值越大，绘制的曲线偏离指定的点越远；值越小，绘制的曲线离指定的点越近。
- **起点切向**：指定样条曲线起始点处的切线方向，通常保持默认值即可。
- **端点切向**：指定样条曲线终点处的切线方向，通常保持默认值即可。

提示：

使用样条曲线命令可以将多段线拟合生成样条曲线，但只有通过使用多段线命令中的"样条曲线"选项处理过的多段线才能被拟合生成样条曲线。

3.2.7 绘制修订云线

修订云线是一种类似云朵的曲线，是由多个控制点和最大弧长、最小弧长控制的一种曲线对象，多用于自由图案的绘制。执行修订云线命令，主要有如下 3 种调用方法：

- 选择"绘图/修订云线"命令。
- 单击"绘图"工具栏中的"修订云线"按钮。
- 在命令行中执行 REVCLOUD 命令。

在执行修订云线命令的过程中，命令行提示中各主要选项的含义如下。

- **弧长**：指定修订云线中的弧长，选择该选项后需要指定最小弧长与最大弧长，其中最大弧长不能超过最小弧长的 3 倍。
- **对象**：选择该选项可以将已有的矩形、圆、椭圆和正多边形等封闭对象转换为修订云线。
- **样式**：选择该选项后，命令行将出现提示信息"选择圆弧样式[普通(N)/手绘(C)]<普通>:"，默认为"普通"选项。
- **反转方向[是(Y)/否(N)] <否>**：选择要转换的对象后，命令行将出现提示信息"反转方向[是(Y)/否(N)]<否>:"，默认为"否"选项，即外凸形的云线；如果选择"是"选项，则可反转圆弧的方向。

【例 3-11】 执行修订云线命令，将"镜框.dwg"图形文件中最外边的矩形修改为云线，最终效果如图 3-59 所示（立体化教学:\源文件\第 3 章\镜框.dwg）。

（1）选择"文件/打开"命令，打开"镜框.dwg"图形文件（立体化教学:\实例素材\第 3 章\镜框.dwg）。

（2）单击"绘图"工具栏中的"修订云线"按钮，执行修订云线命令，在命令行提示"指定起点或 [弧长(A)/对象(O)/样式(S)] <对象>:"后输入"A"，选择"弧长"选项，如图 3-60 所示。

（3）在命令行提示"指定最小弧长 <15>:"后输入"50"，指定修订云线的最小弧长，如图 3-61 所示。

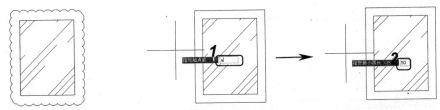

图 3-59　镜框　　　　图 3-60　选择"弧长"选项　　　　图 3-61　指定最小弧长

（4）在命令行提示"指定最大弧长 <50>:"后输入"50"，指定修订云线的最大弧长，如图 3-62 所示。

（5）在命令行提示"指定起点或 [弧长(A)/对象(O)/样式(S)] <对象>:"后输入"O"，选择"对象"选项，如图 3-63 所示。

（6）在命令行提示"选择对象:"后选择最外端的矩形，指定要修改为云线的图形对象。

（7）在命令行提示"反转方向 [是(Y)/否(N)] <否>:"后输入"N"，选择"否"选项，如图 3-64 所示。

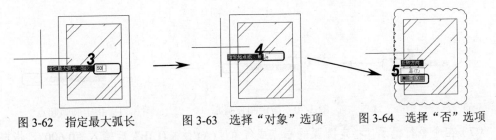

图 3-62　指定最大弧长　　　图 3-63　选择"对象"选项　　　图 3-64　选择"否"选项

3.2.8　应用举例——绘制面盆

本例将利用前面所学的直线、椭圆弧、椭圆以及圆等命令，绘制建筑装饰设计图形中常见的面盆图形，效果如图 3-65 所示（立体化教学:\源文件\第 3 章\面盆.dwg）。

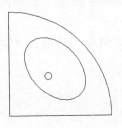

图 3-65　面盆

操作步骤如下：

（1）在命令行输入 L，执行直线命令，在命令行提示"指定第一点:"后输入"600,0"，指定直线的起点，如图 3-66 所示。

（2）在命令行提示"指定下一点或 [放弃(U)]:"后输入"@-600,0"，指定直线的下一点坐标，如图 3-67 所示。

（3）在命令行提示"指定下一点或 [放弃(U)]:"后输入"@0,600"，指定直线的端点，如图 3-68 所示。

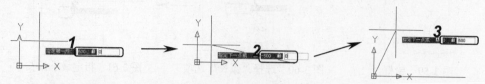

图 3-66　指定直线起点　　　图 3-67　指定直线第二点　　　图 3-68　指定直线端点

（4）在命令行输入 A，执行圆弧命令，在命令行提示"指定圆弧的起点或 [圆心(C)]:"后输入"C"，选择"圆心"选项，如图 3-69 所示。

（5）在命令行提示"指定圆弧的圆心:"后输入"0,0"，指定圆弧的圆心，如图 3-70 所示。

（6）在命令行提示"指定圆弧的起点:"后输入"@600,0"，指定圆弧的起点，如图 3-71 所示。

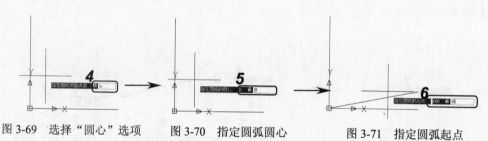

图 3-69　选择"圆心"选项　　　图 3-70　指定圆弧圆心　　　图 3-71　指定圆弧起点

（7）在命令行提示"指定圆弧的端点或 [角度(A)/弦长(L)]:"后输入"0,600"，指定圆弧的端点，如图 3-72 所示。

（8）在命令行输入 EL，执行椭圆命令，在命令行提示"指定椭圆的轴端点或 [圆弧(A)/中心点(C)]:"后输入"C"，选择"中心点"选项。

（9）在命令行提示"指定椭圆的中心点:"后输入"270,270"，指定椭圆的中心点，如图 3-73 所示。

（10）在命令行提示"指定轴的端点:"后输入"@100,100"，指定椭圆轴的一个端点，如图 3-74 所示。

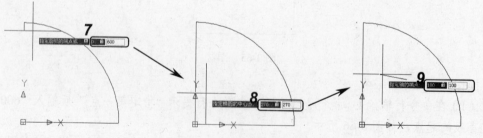

图 3-72　指定圆弧的端点　　　图 3-73　指定椭圆中心点　　　图 3-74　指定轴的另一个端点

（11）在命令行提示"指定另一条半轴长度或 [旋转(R)]:"后输入"210"，指定另一条半轴的长度，如图 3-75 所示。

（12）在命令行输入 C，执行圆命令，在命令行提示"指定圆的圆心或 [三点(3P)/两点(2P)/相切、相切、半径(T)]:"后输入"230,230"，指定圆的圆心，如图 3-76 所示。

（13）在命令行提示"指定圆的半径或 [直径(D)]:"后输入"20"，指定圆的半径，如图 3-77 所示。

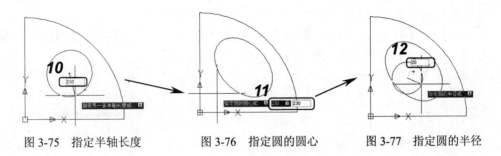

图 3-75 指定半轴长度　　　图 3-76 指定圆的圆心　　　图 3-77 指定圆的半径

3.3 绘制多边形

多边形对象在建筑绘图中使用较频繁，如绘制窗平面、地砖和水泥柱等。使用 AutoCAD 2008 绘制多边形时，主要使用矩形和正多边形等命令。

3.3.1 绘制矩形

在建筑图形中，矩形是应用最多的图形对象之一。在绘图过程中，它通常用来绘制图框、建筑结构和建筑组件。执行矩形命令，主要有如下 3 种调用方法：

- 选择"绘图/矩形"命令。
- 单击"绘图"工具栏中的口按钮。
- 在命令行中输入 RECTANG 或 REC 命令。

在执行矩形命令的过程中，命令行提示中各选项的含义如下。

- **倒角**：设置矩形的倒角距离，以后执行矩形命令时此值将成为当前倒角距离。
- **圆角**：需要绘制圆角矩形时，选择该选项可以指定矩形的圆角半径。
- **宽度**：该选项为要绘制的矩形指定多段线的宽度。
- **面积**：该选项通过确定矩形面积大小的方式绘制矩形。
- **尺寸**：该选项通过输入矩形的长和宽确定矩形大小。
- **旋转**：选择该选项后可以指定绘制矩形的旋转角度。

【例 3-12】 执行矩形命令，利用"圆角"选项，绘制餐桌桌面，效果如图 3-78 所示（立体化教学:\源文件\第 3 章\餐桌桌面.dwg）。

（1）在命令行输入 REC，执行矩形命令，在命令行提示"指定第一个角点或 [倒角(C)/标高(E)/圆角(F)/厚度(T)/宽度(W)]:"后输入"F"，选择"圆角"选项，如图 3-79 所示。

（2）在命令行提示"指定矩形的圆角半径 <0.0000>:"后输入"100"，指定矩形的圆角半径，如图 3-80 所示。

图 3-78　餐桌桌面　　　　图 3-79　选择"圆角"选项　　图 3-80　指定矩形的圆角半径

（3）在命令行提示"指定第一个角点或 [倒角(C)/标高(E)/圆角(F)/厚度(T)/宽度(W)]:"后在绘图区拾取一点，指定矩形的第一个角点，如图 3-81 所示。

（4）在命令行提示"指定另一个角点或 [面积(A)/尺寸(D)/旋转(R)]:"后输入"@1500,750"，指定矩形的另一个角点，如图 3-82 所示。

图 3-81　指定第一个角点　　　　　　　图 3-82　指定第二个角点

3.3.2　绘制正多边形

正多边形命令是专门用于绘制正多边形的命令，除了能绘制 4 条边的矩形之外，还可以绘制 3～1024 条边的正多边形。执行正多边形命令，主要有如下 3 种调用方法：

- 选择"绘图/正多边形"命令。
- 在"绘图"工具栏中单击 □ 按钮。
- 在命令行中输入 POLYGON 或 POL 命令。

在执行正多边形命令的过程中，提示行中各选项的含义如下。

- **边**：通过指定多边形边的方式来绘制正多边形。该方式将通过边的数量和长度来确定正多边形。
- **内接于圆**：以指定多边形内接圆半径的方式来绘制多边形。
- **外切于圆**：以指定多边形外切圆半径的方式来绘制多边形。

【例 3-13】　执行正多边形命令，以坐标点（500,500）为中心点，绘制半径为 150 的正八边形，效果如图 3-83 所示（立体化教学:\源文件\第 3 章\正八边形.dwg）。

（1）在命令行输入 POL，执行正多边形命令，在命令行提示"输入边的数目 <4>:"后输入"8"，指定正多边形的边数，如图 3-84 所示。

（2）在命令行提示"指定正多边形的中心点或 [边(E)]:"后输入"500,500"，指定正多边形的中心点，如图 3-85 所示。

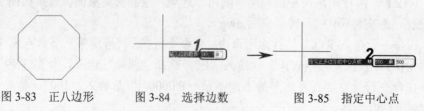

图 3-83　正八边形　　图 3-84　选择边数　　　　图 3-85　指定中心点

（3）在命令行提示"输入选项 [内接于圆(I)/外切于圆(C)] <I>:"后输入"C"，选择"外切于圆"选项，如图 3-86 所示。

（4）在命令行提示"指定圆的半径:"后输入"@150,0"，指定正多边形的半径，如图 3-87 所示。

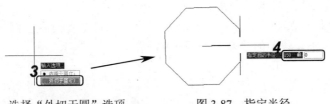

图 3-86　选择"外切于圆"选项　　　　图 3-87　指定半径

3.3.3　应用举例——绘制立面门

使用矩形、正多边形等命令，并结合坐标点的方式，完成立面门图形的绘制，效果如图 3-88 所示（立体化教学:\源文件\第 3 章\立面门.dwg）。

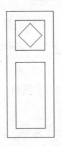

图 3-88　立面门

操作步骤如下:

（1）在命令行输入 REC，执行矩形命令，以坐标点（0,0）为第一个角点，绘制长度为 800、高度为 2100 的矩形，如图 3-89 所示。

（2）在命令行输入 REC，执行矩形命令，在命令行提示"指定第一个角点或 [倒角(C)/标高(E)/圆角(F)/厚度(T)/宽度(W)]:"后输入"150,150"，指定矩形的第一个角点，如图 3-90 所示。

（3）在命令行提示"指定另一个角点或 [面积(A)/尺寸(D)/旋转(R)]:"后输入"@500,1100"，指定矩形的另一个角点，如图 3-91 所示。

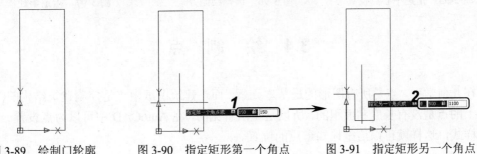

图 3-89　绘制门轮廓　　　图 3-90　指定矩形第一个角点　　　图 3-91　指定矩形另一个角点

（4）在命令行输入 REC，执行矩形命令，在命令行提示"指定第一个角点或 [倒角(C)/标高(E)/圆角(F)/厚度(T)/宽度(W)]:"后输入"150,1450"，指定矩形的第一个角点，如图 3-92 所示。

（5）在命令行提示"指定另一个角点或 [面积(A)/尺寸(D)/旋转(R)]:"后输入"@500,500"，指定矩形的另一个角点，如图 3-93 所示。

（6）在命令行输入 POL，执行正多边形命令，在命令行提示"输入边的数目 <4>:"后输入"4"，指定正多边形的边数，如图 3-94 所示。

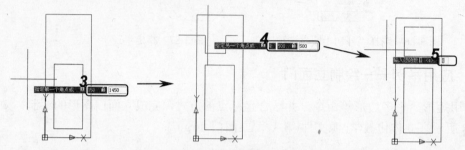

图 3-92　指定矩形第一个角点　　图 3-93　指定矩形另一个角点　　图 3-94　指定边数

（7）在命令行提示"指定正多边形的中心点或 [边(E)]:"后输入"400,1700"，指定正多边形的中心点位置，如图 3-95 所示。

（8）在命令行提示"输入选项 [内接于圆(I)/外切于圆(C)] <I>:"后选择"内接于圆"选项，如图 3-96 所示。

（9）在命令行提示"指定圆的半径:"后输入"@200,0"，指定正多边形的半径，完成立面门的绘制，如图 3-97 所示。

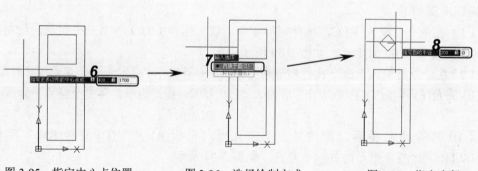

图 3-95　指定中心点位置　　　图 3-96　选择绘制方式　　　图 3-97　指定半径

3.4　绘　制　点

在几何学中，点是所有图形的最基本元素，而在建筑图纸中点是控制建筑结构的关键。理论上的点是没有长度和面积的，所以是无法看见的，在 AutoCAD 中可以为点设置一定的显示样式，这样就可以清楚地知道点的位置。

3.4.1　设置点样式

设置点样式首先需要执行点样式命令，该命令主要有如下两种调用方法：

- ➥　选择"格式/点样式"命令。
- ➥　在命令行中输入 DDPTYPE 命令。

执行点样式命令后，打开如图 3-98 所示的"点样式"对话框，在其中可以设置点的样式，以及点的大小等。

【例 3-14】　将"圆.dwg"图形文件中的点样式进行设置，效果如图 3-99 所示（立体化教学:\源文件\第 3 章\杯垫.dwg）。

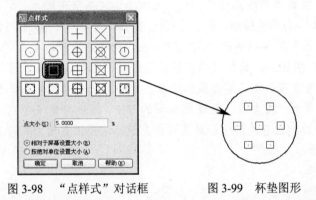

图 3-98　"点样式"对话框　　　　图 3-99　杯垫图形

（1）打开"圆.dwg"图形文件（立体化教学:\实例素材\第 3 章\圆.dwg），选择"格式/点样式"命令，打开"点样式"对话框。

（2）选择第三行第二列的点样式，在"点大小"文本框中输入"5"，指定点样式的大小，选中 ⊙相对于屏幕设置大小(R) 单选按钮，单击 确定 按钮，关闭"点样式"对话框，完成点样式设置。

提示：

在"点样式"对话框中，选中 ⊙按绝对单位设置大小(A) 单选按钮，则以实际的绘图单位进行显示；选中 ⊙相对于屏幕设置大小(R) 单选按钮，则相对于屏幕设置点的大小。

3.4.2　绘制单点

绘制单点首先需要执行单点命令，该命令主要有如下两种调用方法：

- ➥　选择"绘图/点/单点"命令。
- ➥　在命令行中输入 POINT 或 PO 命令。

执行单点命令之后，将出现命令行提示，在命令行提示后输入点的坐标或使用鼠标在屏幕上进行单击，即可绘制单点。

3.4.3　绘制多点

用 AutoCAD 2008 提供的绘制多点命令可以一次绘制任意多个点，该命令有如下两种调用方法：

📭 选择"绘图/点/多点"命令。

📭 单击"绘图"工具栏中的"点"按钮·。

执行以上任意一种操作后，在绘图区中单击鼠标即可绘制多点，绘制完毕后按 Esc 键结束多点命令。

【例 3-15】 在"正五边形.dwg"图形文件中执行点命令，以正多边形的端点为基准，绘制 5 个点（立体化教学:\源文件\第 3 章\多点.dwg）。

（1）打开"正五边形.dwg"图形文件（立体化教学:\实例素材\第 3 章\正五边形.dwg），选择"格式/点样式"命令，打开"点样式"对话框。

（2）选择第二行第四列的点样式，在"点大小"文本框中输入"5"，指定点样式的大小，选中 ⊙相对于屏幕设置大小(R) 单选按钮，单击 确定 按钮，关闭"点样式"对话框，返回绘图区。

（3）单击"绘图"工具栏中的"点"按钮·，执行点命令，单击"对象捕捉"工具栏中的"捕捉到端点"按钮∕，选择"端点捕捉"选项，在命令行提示"指定点:"后将鼠标移动到正五边形的顶端端点处，单击鼠标左键，绘制第一个点，如图 3-100 所示。

（4）在命令行提示"指定点:"后使用相同的方法，绘制其余 4 个点，如图 3-101 所示。

（5）将鼠标移动到正五边形上，单击鼠标左键，选择正五边形，按 Delete 键删除正五边形，如图 3-102 所示。

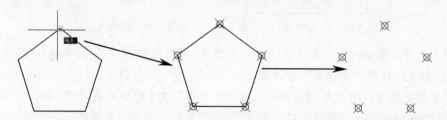

图 3-100 捕捉正五边形端点　　图 3-101 绘制其余几个点　　图 3-102 删除正五边形

📢 提示：

当前点样式存在两个变量：PDMODE 和 PDSIZE。其中 PDMODE 用于控制点样式，其参数为 0～4、32～36、64～68 和 96～100，分别对应"点样式"对话框中第一行至第四行的点样式；PDSIZE 用于控制点样式显示大小。

3.4.4　绘制定数等分点

绘制定数等分点，就是在指定的对象上绘制等分点，即将线条以指定数目来进行划分，每段的长度相等。该命令主要有如下两种调用方法：

📭 选择"绘图/点/定数等分"命令。

📭 在命令行中输入 DIVIDE 命令。

【例 3-16】 执行定数等分命令，将"样条曲线.dwg"图形文件中的样条曲线分为 6 段，其中点样式使用×（立体化教学:\源文件\第 3 章\定数等分.dwg）。

（1）打开"样条曲线.dwg"图形文件（立体化教学:\实例素材\第 3 章\样条曲线.dwg），

选择"绘图/点/定数等分"命令，执行定数等分命令。

（2）在命令行提示"选择要定数等分的对象:"后选择要进行定数等分的样条曲线，如图 3-103 所示。

（3）在命令行提示"输入线段数目或 [块(B)]:"后输入"6"，指定要等分的线段数，如图 3-104 所示，最终效果如图 3-105 所示。

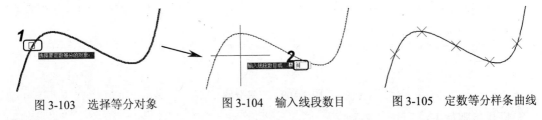

图 3-103　选择等分对象　　图 3-104　输入线段数目　　图 3-105　定数等分样条曲线

📢提示:

在命令行提示后输入的数目为等分数，而不是放置点的个数，如果将所选对象分成 M 份，则实际上只生成 M－1 个等分点。

3.4.5　绘制定距等分点

定距等分点，就是在指定的对象上按指定的长度将图形对象进行等分。定距等分命令主要有如下两种调用方法：

➥　选择"绘图/点/定距等分"命令。

➥　在命令行中输入 MEASURE 命令。

【例 3-17】　执行定距等分命令，将"样条曲线.dwg"图形文件中的样条曲线以长度为 80 的距离进行划分，其中点样式使用×（立体化教学:\源文件\第 3 章\定距等分.dwg）。

（1）打开"样条曲线.dwg"图形文件（立体化教学:\实例素材\第 3 章\样条曲线.dwg），选择"绘图/点/定距等分"命令，执行定距等分命令。

（2）在命令行提示"选择要定距等分的对象:"后选择要进行定距等分的样条曲线，如图 3-106 所示。

（3）在命令行提示"指定线段长度或 [块(B)]:"后输入"80"，指定要等分的线段的长度，如图 3-107 所示，最终效果如图 3-108 所示。

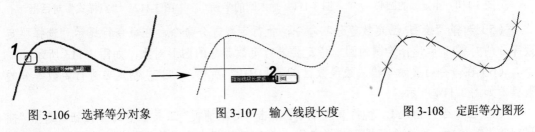

图 3-106　选择等分对象　　图 3-107　输入线段长度　　图 3-108　定距等分图形

📢提示:

使用定数等分或定距等分命令将图形对象进行等分操作时，并非将图形对象分成独立的几段，而是在相应的位置上放置点对象，以辅助绘制其他图形。

3.4.6　应用举例——绘制三等分圆

使用圆、定数等分以及直线等命令，将圆进行三等分，效果如图 3-109 所示（立体化教学:\源文件\第 3 章\三等分圆.dwg）。

图 3-109　三等分圆

操作步骤如下：

（1）在命令行输入 C，执行圆命令，在命令行提示"指定圆的圆心或 [三点(3P)/两点(2P)/相切、相切、半径(T)]:"后输入"100,100"，指定圆的圆心，如图 3-110 所示。

（2）在命令行提示"指定圆的半径或 [直径(D)]:"后输入"50"，指定圆的半径，如图 3-111 所示。

（3）选择"格式/点样式"命令，打开"点样式"对话框，在点样式列表中选择第一行第四列的点样式。

（4）在"点大小"文本框中输入"5"，选中 相对于屏幕设置大小(R) 单选按钮，单击 确定 按钮，完成点样式的设置，如图 3-112 所示。

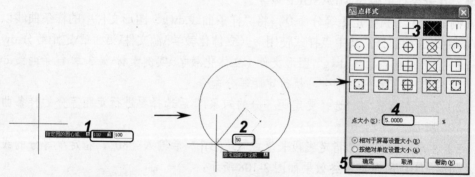

图 3-110　指定圆的圆心　　　图 3-111　输入圆的半径　　　图 3-112　"点样式"对话框

（5）选择"绘图/点/定数等分"命令，执行定数等分命令，在命令行提示"选择要定数等分的对象:"后选择绘制的圆，指定要进行定数等分的图形对象，如图 3-113 所示。

（6）在命令行提示"输入线段数目或 [块(B)]:"后输入"3"，指定要进行定数等分的数目，如图 3-114 所示。

（7）在命令行输入 L，执行直线命令，单击"对象捕捉"工具栏中的 按钮，选择"捕捉到节点"选项，在命令行提示"指定第一点:"后捕捉左上方的点，指定直线的起点，如图 3-115 所示。

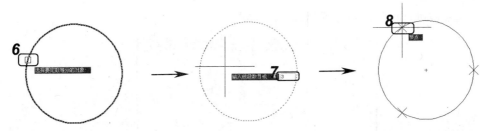

图 3-113　选择等分对象　　　　图 3-114　输入等分数目　　　　图 3-115　指定直线起点

（8）单击"对象捕捉"工具栏中的◎按钮，选择"捕捉到圆心"选项，在命令行提示"指定下一点或 [放弃(U)]:"后捕捉圆的圆心，指定直线的第二点，如图 3-116 所示。

（9）单击"对象捕捉"工具栏中的◎按钮，选择"捕捉到节点"选项，在命令行提示"指定下一点或 [放弃(U)]:"后捕捉左下方的点，指定直线的下一点，如图 3-117 所示。

（10）在命令行提示"指定下一点或 [闭合(C)/放弃(U)]:"后按 Enter 键结束直线命令，如图 3-118 所示。

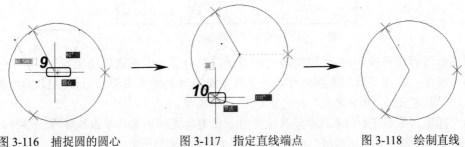

图 3-116　捕捉圆的圆心　　　　图 3-117　指定直线端点　　　　图 3-118　绘制直线

（11）在命令行输入 L，再次执行直线命令，连接右端节点与圆心的连线，完成三等分圆图形的绘制。

3.5　图　案　填　充

当绘制好图形对象后，需要将部分区域进行图案填充。在建筑图纸中，图案填充通常用于材料的表现。对图形进行填充操作时，可以使用预定义填充图案、使用当前线型定义简单的线图案，也可以创建更复杂的填充图案。

3.5.1　创建填充图案

在 AutoCAD 2008 中，可以对图形进行图案填充，图案填充是在"图案填充和渐变色"对话框中进行的。打开"图案填充和渐变色"对话框，主要有如下 3 种方法：

　　⮩　选择"绘图/图案填充"命令。
　　⮩　单击"绘图"工具栏中的"图案填充"按钮⬚。
　　⮩　在命令行中输入 BHATCH 或 BH 命令。

执行以上命令，将打开如图 3-119 所示的"图案填充和渐变色"对话框，在其中即可对图案填充参数进行设置，并对图形进行图案填充。

图 3-119　"图案填充和渐变色"对话框

对图形进行填充操作时，"图案填充和渐变色"对话框中各选项功能如下。

- **类型：** 在该下拉列表框中可以设置图案填充时的图案类型，AutoCAD 2008 提供了"预定义"、"用户定义"和"自定义"3 种类型。

- **图案：** 在该下拉列表框中可以设置用于图案填充的图案，单击其后的 按钮，可以打开"填充图案选项板"对话框，然后选择要填充的图案。

- **样例：** 该选项主要用于显示填充图案的缩略图，单击该选项后的图标，同样可以打开"填充图案选项板"对话框，以便选择要填充的图案。

- **自定义图案：** 该选项只有在"类型"下拉列表框中选择了"自定义"选项时，才会被激活，其中列出了可用的自定义图案。

- **角度：** 在该下拉列表框中可以选择图案填充时的填充角度，该角度的默认值为 0。

- **比例：** 在该下拉列表框中可以选择图案填充时的比例，也可以直接在文本框中输入图案填充时的比例。

- **双向：** 只有在"类型"下拉列表框中选择了"用户定义"选项时，才激活该选项。选中该复选框，可以绘制与初始直线垂直的第二组直线，从而构成交叉填充。

- **相对图纸空间：** 该复选框仅适用于布局空间，选中该复选框，可以相对于图纸空间单位缩放填充图案。

- **间距：** 在"类型"下拉列表框中选择了"用户定义"选项时，可以在该文本框中设置用户定义图案中的直线间距。

- **ISO 笔宽：** 当选择了"预定义"选项，并在"图案"下拉列表框中选择 ISO 图案时，可以基于设置的笔宽缩放 ISO 预定义图案。

- **"添加:拾取点"按钮：** 单击该按钮可返回绘图区，在绘图区中拾取点，来确定图案的填充区域。

　　▶ "添加:选择对象"按钮: 单击该按钮可返回绘图区, 以选择对象的方式来指定图案的填充区域。

　　▶ "删除边界"按钮: 单击该按钮可返回绘图区, 在绘图区中再次选择已经选择的填充区域, 即可删除选择该图案填充区域。

　　▶ "重新创建边界"按钮: 单击该按钮可返回绘图区, 在绘图区中重新指定图案填充区域, 以便填充图形对象。

　　▶ "查看选择集"按钮: 显示绘图区中将要用作边界的对象, 只有新建了边界集之后, 该按钮才能被激活。

　　▶ "继承特性"按钮: 单击该按钮可以将现有图案填充或填充对象的特性应用到其他图案填充或填充对象上。

【例3-18】　执行图案填充命令, 将"拐角沙发.dwg"图形文件以图案进行填充处理, 效果如图3-120所示 (立体化教学:\源文件\第3章\拐角沙发.dwg)。

　　(1) 打开"拐角沙发.dwg"图形文件 (立体化教学:\实例素材\第3章\拐角沙发.dwg), 如图3-121所示。

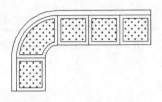
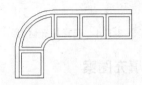

图 3-120　拐角沙发　　　　　　　　图 3-121　打开素材文件

　　(2) 在命令行输入BH, 执行图案填充命令, 打开"图案填充和渐变色"对话框, 如图3-122所示。

　　(3) 单击"图案"下拉列表框后的按钮, 打开"填充图案选项板"对话框。

　　(4) 选择"其他预定义"选项卡, 在图案列表中选择CROSS选项, 单击确定按钮返回"图案填充和渐变色"对话框, 如图3-123所示。

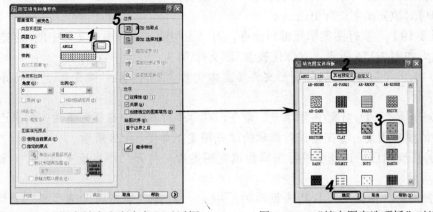

图 3-122　"图案填充和渐变色"对话框　　　图 3-123　"填充图案选项板"对话框

　　(5) 单击"添加:拾取点"按钮, 返回绘图区, 在绘图区中单击要进行图案填充的区域，如图 3-124 所示。

（6）完成填充区域的选择之后，按 Enter 键返回"图案填充和渐变色"对话框，在"角度和比例"栏的"比例"下拉列表框中输入"10"，指定图案填充的比例为 10，如图 3-125 所示。

（7）单击 确定 按钮，对图形进行图案填充操作，完成拐角沙发图形的绘制。

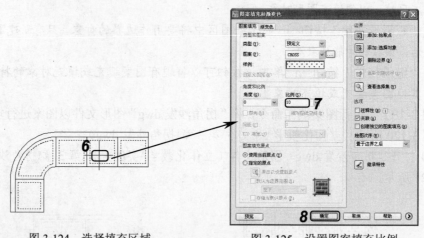

图 3-124 选择填充区域　　　　　图 3-125 设置图案填充比例

3.5.2 编辑填充图案

在对图形对象以图案进行填充后，还可以对填充图案进行编辑操作，如更改填充图案的类型、比例等。更改图案填充，主要有以下 3 种方法：

- 选择"修改/对象/图案填充"命令。
- 单击"修改"工具栏中的"图案填充编辑"按钮。
- 在命令行中输入 HATCHEDIT 或 HE 命令。

执行以上任意命令之后，在命令行提示后将出现"选择图案填充对象:"，提示用户选择要进行编辑的图形对象，选择后将打开"图案填充编辑"对话框，在其中更改图案填充参数，即可对填充图案进行更改。

【例 3-19】　执行图案填充编辑命令，对"卫生间.dwg"图形文件中的填充图案进行更改，效果如图 3-126 所示（立体化教学:\源文件\第 3 章\卫生间.dwg）。

（1）打开"卫生间.dwg"图形文件（立体化教学:\实例素材\第 3 章\卫生间.dwg），如图 3-127 所示。

（2）选择"修改/对象/图案填充"命令，在命令行提示"选择图案填充对象:"后选择卫生间中的填充图案，指定要进行编辑的填充图案，如图 3-128 所示。

（3）在绘图区中选择要进行编辑的填充图案后，打开"图案填充编辑"对话框，如图 3-129 所示。

（4）单击"图案"下拉列表框后的 按钮，打开"填充图案选项板"对话框，如图 3-130 所示。

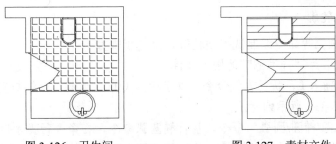

图 3-126　卫生间　　　　　　　　　　图 3-127　素材文件

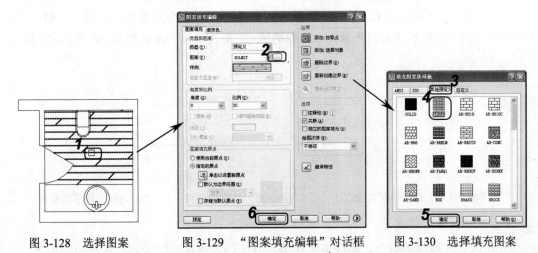

图 3-128　选择图案　　　图 3-129　"图案填充编辑"对话框　　　图 3-130　选择填充图案

（5）选择"其他预定义"选项卡，在图案列表中选择 ANGLE 选项，单击 [确定] 按钮，返回"图案填充编辑"对话框，单击 [确定] 按钮完成填充图案编辑操作。

3.6　上机及项目实训

3.6.1　绘制洗手池

本次实训将绘制洗手池，其最终效果如图 3-131 所示（立体化教学:\源文件\第 3 章\洗手池.dwg）。在本练习中将使用直线、椭圆弧、椭圆、圆、多段线等命令来完成洗手池图形的绘制，绘制时，应先使用直线及椭圆弧命令来绘制其轮廓，再使用椭圆、圆、多段线等命令绘制开关、排水孔等图形。

图 3-131　洗手池

1．绘制洗手池轮廓

使用直线、椭圆弧等命令绘制洗手池轮廓，操作步骤如下：

（1）新建一个名为"洗手池"的图形文件。

（2）在命令行输入 L，执行直线命令，以坐标点（0,0）为起点，绘制直线段图形，图形的尺寸参见如图 3-132 所示的标注。

（3）选择"绘图/椭圆/圆弧"命令，执行椭圆弧命令，在命令行提示后以倾斜线的下端端点为椭圆半轴的两个端点，绘制另一条半轴半径为 250 的椭圆弧，如图 3-133 所示。

（4）在命令行输入 EL，执行椭圆命令，以点（340,0）为椭圆的中心点，绘制水平方向的半轴为 270、垂直方向的半轴为 200 的椭圆，完成洗手池轮廓的绘制，如图 3-134 所示。

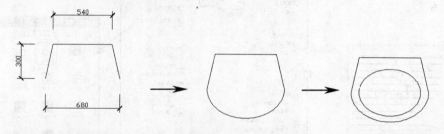

图 3-132　绘制轮廓直线段　　　图 3-133　绘制椭圆弧　　　图 3-134　洗手池轮廓

2．绘制开关、排水孔

使用圆、多段线等命令，完成进水轮廓、开关以及排水孔的绘制，操作步骤如下：

（1）在命令行输入 C，执行圆命令，以坐标点（340,100）为圆心，绘制半径为 20 的排水孔，如图 3-135 所示。

（2）再次执行圆命令，分别以坐标点（190,240）和（490,240）为圆心，绘制半径为 30 的进水旋转钮，如图 3-136 所示。

（3）在命令行输入 PL，执行多段线命令，以坐标点（320,240）为起点，向下绘制长度为 80 的垂直线，再使用"圆弧"选项，向右绘制圆弧端点距离为 40 的圆弧，然后使用相同的方法绘制长度为 80 的垂直线及顶端圆弧，完成洗手池的绘制，如图 3-137 所示。

图 3-135　绘制排水孔　　　图 3-136　绘制旋转钮　　　图 3-137　洗手池

3.6.2　绘制墙体

结合本章和前面所学知识，利用多线样式、多线、直线、圆弧等命令，绘制墙体图形，最终效果如图 3-138 所示（立体化教学:\源文件\第 3 章\墙体.dwg）。

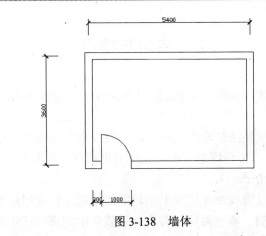

图 3-138　墙体

　　本练习可结合立体化教学中的视频演示进行学习（立体化教学:\视频演示\第 3 章\绘制墙体.swf）。主要操作步骤如下：

　　（1）新建"墙体.dwg"图形文件，选择"格式/多线样式"命令，打开"多线样式"对话框。

　　（2）单击 修改(M) 按钮，在打开的对话框中将"封口"栏中的"起点"和"端点"选项设置为"直线"类型，如图 3-139 所示。

　　（3）执行多线命令，将多线的"比例"选项设置为 240，将"对正"选项设置为"无"，绘制墙体图形，多线的尺寸参见如图 3-140 所示的标注。

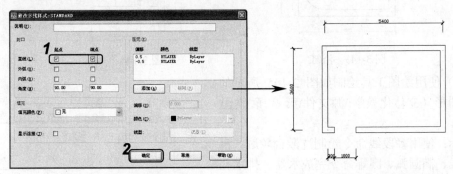

图 3-139　设置多线样式　　　　　　　图 3-140　绘制多线

　　（4）执行直线命令，以多线垂直线的中点为起点，绘制长度为 1000 的垂直线，如图 3-141 所示。

　　（5）执行圆弧命令，以直线端点为圆心，绘制圆弧；如图 3-142 所示。

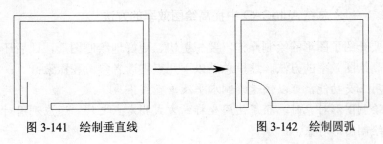

图 3-141　绘制垂直线　　　　　　图 3-142　绘制圆弧

3.7 练习与提高

（1）使用矩形、多段线以及圆等命令绘制如图 3-143 所示的浴缸图形（立体化教学:\源文件\第 3 章\浴缸.dwg）。

提示：使用矩形命令绘制浴缸轮廓，再使用多段线命令及圆命令绘制水槽及排水孔。

（2）执行矩形、直线、多段线等命令，完成书柜图形的绘制，如图 3-144 所示（立体化教学:\源文件\第 3 章\书柜.dwg）。

提示：首先使用矩形及直线命令完成书柜轮廓的绘制，再使用矩形、多段线等命令完成把手、柜体等图形的绘制。本练习可结合立体化教学中的视频演示进行学习（立体化教学:\视频演示\第 3 章\绘制书柜.swf）。

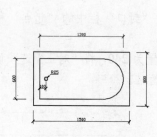

图 3-143 浴缸

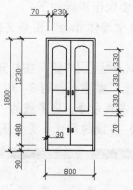

图 3-144 书柜

（3）使用绘图工具绘制如图 3-145 所示的洗漱台图形（立体化教学:\源文件\第 3 章\洗漱台.dwg）。

提示：使用多段线命令绘制洗漱台轮廓，再使用直线、椭圆弧、圆等命令完成水盆、排水孔等图形的绘制。本练习可结合立体化教学中的视频演示进行学习（立体化教学:\视频演示\第 3 章\绘制洗漱台.swf）。

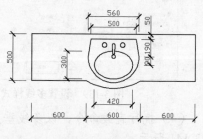

图 3-145 洗漱台

总结 AutoCAD 中提高绘图效率的方法

本章主要介绍了图形的绘制操作，要想更快、更好地绘制图形，课后还必须学习和总结一些提高绘图效率的方法。这里总结以下几点供读者参考和探索：

➥ 利用正交功能，可以快速绘制水平及垂直线条。

➥ 在绘制图形对象时，除了使用坐标的方式指定点之外，还应利用对象捕捉功能来绘制图形对象。

第 4 章　编辑建筑图形

学习目标

- ☑ 使用修剪命令编辑椅子图形
- ☑ 使用打断命令编辑墙体图形
- ☑ 使用镜像等命令完成餐椅的绘制
- ☑ 使用阵列命令完成圆形餐桌图形的绘制
- ☑ 使用偏移、阵列、修剪等命令绘制楼梯平面图
- ☑ 使用偏移、阵列、镜像等命令绘制燃气灶图形

目标任务&项目案例

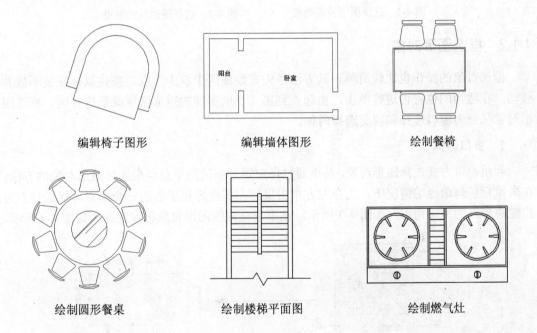

编辑椅子图形　　　　　编辑墙体图形　　　　　绘制餐椅

绘制圆形餐桌　　　　绘制楼梯平面图　　　　绘制燃气灶

　　在使用 AutoCAD 绘制图形时，除了使用绘图命令之外，还可以使用编辑命令快速、准确地完成图形的绘制，如移动、修剪、偏移、复制、镜像、倒角、圆角等。本章将具体讲解使用这些命令对图形进行编辑的方法。

4.1 选择图形对象

在编辑图形之前需要先选择该图形对象，在 AutoCAD 中选择对象的方式有很多种，如点选对象、窗口选择、窗交选择、栏选、快速选择等。

4.1.1 点选图形对象

点选对象是最简单、也是最常用的一种选择方式。当需要选择某个对象时，直接将十字光标移动到绘图区中要选择的图形对象上，如图 4-1 所示，然后单击鼠标左键，即可选择该图形对象，如图 4-2 所示，被选择后直线上会出现一些小正方形。

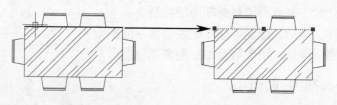

图 4-1　选择图形前的效果　　　　图 4-2　选择图形后的效果

4.1.2 框选图形对象

框选对象的操作也比较简单，其方法是先在绘图区中单击一点，按住鼠标左键不放并移动，在适当的位置再进行单击，由起点到第二点所围住的矩形区域就是选择区。框选图形对象又分为窗口选择和窗交选择两种。

1. 窗口选择

利用窗口方式选择图形对象，是指通过指定矩形框的两个角点来选择图形对象的方法，在未执行任何命令的情况下，先在左方单击鼠标左键指定矩形框的一个角点，然后在右方指定矩形框的另一角点，如图 4-3 所示，在矩形框内的图形对象将被选择，如图 4-4 所示。

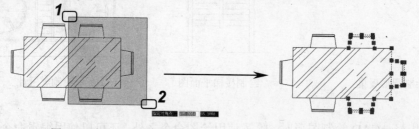

图 4-3　窗口方式选择图形　　　　图 4-4　用窗口选择图形后的效果

2. 窗交选择

利用窗交方式选择图形对象，也是指通过指定矩形框的两个角点来选择图形对象的方法，在未执行任何命令的情况下，先在右方单击鼠标左键指定矩形的一个角点，然后在左方指定矩形框的另一角点，如图 4-5 所示，与矩形框相交和被矩形框围住的图形都会被选择（这是与窗口选择的不同之处），如图 4-6 所示。

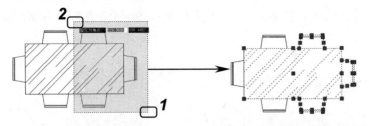

图 4-5 窗交方式选择图形　　　图 4-6 用窗交选择图形后的效果

✎技巧：

> 在执行编辑命令时，在命令行提示"选择对象:"后输入"W"，即选择"窗口"选项，然后指定矩形框的两个点，即可使用窗口方式选择图形对象，指定的两个点的左右方向不受限制；若输入"C"，则选择"窗交"选项。

4.1.3 围选图形对象

使用围选方式选择图形对象，与其他方法相比，自主性更大，它是根据需要确定不同的点，通过不规则的选区围住要选择的图形对象，以此来进行选择。围选对象包括圈围和圈交两种方法，下面将分别进行讲解。

1. 圈围对象

圈围是一种多边形窗口选择方法，与矩形窗口框选对象的方法类似，其操作方法是：当执行其他编辑命令时，在命令行提示出现"选择对象:"后输入"WP"选择"圈围"选项，然后在绘图区拾取点，通过不同的点可以构造任意形状的多边形，如图 4-7 所示，按 Enter 键后，完全包含在多边形区域内的对象将被选择，如图 4-8 所示虚线部分即为选择的图形对象。

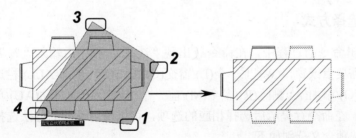

图 4-7 圈围方式选择图形　　　图 4-8 用圈围选择图形后的效果

2. 圈交对象

圈交是一种多边形交叉窗口选择方法，与窗交方式选择图形对象比较相似，其方法是：在命令行提示出现"选择对象:"后输入"CP"选择"圈交"选项，然后在绘图区通过拾取点的方式指定选择区域，使用圈交方式选择图形对象时可以绘制一个任意闭合多边形，如图 4-9 所示，按 Enter 键后将选择被多边形完全包围，以及与多边形相交的所有图形对象，如图 4-10 所示虚线部分即为被选择的图形对象。

◀)提示：

使用圈围、圈交方式选择图形对象时，多边形的线段不能相交，否则 AutoCAD 2008 将其视作无效的选择。

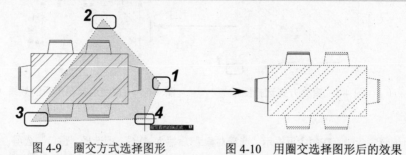

图 4-9　圈交方式选择图形　　　　图 4-10　用圈交选择图形后的效果

4.1.4　栏选图形对象

使用栏选的方法选择图形对象，则可以非常方便地选择到连续的图形对象，其方法是：在命令行提示出现"选择对象:"后输入"F"，选择"栏选"选项，在绘图区中绘制任意折线，如图 4-11 所示，凡是与折线相交的图形对象均被选中，如图 4-12 所示虚线部分即为选择的图形对象。

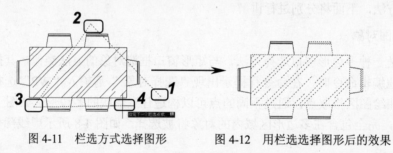

图 4-11　栏选方式选择图形　　　　图 4-12　用栏选选择图形后的效果

4.1.5　其他选择方式

在执行编辑命令的过程中，在命令行出现"选择对象:"后输入"？"，然后按 Enter 键，将出现"需要点或窗口(W)/上一个(L)/窗交(C)/框(BOX)/全部(ALL)/栏选(F)/圈围(WP)/圈交(CP)/编组(G)/添加(A)/删除(R)/多个(M)/前一个(P)/放弃(U)/自动(AU)/单个(SI)/子对象(SU)/对象(O)"，在命令行提示后选择相应的选项，可以使用不同的方法选择图形对象。该提示中其他各选项含义分别如下。

- ➥ **上一个**：当命令行出现"选择对象:"提示信息时，输入"L"并按 Enter 键，可以选中最近一次绘制的对象。
- ➥ **全部**：当命令行出现"选择对象:"提示信息时，输入"ALL"并按 Enter 键，可以选中绘图区中的所有对象。
- ➥ **多个**：当命令行中出现"选择对象:"提示信息时，输入"M"并按 Enter 键，然后依次用变成口形状的光标在要选择的对象上单击，再按 Enter 键，可以选择被单击的多个对象。

- **自动**：在未执行任何命令（即当命令行中显示为"命令:"），或当命令行中出现"选择对象:"时，在不输入任何选择方式的默认状态下即使用"自动"选择方式。
- **单个**：单一对象选择方式，在该方式下，只能选择一个对象，常与其他选择方式联合使用。当命令行提示选择对象时，输入"SI"并按 Enter 键，然后单击要选择的单个对象即可。

4.1.6　快速选择图形对象

快速选择图形对象功能可以快速选择具有特定属性的图形对象，并能在选择集中添加或删除图形对象，从而创建一个符合用户指定对象类型和对象特性的选择集。执行快速选择命令，主要要有以下两种方法：

- 选择"工具/快速选择"命令。
- 在命令行中输入 QSELECT 命令。

执行以上任意一种操作后，将打开如图 4-13 所示的"快速选择"对话框，设置好要选择对象的属性后，单击 确定 按钮，即可选择满足条件的图形对象。

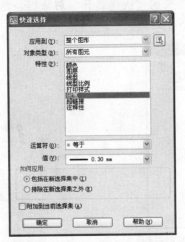

图 4-13　"快速选择"对话框

通过"快速选择"对话框可以快速选择具有相同特性的图形对象，如选择图形中所有的圆弧、直线，或者选择指定颜色的线条等。"快速选择"对话框中各选项的作用如下。

- **应用到**：指定快速选择图形对象的范围，默认情况下选择"整个图形"选项。单击右侧的"选择对象"按钮 ，可以在绘图区选择部分图形对象作为本次快速选择的筛选范围，此时"应用到"下拉列表框中的选项将变为"当前选择"。
- **对象类型**：该选项用于指定要选择的图形对象的类型，如直线、多段线、圆、圆弧等（只有当图形中有这些对象类型时，下拉列表框中才会显示），默认选择"所有图元"选项。

🔊**提示:**

> 在"对象类型"下拉列表框中，显示当前图形或整个图形对象中所有图形对象的类型，如图形中的直线、圆弧、多段线等。

- **特性：** 在该列表框中将根据对象类型而显示不同图形对象的特性，如颜色、图层、线型等。
- **运算符：** 该下拉列表框主要用于选择运算方式，主要包括等于、大于、小于等。
- **值：** 用于选择对象特性的具体值，其选项根据所选图形对象的特性而决定。
- **如何应用：** 指定将符合过滤条件的对象包括在新选择集内还是排除在新选择集之外。当选中 ⊙包括在新选择集中(I) 单选按钮时，则选择指定条件的图形对象；当选中 ⊙排除在新选择集之外(E) 单选按钮时，则选择符合条件以外的所有图形对象。
- **附加到当前选择集：** 选中该复选框，可以将满足条件的图形对象添加到当前选择集中。

【例4-1】 执行快速选择命令，选择图形文件中所有的直线图形对象。

（1）打开"餐桌.dwg"图形文件（立体化教学:\实例素材\第4章\餐桌.dwg）。

（2）选择"工具/快速选择"命令，打开"快速选择"对话框。

（3）在"应用到"下拉列表框中选择"整个图形"选项，在"对象类型"下拉列表框中选择"直线"选项，其余选项保持默认值不变，如图4-14所示。

（4）单击 ☐ 确定 ☐ 按钮，关闭"快速选择"对话框，返回绘图区，即可看到选择的指定类型的图形对象，如图4-15所示。

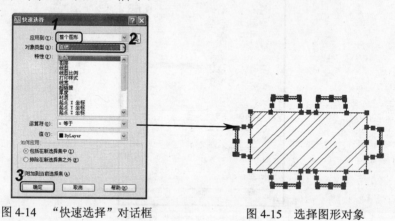

图4-14　"快速选择"对话框　　　　　图4-15　选择图形对象

4.1.7　向选择集添加/删除图形对象

在选择图形对象时，如果发现多选或漏选了图形对象，可以向选择集中删除或添加图形对象，其方法分别如下。

- **添加对象到选择集中：** 在漏选图形对象时，可在命令行提示"选择对象:"后输入"A"，选择"添加"选项，然后选择要添加的图形对象。
- **从选择集中删除对象：** 在多选了不需要的对象时，可在命令行提示"选择对象:"后输入"R"，选择"删除"选项，然后选择多余的图形对象，将其从选择集中删除。

✍**技巧：**

默认情况下，选择一个图形对象后，再选择另一个图形对象，将向选择集中添加该图形对象；当按住 Shift 键不放，单击选择集中的某个对象，可将选择的图形对象从选择集中删除。

4.2 修改图形对象

在建筑绘图过程中，绘制的图形通常还需要进行修改，使绘制的图形更满足设计需求。下面将对修改图形对象的知识进行详细讲解。

4.2.1 删除图形对象

在绘制图形的过程中，经常需要将多余的线条进行删除处理，如辅助线等。执行删除命令，主要有以下 3 种方法：

- 选择"修改/删除"命令。
- 单击"修改"工具栏中的"删除"按钮。
- 在命令行中输入 ERASE 或 E 命令。

执行删除命令后，在命令行提示中出现"选择对象:"后，在绘图区中选择要删除的图形对象，按 Enter 键即可将其删除。

【例 4-2】 执行删除命令，将"茶几.dwg"图形文件（立体化教学:\实例素材\第 4 章\茶几.dwg）中右端的椅子进行删除处理。

（1）在命令行中输入 E，执行删除命令，在命令行提示"选择对象:"后利用窗交方式选择右端的椅子图形，指定要进行删除的图形对象，如图 4-16 所示。

（2）按 Enter 键结束删除命令，将选择的图形对象删除，如图 4-17 所示。

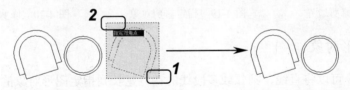

图 4-16 选择需删除的对象　　　　图 4-17 删除椅子图形

4.2.2 修剪图形对象

使用修剪命令可以将超出修剪边界的线条进行修剪，被修剪的对象可以是直线、多段线、圆弧、样条曲线、构造线等。执行修剪命令，主要有以下 3 种方法：

- 选择"修改/修剪"命令。
- 单击"修改"工具栏中的"修剪"按钮。
- 在命令行中输入 TRIM 或 TR 命令。

对图形对象进行修剪时，首先应指定修剪的边界，再选择需要进行修剪的图形对象。使用修剪命令对图形对象进行修剪时，命令行提示主要选项的含义如下。

- **全部选择：** 选择该选项，可以将所有可见图形对象作为修剪边界进行选择。
- **窗交：** 选择该选项，可以用窗交的选择方式框选要修剪的对象。
- **投影：** 选择指定修剪对象时使用的投影模式，该选项一般在三维绘图中才会使用。

⮊ 边：该选项主要在进行三维绘图时使用，主要作用是确定在另一对象的隐含边处修剪图形对象，还是在修剪对象到与它在三维空间中相交的对象处。

⮊ 删除：从已选择的对象集中删除某个对象。

【例4-3】 执行修剪命令，将图形中间部分的直线进行修剪处理。

（1）打开"椅子.dwg"图形文件（立体化教学:\实例素材\第4章\椅子.dwg）。

（2）在命令行中输入TR，执行修剪命令，在命令行提示"选择对象或 <全部选择>:"后选择中间的两条倾斜直线，指定图形的修剪边界，如图4-18所示。

（3）在命令行提示"选择要修剪的对象，或按住Shift键选择要延伸的对象，或[栏选(F)/窗交(C)/投影(P)/边(E)/删除(R)/放弃(U)]:"后选择要进行修剪的直线，指定修剪图形对象，如图4-19所示。

（4）在命令行提示"选择要修剪的对象，或按住Shift键选择要延伸的对象，或[栏选(F)/窗交(C)/投影(P)/边(E)/删除(R)/放弃(U)]:"后按 Enter 键结束修剪命令，完成椅子图形的绘制，如图4-20所示（立体化教学:\源文件\第4章\椅子.dwg）。

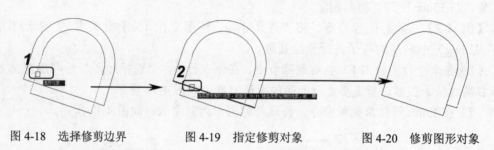

图4-18 选择修剪边界　　　图4-19 指定修剪对象　　　图4-20 修剪图形对象

4.2.3 延伸图形对象

使用延伸命令可以将直线、圆弧或多段线的端点延长到指定图形对象的边界，这些边界可以是直线、圆弧或多段线。执行延伸命令，主要有以下3种方法：

⮊ 选择"修改/延伸"命令。

⮊ 单击"修改"工具栏中的"延伸"按钮——/。

⮊ 在命令行中执行EXTEND或EX命令。

执行延伸命令对图形对象进行延伸操作时，其方法与修剪图形对象极为相似，即首先都先选择图形对象作为边界，然后再选择要进行修剪或延伸的图形对象。

【例4-4】 执行延伸命令，将图形中间部分的直线进行延伸处理。

（1）打开"椅子2.dwg"图形文件（立体化教学:\实例素材\第4章\椅子2.dwg）。

（2）在命令行中输入EX，执行延伸命令，在命令行提示"选择对象或 <全部选择>:"后选择倾斜直线，指定图形的延伸边界，如图4-21所示，然后按Enter键。

（3）在命令行提示"选择要延伸的对象，或按住Shift键选择要修剪的对象，或[栏选(F)/窗交(C)/投影(P)/边(E)/放弃(U)]:"后选择左下方要延伸的直线段，指定延伸图形对象，如图4-22所示。

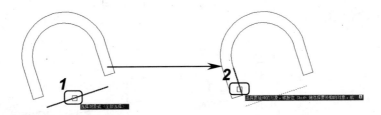

图 4-21　选择延伸边界　　　　　　　　　图 4-22　选择延伸对象

（4）在命令行提示"选择要延伸的对象，或按住 Shift 键选择要修剪的对象，或[栏选(F)/窗交(C)/投影(P)/边(E)/放弃(U)]:"后选择右上方要延伸的直线段，指定延伸图形对象，如图 4-23 所示。

（5）在命令行提示"选择要延伸的对象，或按住 Shift 键选择要修剪的对象，或[栏选(F)/窗交(C)/投影(P)/边(E)/放弃(U)]:"后按 Enter 键结束延伸命令，如图 4-24 所示（立体化教学:\源文件\第 4 章\椅子 2.dwg）。

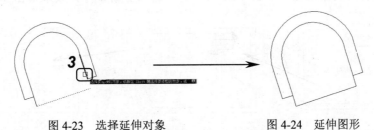

图 4-23　选择延伸对象　　　　　　　　　图 4-24　延伸图形

✍ 技巧：

> 对图形进行延伸操作时，选择延伸边界后，如果按住 Shift 键再选择延伸图形对象，系统将作为修剪命令来进行操作；在执行修剪命令时按住 Shift 键的同时选择图形对象，则将其作延伸操作。

4.2.4　打断图形对象

利用打断命令可以将直线、多段线、射线、样条曲线、圆和圆弧等建筑图形分成两个对象或删除对象中的一部分。该命令主要有如下 3 种调用方法：

- ➥　选择"修改/打断"命令。
- ➥　单击"修改"工具栏中的"打断"按钮□。
- ➥　在命令行中执行 BREAK 或 BR 命令。

执行打断命令后，将提示选择要进行打断的图形对象，再分别指定要打断图形对象的点，以便将图形对象进行打断操作。

【例 4-5】　执行打断命令，将卧室与阳台之间的墙体打断成为通道，如图 4-25 所示（立体化教学:\源文件\第 4 章\墙线.dwg）。

（1）打开"墙线.dwg"图形文件（立体化教学:\实例素材\第 4 章\墙线.dwg）。

（2）在命令行中输入 BR，执行打断命令，在命令行提示"选择对象:"后选择要打断的图形对象，如图 4-26 所示。

（3）在命令行提示"指定第二个打断点或[第一点(F)]:"后输入"F"，选择"第一点"

选项，如图 4-27 所示。

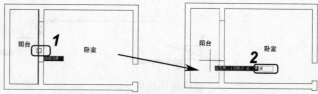

图 4-25　打断图形对象　　　　图 4-26　选择打断图形对象　　　　图 4-27　选择"第一点"选项

（4）单击"对象捕捉"工具栏中的 ✏ 按钮，选择"捕捉到端点"选项，在命令行提示"指定第一个打断点："后将鼠标移动到水平直线左端端点处，单击鼠标左键，捕捉直线端点，指定打断的第一个点，如图 4-28 所示。

（5）使用相同的方法，在命令行提示"指定第二个打断点："后捕捉上边水平直线左端端点，指定打断的第二点，如图 4-29 所示，并结束打断命令，效果如图 4-30 所示。

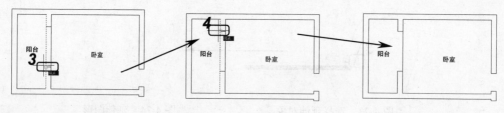

图 4-28　指定打断的第一点　　　　图 4-29　指定打断的第二点　　　　图 4-30　打断图形

（6）使用相同的方法，将另一条垂直墙线进行打断操作。

提示：

单击"修改"工具栏中的"打断于点"按钮 □，可以将图形打断于一点，打断后的图形看起来并未断开。也可以在指定打断的第一点后，在命令行提示后输入"@0,0"，将图形对象打断于一点。

4.2.5　合并图形对象

合并命令可以将两个或两个以上的图形合并为一个图形对象，可以合并的图形对象有直线、圆弧、椭圆弧、多段线，但是合并的直线必须位于同一条无限延伸的直线上，圆弧则位于假想圆上。执行合并命令，主要有以下 3 种方法：

➥　选择"修改/合并"命令。

➥　在"修改"工具栏中单击"合并"按钮 ➡。

➥　在命令行中输入 JOIN 或 J 命令。

使用合并命令可以将多个图形对象合并成为一个图形对象，也可以将圆弧或椭圆弧闭合成为圆或椭圆。

【例 4-6】　执行合并命令，将"墙线.dwg"图形文件中的卧室墙线进行合并，从而得到一个完整的墙线，如图 4-31 所示（立体化教学:\源文件\第 4 章\合并图形.dwg）。

（1）打开"墙线.dwg"图形文件（立体化教学:\实例素材\第 4 章\墙线.dwg）。

（2）在命令行中输入 J，执行合并命令，在命令行提示"选择源对象:"后选择右上角的垂直线，指定合并的源图形对象，如图 4-32 所示。

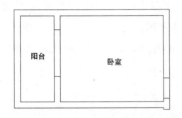

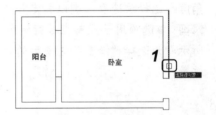

图 4-31　合并图形对象 　　　　　　　　　　　图 4-32　选择源图形对象

（3）在命令行提示"选择要合并到源的直线:"后选择右下角的垂直线，指定要进行合并操作的图形对象，如图 4-33 所示。

（4）在命令行提示"选择要合并到源的直线:"后按 Enter 键，结束合并命令，效果如图 4-34 所示。

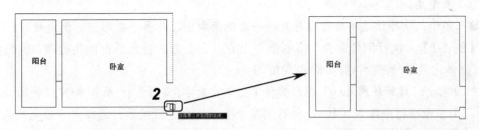

图 4-33　选择合并的图形对象　　　　　　　　　图 4-34　合并图形对象

（5）使用相同的方法，对墙线内部的垂直线进行合并操作。

✍技巧：

对图形进行合并操作时，进行合并操作的对象必须位于相同的平面上。另外，合并两条或多条圆弧（或椭圆弧）时，将从源对象开始沿逆时针方向合并圆弧或椭圆弧。

4.2.6　倒角图形对象

使用倒角命令可以将两条非平行的直线以直线相连，在实际的图形绘制中，通过使用倒角命令可以将直角或锐角进行倒钝处理。执行倒角命令，主要有以下 3 种方法：

- ➥ 选择"修改/倒角"命令。
- ➥ 单击"修改"工具栏中的"倒角"按钮。
- ➥ 在命令行中输入 CHAMFER 或 CHA 命令。

对图形进行倒角操作时，首先应对倒角距离进行设置，然后再选择要进行倒角的图形对象。执行倒角命令对图形进行倒角处理时，命令行中各选项含义如下。

- ➥ **多段线**：选择该选项将对所选的多段线进行整体倒角操作，如对正六边形进行倒角处理时，可以将 6 个角点同时进行倒角处理。
- ➥ **距离**：选择该选项可以设置倒角的距离，在设置不同倒角距离时，第一个倒角距离为选择的第一条倒角边的倒角直线端点距第二条边的距离；第二个倒角距离为选择的第二条倒角边倒角直线端点距第一条边的距离。

➥ **角度**：选择该选项，则以指定一个角度和一段距离值的方法设置倒角距离。

➥ **修剪**：该选项用于控制在进行倒角时，是否将源图形对象进行修剪处理，如图 4-35 所示即为选择"修剪"选项后的效果，如图 4-36 所示则为选择"不修剪"选项的效果。

图 4-35　选择"修剪"选项　　　　图 4-36　选择"不修剪"选项

➥ **方式**：该选项用于设置倒角的方式是"距离"还是"角度"，其中"距离"方式是用两个距离的方式对图形进行倒角，而"角度"方式则是用一个距离和一个角度来倒角。

➥ **多个**：选择该选项后可以再执行一次倒角命令，对多个图形进行倒角处理。

【例 4-7】　执行倒角命令，将图形左上方及右上方的直角进行倒角处理，倒角距离为 5（立体化教学:\源文件\第 4 章\倒角练习.dwg）。

（1）打开"建筑轮廓.dwg"图形文件（立体化教学:\实例素材\第 4 章\建筑轮廓.dwg）。

（2）在命令行中输入 CHA，执行倒角命令，在命令行提示"选择第一条直线或 [放弃(U)/多段线(P)/距离(D)/角度(A)/修剪(T)/方式(E)/多个(M)]:"后输入"D"，选择"距离"选项，如图 4-37 所示。

（3）在命令行提示"指定第一个倒角距离 <0.0000>:"后输入"5"，指定第一个倒角距离，如图 4-38 所示。

（4）在命令行提示"指定第二个倒角距离 <5.0000>:"后输入"5"，指定第二个倒角距离，如图 4-39 所示。

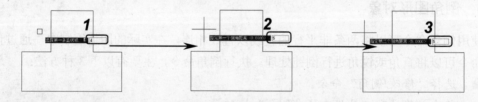

图 4-37　选择"距离"选项　　　图 4-38　第一个倒角距离　　　图 4-39　第二个倒角距离

（5）在命令行提示"选择第一条直线或 [放弃(U)/多段线(P)/距离(D)/角度(A)/修剪(T)/方式(E)/多个(M)]:"后选择水平直线，指定倒角的第一条直线，如图 4-40 所示。

（6）在命令行提示"选择第二条直线，或按住 Shift 键选择要应用角点的直线:"后选择垂直线，指定倒角的第二条直线，如图 4-41 所示。

（7）使用相同的方法，将另一个角进行倒角处理，如图 4-42 所示。

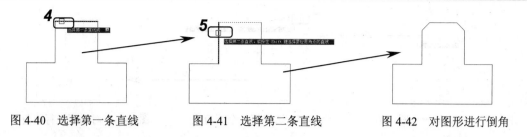

图 4-40　选择第一条直线　　　图 4-41　选择第二条直线　　　图 4-42　对图形进行倒角

4.2.7　圆角图形对象

使用圆角命令，可以将两个图形对象使用圆弧进行连接，并且该圆角圆弧与两个图形对象相切。执行圆角命令，主要有以下 3 种方法：

* ➦　选择"修改/圆角"命令。
* ➦　单击"修改"工具栏中的"圆角"按钮 。
* ➦　在命令行中输入 FILLET 或 F 命令。

执行圆角命令后，命令行将提示选择要进行圆角的边，或选择相应的选项来编辑图形，如选择"半径"选项来设置圆角半径等。

【例 4-8】　执行圆角命令，将图形进行半径为 5 的圆角处理，如图 4-43 所示（立体化教学:\源文件\第 4 章\圆角练习.dwg）。

（1）打开"建筑轮廓.dwg"图形文件（立体化教学:\实例素材\第 4 章\建筑轮廓.dwg）。

（2）在命令行中输入 F，执行圆角命令，在命令行提示"选择第一个对象或 [放弃(U)/多段线(P)/半径(R)/修剪(T)/多个(M)]:"后输入"R"，选择"半径"选项，如图 4-44 所示。

（3）在命令行提示"指定圆角半径 <0.0000>:"后输入"5"，指定圆角半径的大小，如图 4-45 所示。

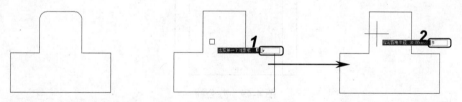

图 4-43　对图形进行圆角　　　图 4-44　选择"半径"选项　　　图 4-45　输入圆角半径

（4）在命令行提示"选择第一个对象或 [放弃(U)/多段线(P)/半径(R)/修剪(T)/多个(M)]:"后选择垂直线，指定要进行圆角的第一个对象，如图 4-46 所示。

（5）在命令行提示"选择第二个对象，或按住 Shift 键选择要应用角点的对象:"后选择水平直线，指定要进行圆角的第二个图形对象，如图 4-47 所示。对图形进行圆角后的效果如图 4-48 所示。

✎ 技巧：

> 使用圆角命令对图形对象进行圆角操作时，可以选择"不修剪"选项，在对图形对象进行圆角操作时，将不删除源图形对象。

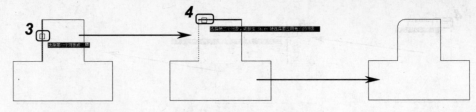

图 4-46　选择第一个圆角边　　　　图 4-47　选择第二个圆角边　　　　图 4-48　对图形进行圆角

（6）使用相同的方法，将另一个角进行圆角处理。

4.2.8　分解图形对象

利用分解命令可以将由多个对象组合的图形（如多段线、矩形、多边形和图块等）进行分解。执行分解命令，主要有以下 3 种方法：

- 选择"修改/分解"命令。
- 单击"修改"工具栏中的"分解"按钮。
- 在命令行中输入 EXPLODE 或 X 命令。

执行以上任意一种操作后，根据命令行提示直接选择需要分解的对象，然后按 Enter 键确定，即可把选择的对象分解成单一的图形对象。

4.2.9　应用举例——绘制办公椅

本例将利用分解、修剪、圆角等命令，并结合 4.1 节所学知识，对办公椅图形进行修改编辑操作，效果如图 4-49 所示（立体化教学:\源文件\第 4 章\办公椅.dwg）。

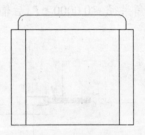

图 4-49　办公椅

操作步骤如下：

（1）选择"文件/打开"命令，打开"办公椅.dwg"图形文件（立体化教学:\实例素材\第 4 章\办公椅.dwg）。

（2）在命令行输入 X，执行分解命令，在命令行提示"选择对象:"后选择图形中要进行分解的矩形，如图 4-50 所示。

（3）在命令行输入 TR，执行修剪命令，在命令行提示"选择对象或 <全部选择>:"后选择水平直线，指定图形的修剪边界，如图 4-51 所示。

（4）在命令行提示"选择要修剪的对象，或按住 Shift 键选择要延伸的对象，或[栏选(F)/窗交(C)/投影(P)/边(E)/删除(R)/放弃(U)]:"后选择矩形分解后左端的垂直线，指定要进行修剪的图形对象，如图 4-52 所示。

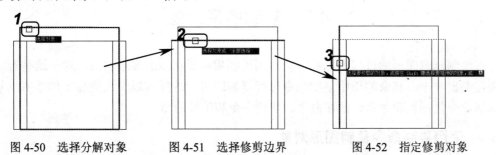

图 4-50　选择分解对象　　　图 4-51　选择修剪边界　　　图 4-52　指定修剪对象

（5）在命令行提示"选择要修剪的对象，或按住 Shift 键选择要延伸的对象，或 [栏选(F)/窗交(C)/投影(P)/边(E)/删除(R)/放弃(U)]:"后选择矩形分解后右端的垂直线，并按 Enter 键结束修剪命令，如图 4-53 所示。

（6）在命令行输入 F，执行圆角命令，在命令行提示"选择第一个对象或 [放弃(U)/多段线(P)/半径(R)/修剪(T)/多个(M)]:"后输入 R，选择"半径"选项，如图 4-54 所示。

（7）在命令行提示"指定圆角半径 <0.0000>:"后输入"30"，指定圆角的半径大小，如图 4-55 所示。

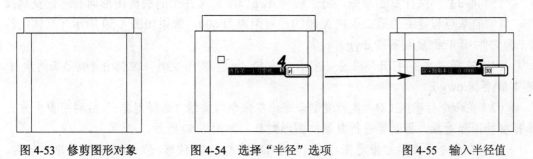

图 4-53　修剪图形对象　　　图 4-54　选择"半径"选项　　　图 4-55　输入半径值

（8）在命令行提示"选择第一个对象或 [放弃(U)/多段线(P)/半径(R)/修剪(T)/多个(M)]:"后选择顶端水平直线，指定圆角的第一个对象，如图 4-56 所示。

（9）在命令行提示"选择第二个对象，或按住 Shift 键选择要应用角点的对象:"后选择左端垂直线，指定圆角的第二个对象，如图 4-57 所示。对图形进行圆角后的效果如图 4-58 所示。

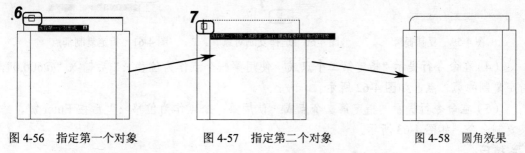

图 4-56　指定第一个对象　　　图 4-57　指定第二个对象　　　图 4-58　圆角效果

（10）使用相同的方法，对右上角进行半径为 30 的圆角处理。

4.3 复制图形对象

在绘制建筑图形的过程中，经常会遇到绘制相同或相似的多个对象，对于这些对象只需要绘制出一个，其余的使用复制命令进行复制即可，这样可以大大提高工作效率。复制类编辑命令包括复制命令、偏移命令、阵列命令和镜像命令。

4.3.1 使用复制命令复制图形对象

使用复制命令可以将一个或多个图形对象复制到指定位置上，也可以将图形对象进行一次或多次复制操作。执行复制命令，主要有以下 3 种方法：

- ➥ 选择"修改/复制"命令。
- ➥ 单击"修改"工具栏中的"复制"按钮。
- ➥ 在命令行中输入 COPY 或 CO 命令。

执行复制命令后，在命令行提示"选择对象:"后选择要进行复制的图形对象，在绘图区中指定复制的基点，再指定复制的第二点。

【例 4-9】 执行复制命令，将"餐椅.dwg"图形文件中的餐椅图形向右进行复制操作，复制的基点与复制的第二点在 X 轴的相对距离为 600，效果如图 4-59 所示（立体化教学:\源文件\第 4 章\复制餐椅.dwg）。

（1）选择"文件/打开"命令，打开"餐椅.dwg"图形文件（立体化教学:\实例素材\第 4 章\餐椅.dwg）。

（2）在命令行输入 CO，执行复制命令，在命令行提示"选择对象:"后利用窗交方式选择餐椅图形对象，指定要进行复制的图形对象，如图 4-60 所示。

（3）在命令行提示"指定基点或 [位移(D)/模式(O)] <位移>:"后在餐椅区单击一点，指定复制的基点，如图 4-61 所示。

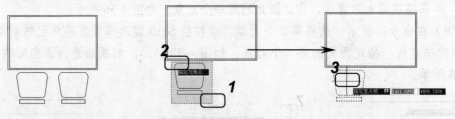

图 4-59　复制餐椅　　　图 4-60　选择复制对象　　　图 4-61　指定复制基点

（4）在命令行提示"指定第二个点或 <使用第一个点作为位移>:"后输入"@600,0"，指定复制的第二点，如图 4-62 所示。

（5）在命令行提示"指定第二个点或 <使用第一个点作为位移>:"后按 Enter 键，结束复制命令，如图 4-63 所示。

✎ **技巧:**

使用复制命令对图形对象进行复制时，结合对象捕捉功能，可以快速准确地完成复制操作。

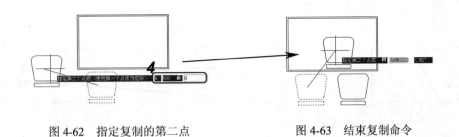

图 4-62　指定复制的第二点　　　　图 4-63　结束复制命令

4.3.2　镜像复制图形对象

绘制完全对称的图形时，可以先绘制其中的一半，然后使用镜像命令将其进行镜像复制；对于不完全对称的图形，可以再对不同部分进行修改。执行镜像命令，主要有以下 3 种方法：

- ➥　选择 "修改/镜像" 命令。
- ➥　单击 "修改" 工具栏中的 "镜像" 按钮 。
- ➥　在命令行中输入 MIRROR 或 MI 命令。

使用镜像命令对图形进行镜像操作时，首先应在命令行提示后选择要进行镜像的图形对象，然后分别指定镜像线的第一点和第二点，最后根据情况确定是否将源图形对象进行删除处理。

【例 4-10】　执行镜像命令，将餐椅图形进行镜像复制，以完成图形的绘制，效果如图 4-64 所示（立体化教学\源文件\第 4 章\镜像餐椅.dwg）。

（1）选择 "文件/打开" 命令，打开 "餐椅 2.dwg" 图形文件，如图 4-65 所示（立体化教学\实例素材\第 4 章\餐椅 2.dwg）。

（2）在命令行输入 MI，执行镜像命令，在命令行提示 "选择对象:" 后选择底端餐椅图形，指定镜像的图形对象，如图 4-66 所示。

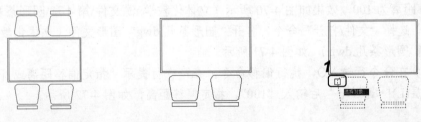

图 4-64　镜像复制餐椅　　　图 4-65　打开素材文件　　　图 4-66　选择镜像对象

（3）单击 "对象捕捉" 工具栏中的 按钮，选择 "捕捉到中点" 选项，在命令行提示 "指定镜像线的第一点:" 后捕捉左端垂直线的中点，指定镜像线的第一点，如图 4-67 所示。

（4）在命令行提示 "指定镜像线的第二点:" 后，使用相同的方法捕捉右端垂直线的中点，指定镜像线的第二点，如图 4-68 所示。

（5）在命令行提示 "要删除源对象吗？[是(Y)/否(N)] <N>:" 后输入 "N"，选择 "否" 选项，即在进行镜像操作时不删除源图形对象，如图 4-69 所示。

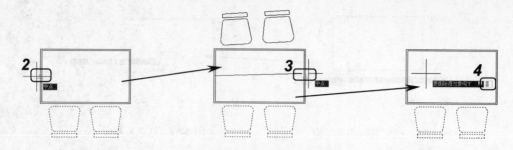

图 4-67 选择镜像线第一点   图 4-68 选择镜像线第二点   图 4-69 选择"否"选项

4.3.3 偏移复制图形对象

使用偏移命令，可以对已经绘制好的图形对象进行偏移，以便复制生成与源图形对象平行的图形对象。执行偏移命令，主要有以下 3 种方法：

- ➡ 选择"修改/偏移"命令。
- ➡ 单击"修改"工具栏中的"偏移"按钮。
- ➡ 在命令行中输入 OFFSET 或 O 命令。

利用偏移命令偏移直线，则偏移后的直线长度不变；如果偏移的对象是圆或矩形等，则偏移后的对象将被放大或缩小。在执行偏移命令的过程中，命令行提示中各主要选项的含义如下。

- ➡ **通过**：选择该选项后，可以指定一个已知点，偏移后的对象将通过该点。
- ➡ **删除**：表示偏移对象后将删除源对象。
- ➡ **图层**：用于设置在源对象所在图层执行偏移还是在当前图层执行偏移操作。选择该选项后，命令行中将出现"输入偏移对象的图层选项[当前(C)/源(S)]<源>："提示信息，其中 C 表示当前图层，S 表示源图层。

【例 4-11】   执行偏移命令，将"圆形茶几.dwg"图形文件中的椭圆向内进行偏移操作，偏移距离为 100，效果如图 4-70 所示（立体化教学:\源文件\第 4 章\圆形茶几.dwg）。

（1）选择"文件/打开"命令，打开"圆形茶几.dwg"图形文件（立体化教学:\实例素材\第 4 章\圆形茶几.dwg），如图 4-71 所示。

（2）在命令行输入O，执行偏移命令，在命令行提示"指定偏移距离或 [通过(T)/删除(E)/图层(L)] <通过>："后输入"100"，指定偏移距离，如图 4-72 所示。

 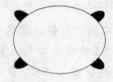 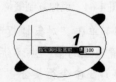

图 4-70 圆形茶几   图 4-71 素材文件   图 4-72 指定偏移距离

（3）在命令行提示"选择要偏移的对象，或 [退出(E)/放弃(U)] <退出>："后选择椭圆图形，指定要进行偏移的图形对象，如图 4-73 所示。

（4）在命令行提示"指定要偏移的那一侧上的点，或 [退出(E)/多个(M)/放弃(U)] <退出>:"后将鼠标移动到椭圆内，指定图形的偏移方向，如图 4-74 所示。单击鼠标左键，确定偏移操作。

（5）在命令行提示"选择要偏移的对象，或 [退出(E)/放弃(U)] <退出>:"后按 Enter键结束偏移命令，如图 4-75 所示。

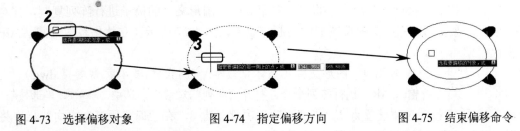

图 4-73　选择偏移对象　　　　图 4-74　指定偏移方向　　　　图 4-75　结束偏移命令

4.3.4　阵列复制图形对象

使用阵列命令可以一次将选择的对象复制多个并按一定规律进行排列。阵列命令主要有如下 3 种调用方法：

- 选择"修改/阵列"命令。
- 单击"修改"工具栏中的"阵列"按钮。
- 在命令行中输入 ARRAY 或 AR 命令。

执行阵列命令后，将打开"阵列"对话框，在该对话框中可以选择使用矩形或环形的方式来阵列复制图形。

1．矩形阵列

打开"阵列"对话框后，系统默认选中 矩形阵列(R) 单选按钮，表示当前的阵列方式为矩形阵列，如图 4-76 所示。设置好阵列参数后单击 确定 按钮即可进行矩形阵列操作。

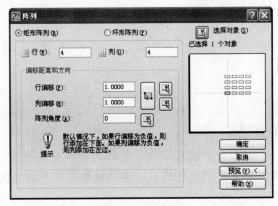

图 4-76　矩形阵列

在使用矩形阵列方式阵列复制图形对象时，"阵列"对话框中各选项功能如下。

- **行**：该文本框用于输入矩形阵列的行数。
- **列**：该文本框用于输入矩形阵列的列数。

- ➧ **行偏移**：该文本框用于输入矩形阵列的行间距。
- ➧ **列偏移**：该文本框用于输入矩形阵列的列间距。
- ➧ **阵列角度**：该文本框用于输入矩形阵列相对于 UCS 坐标系 X 轴旋转的角度。
- ➧ **"选择对象"按钮** ![icon]：单击该按钮，可进入绘图区中选择要进行阵列复制的图形对象。

【例 4-12】 执行阵列命令，将"快餐桌.dwg"图形文件的椅子进行阵列复制，并对图形进行镜像复制，完成快餐桌图形的绘制，效果如图 4-77 所示（立体化教学:\源文件\第 4 章\快餐桌.dwg）。

（1）打开"快餐桌.dwg"图形文件（立体化教学:\实例素材\第 4 章\快餐桌.dwg）。

（2）在命令行输入 AR，执行阵列命令，打开"阵列"对话框，选中 ⊙矩形阵列(R) 单选按钮。

（3）将"行"选项设置为 1，将"列"选项设置为 8，在"偏移距离和方向"栏中将"列偏移"选项设置为 850，如图 4-78 所示。

图 4-77　快餐桌

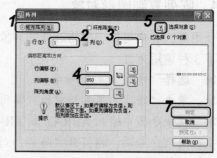

图 4-78　设置阵列参数

（4）单击"选择对象"按钮 ![icon]，返回绘图区，选择要进行阵列复制的椅子图形，如图 4-79 所示。

（5）按 Enter 键返回"阵列"对话框，单击 确定 按钮，完成椅子的阵列复制操作，如图 4-80 所示。

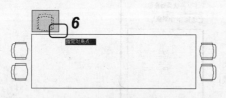

图 4-79　选择阵列图形对象

图 4-80　阵列复制椅子

（6）在命令行输入 MI，执行镜像命令，将阵列复制的椅子图形进行镜像复制操作，其中镜像线为快餐桌两条垂直线中点的连线，完成快餐桌图形的绘制。

2．环形阵列

在"阵列"对话框中选中 ⊙环形阵列(P) 单选按钮，阵列方式即变为环形阵列，此时对话框中将显示如图 4-81 所示的选项，设置好阵列参数后单击 确定 按钮即可进行环形阵列操作。

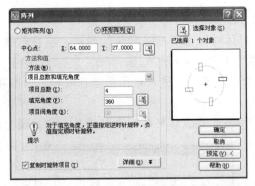

图 4-81 环形阵列

对图形对象进行环形阵列复制操作时，对话框中各选项功能如下：

- **中心点**：该栏中的文本框用于输入环形阵列的中心点。
- **方法**：该下拉列表框用于选择环形阵列的阵列方式，它有 3 种可供选择的阵列方式，即"项目总数和填充角度"、"项目总数和项目间的角度"、"填充角度和项目间的角度"。
- **项目总数**：该文本框用于设置环形阵列操作时，阵列复制图形对象的数目。
- **填充角度**：该文本框用于设置环形阵列时，阵列复制图形对象所包含的填充角度。
- **项目间角度**：该文本框用于输入原始对象相对于中心点旋转或保持原始对象的原有方向。
- ☑复制时旋转项目(T) **复选框**：该复选框用于确定是否在进行阵列复制图形对象时，对图形对象进行旋转。

【例 4-13】 执行阵列命令，将"圆形餐桌.dwg"图形文件的椅子进行环形阵列复制，完成圆形餐桌图形的绘制，效果如图 4-82 所示（立体化教学:\源文件\第 4 章\圆形餐桌.dwg）。

（1）打开"圆形餐桌.dwg"图形文件（立体化教学:\实例素材\第 4 章\圆形餐桌.dwg），如图 4-83 所示。

（2）在命令行输入 AR，执行阵列命令，打开"阵列"对话框，选中 ⊙环形阵列(P) 单选按钮，如图 4-84 所示。

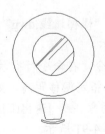

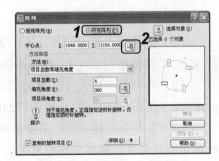

图 4-82 圆形餐桌 　　图 4-83 素材文件 　　图 4-84 "阵列"对话框

（3）单击"中心点"选项后的 按钮，进入绘图区，单击"对象捕捉"工具栏中的 ◎ 按钮，选择"捕捉到圆心"选项，在命令行提示"指定阵列中心点:"后捕捉圆的圆心，指定阵列中心点，如图 4-85 所示。

（4）返回"阵列"对话框，在"方法和值"栏的"项目总数"文本框中输入"10"，指定环形阵列的项目总数，如图 4-86 所示。

（5）单击"选择对象"按钮，进入绘图区选择餐椅，如图 4-87 所示，按 Enter 键返回"阵列"对话框。

（6）单击 确定 按钮，完成环形阵列复制操作，完成圆形餐桌图形的绘制。

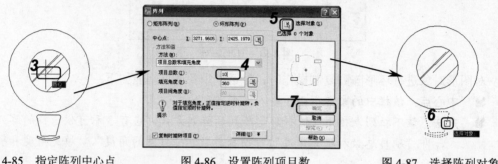

图 4-85　指定阵列中心点　　　图 4-86　设置阵列项目数　　　图 4-87　选择阵列对象

4.3.5　应用举例——绘制楼梯平面图

使用偏移、矩形、修剪以及阵列等命令，在"楼梯墙线.dwg"图形文件的基础上，完成楼梯平面图绘制，效果如图 4-88 所示（立体化教学:\源文件\第 4 章\楼梯平面.dwg）。

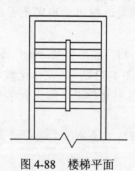

图 4-88　楼梯平面

操作步骤如下：

（1）选择"文件/打开"命令，打开"楼梯墙线.dwg"图形文件（立体化教学:\实例素材\第 4 章\楼梯墙线.dwg），如图 4-89 所示。

（2）在命令行输入 O，执行偏移命令，在命令行提示"指定偏移距离或 [通过(T)/删除(E)/图层(L)] <通过>:"后输入"240"，指定偏移距离，如图 4-90 所示。

（3）在命令行提示"选择要偏移的对象，或 [退出(E)/放弃(U)] <退出>:"后选择墙线轮廓，指定要进行偏移的图形对象，如图 4-91 所示。

（4）在命令行提示"指定要偏移的那一侧上的点，或 [退出(E)/多个(M)/放弃(U)] <退出>:"后，在多段线内拾取一点，指定图形的偏移方向，如图 4-92 所示。

（5）在命令行提示"选择要偏移的对象，或 [退出(E)/放弃(U)] <退出>:"后按 Enter 键，结束偏移命令。

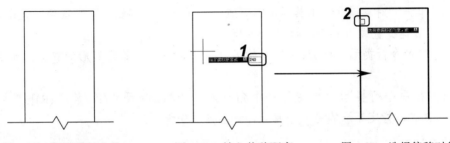

图 4-89 打开素材文件　　　图 4-90 输入偏移距离　　　图 4-91 选择偏移对象

（6）在命令行输入 X，执行分解命令，在命令行提示"选择对象:"后选择偏移后的多段线，指定要进行分解的图形对象，如图 4-93 所示。

（7）在命令行输入 O，执行偏移命令，在命令行提示"指定偏移距离或 [通过(T)/删除(E)/图层(L)] <240.0000>:"后输入"950"，指定图形对象的偏移距离，如图 4-94 所示。

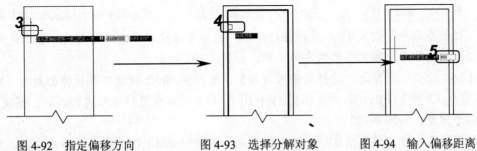

图 4-92 指定偏移方向　　　图 4-93 选择分解对象　　　图 4-94 输入偏移距离

（8）在命令行提示"选择要偏移的对象，或 [退出(E)/放弃(U)] <退出>:"后选择分解后的水平直线，指定要进行偏移的图形对象，如图 4-95 所示。

（9）在命令行提示"指定要偏移的那一侧上的点，或 [退出(E)/多个(M)/放弃(U)] <退出>:"后在水平线下方拾取一点，指定直线的偏移方向，如图 4-96 所示。

（10）在命令行提示"选择要偏移的对象，或 [退出(E)/放弃(U)] <退出>:"后按 Enter键，结束偏移命令。

（11）在命令行输入 REC，执行矩形命令，在命令行提示"指定第一个角点或 [倒角(C)/标高(E)/圆角(F)/厚度(T)/宽度(W)]:"后输入"FROM"，选择"捕捉自"选项，如图 4-97所示。

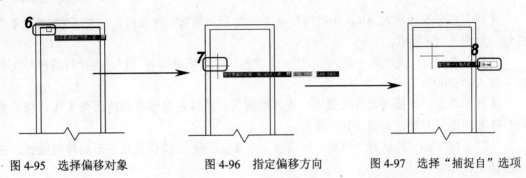

图 4-95 选择偏移对象　　　图 4-96 指定偏移方向　　　图 4-97 选择"捕捉自"选项

（12）单击"对象捕捉"工具栏中的 ✏ 按钮，选择"捕捉到中点"选项，在命令行提示"基点："后捕捉直线的中点，如图 4-98 所示。

（13）在命令行提示"<偏移>："后输入"@-100,100"，指定矩形的起点，如图 4-99 所示。

（14）在命令行提示"指定另一个角点或 [面积(A)/尺寸(D)/旋转(R)]："后输入"@200,-3200"，指定矩形的另一个角点，如图 4-100 所示。

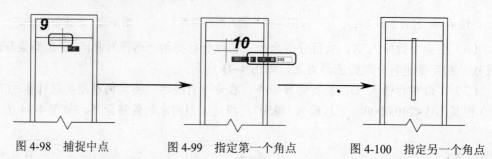

图 4-98　捕捉中点　　　　图 4-99　指定第一个角点　　　　图 4-100　指定另一个角点

（15）在命令行输入 TR，执行修剪命令，在命令行提示"选择对象或 <全部选择>："后选择绘制的矩形，指定图形的修剪边界，如图 4-101 所示。

（16）在命令行提示"选择要修剪的对象，或按住 Shift 键选择要延伸的对象，或[栏选(F)/窗交(C)/投影(P)/边(E)/删除(R)/放弃(U)]："后选择偏移直线矩形内的部分，指定要修剪的图形对象，如图 4-102 所示。

（17）在命令行提示"选择要修剪的对象，或按住 Shift 键选择要延伸的对象，或[栏选(F)/窗交(C)/投影(P)/边(E)/删除(R)/放弃(U)]："后按 Enter 键结束修剪命令，将图形进行修剪处理，如图 4-103 所示。

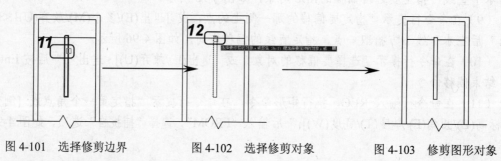

图 4-101　选择修剪边界　　　　图 4-102　选择修剪对象　　　　图 4-103　修剪图形对象

（18）在命令行输入 AR，执行阵列命令，打开"阵列"对话框，选中 ◉矩形阵列(R) 单选按钮，如图 4-104 所示。

（19）在"行"文本框中输入"11"，在"列"文本框中输入"1"，在"行偏移"文本框中输入"-300"。

（20）单击"选择对象"按钮 ▣，进入绘图区，选择经过修剪后的两条直线，指定要进行阵列的图形对象，如图 4-105 所示。

（21）按 Enter 键返回"阵列"对话框，单击 确定 按钮完成图形的阵列操作，完成楼梯平面的绘制。

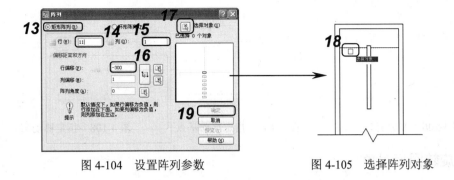

图 4-104　设置阵列参数　　　　　图 4-105　选择阵列对象

4.4　改变图形大小及位置

改变建筑图形的位置不会影响对象的形状和结构，其操作主要分为移动和旋转两种。而改变图形大小，则是在绘制建筑图形的过程中，通过将已有对象的大小或长宽比例进行调整得到新图形，可以通过缩放、拉伸和拉长功能来调整对象的比例。

4.4.1　移动图形对象

利用移动命令可以将建筑图形从当前位置移动到新位置，该命令主要有如下 3 种调用方法：

- ➥ 选择"修改/移动"命令。
- ➥ 单击"修改"工具栏中的"移动"按钮✛。
- ➥ 在命令行中输入 MOVE 或 M 命令。

执行以上任意一种操作后，用户可以根据命令行中的提示选择是通过捕捉位移点的方式确定对象移动后的位置，还是通过输入坐标值的方式确定要移动的距离。

【例 4-14】　使用移动命令，将"书房.dwg"图形文件中的窗户图形移动到墙线上，效果如图 4-106 所示（立体化教学:\源文件\第 4 章\书房窗户.dwg）。

（1）选择"文件/打开"命令，打开"书房.dwg"图形文件（立体化教学:\实例素材\第 4 章\书房.dwg）。

（2）在命令行输入 M，执行移动命令，在命令行提示"选择对象:"后选择窗户图形，指定要进行移动的图形对象。

（3）单击"对象捕捉"工具栏中的⟋按钮，选择"捕捉到中点"选项，在命令行提示"指定基点或 [位移(D)] <位移>:"后捕捉窗户图形底端水平直线中点，指定移动基点，如图 4-107 所示。

（4）在命令行提示"指定第二个点或 <使用第一个点作为位移>:"后使用相同的方法捕捉墙线水平直线中点，指定移动的第二点，如图 4-108 所示。

✍技巧：

> 使用移动命令移动图形对象时，可以在指定移动基点后，在命令行提示后输入移动的距离，移动的方向为鼠标的指向。

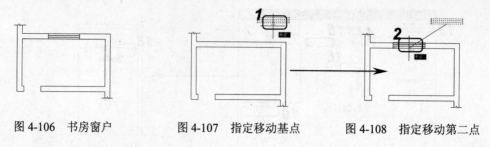

图 4-106　书房窗户　　　　图 4-107　指定移动基点　　　　图 4-108　指定移动第二点

4.4.2　旋转图形对象

利用旋转命令可以将建筑图形围绕指定的点进行旋转，该命令主要有如下 3 种调用方法：

- 选择"修改/旋转"命令。
- 单击"修改"工具栏中的"旋转"按钮↻。
- 在命令行中输入 ROTATE 或 RO 命令。

在执行旋转命令的过程中，命令行提示中各主要选项的含义如下。

- **复制**：选择该选项，可在旋转图形的同时，对图形进行复制操作。
- **参照**：该选项以参照方式旋转对象，需要依次指定参照方向的角度值和相对于参照方向的角度值。

【例 4-15】　使用旋转命令，将"书房门.dwg"图形文件中的门图形，以水平直线右端端点为基点进行旋转处理，旋转角度为-90°，效果如图 4-109 所示（立体化教学:\源文件\第 4 章\书房门.dwg）。

（1）打开"书房门.dwg"图形文件（立体化教学:\实例素材\第 4 章\书房门.dwg）。

（2）在命令行输入 RO，执行旋转命令，在命令行提示"选择对象:"后选择门图形，指定要进行旋转的图形对象。

（3）单击"对象捕捉"工具栏中的 ✎ 按钮，选择"捕捉到端点"选项，在命令行提示"指定基点:"后捕捉直线端点，指定图形的旋转基点，如图 4-110 所示。

（4）在命令行提示"指定旋转角度，或 [复制(C)/参照(R)] <0>:"后输入"-90"，指定旋转的角度，如图 4-111 所示。

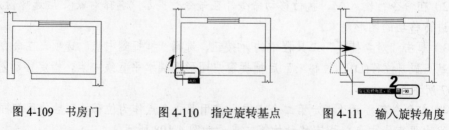

图 4-109　书房门　　　　图 4-110　指定旋转基点　　　　图 4-111　输入旋转角度

🔊 提示：

> 使用旋转命令旋转图形对象，在指定旋转角度时，若输入的旋转角度为正，则图形将作逆时针方向旋转；若输入的角度为负，则图形将作顺时针方向旋转。

4.4.3　缩放图形对象

使用缩放命令可以改变实体的尺寸大小，在执行缩放的过程中，用户需要指定缩放比例。执行缩放命令，主要有以下 3 种方法：

- ➥　选择"修改/缩放"命令。
- ➥　单击"修改"工具栏中的"缩放"按钮 。
- ➥　在命令行中输入 SCALE 或 SC 命令。

使用缩放命令将图形对象进行缩放时，用户需要指定缩放比例，若缩放比例值小于 1 但大于 0，则图形按相应的比例进行缩小；若缩放比例大于 1，则图形按相应的比例进行放大。

【例 4-16】　使用缩放命令，将"会议桌.dwg"图形文件中的桌子进行放大处理，效果如图 4-112 所示（立体化教学:\源文件\第 4 章\会议桌.dwg）。

（1）打开"会议桌.dwg"图形文件（立体化教学:\实例素材\第 4 章\会议桌.dwg）。

（2）在命令行输入 SC，执行旋转命令，在命令行提示"选择对象:"后选择桌子图形，指定要进行旋转的图形对象。

（3）单击"对象捕捉"工具栏中的 按钮，选择"捕捉到中点"选项，在命令行提示"指定基点:"后捕捉直线中点，指定图形的缩放基点，如图 4-113 所示。

（4）在命令行提示"指定比例因子或 [复制(C)/参照(R)] <0.1250>:"后输入"8"，指定缩放比例，如图 4-114 所示。

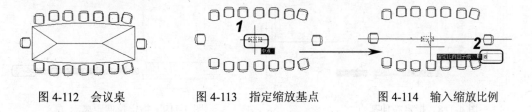

图 4-112　会议桌　　　　　图 4-113　指定缩放基点　　　　　图 4-114　输入缩放比例

4.4.4　拉伸图形对象

使用拉伸命令可以将选择的图形对象以指定方向和长度进行拉伸和缩短处理，可以被拉伸的图形对象有直线、圆弧、椭圆弧、多段线等，而点、圆、图块以及文字标注则不能被拉伸。执行拉伸命令，主要有以下 3 种方法：

- ➥　选择"修改/拉伸"命令。
- ➥　单击"修改"工具栏中的"拉伸"按钮 。
- ➥　在命令行中输入 STRETCH 或 S 命令。

使用拉伸命令对图形进行拉伸时，应使用窗交方式对图形对象进行选择，然后分别指定拉伸的基点和第二点。

【例 4-17】　使用拉伸命令，将"房间平面图.dwg"图形文件中的墙体线条进行拉伸处理，效果如图 4-115 所示（立体化教学:\源文件\第 4 章\房间平面图.dwg）。

（1）打开"房间平面图.dwg"图形文件（立体化教学:\实例素材\第 4 章\房间平面图.dwg），如图 4-116 所示。

（2）在命令行输入 S，执行拉伸命令，在命令行提示"选择对象:"后利用窗交方式选择要进行拉伸的图形对象，如图 4-117 所示。

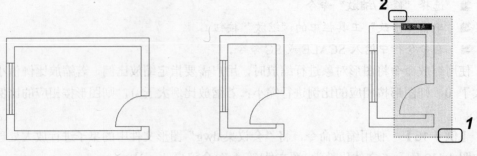

图 4-115　房间平面图　　　　图 4-116　原始文件　　　　图 4-117　选择拉伸图形

（3）在命令行提示"指定基点或 [位移(D)] <位移>:"后，在绘图区中拾取一点，指定图形的拉伸基点，如图 4-118 所示。

（4）单击状态栏中的 ⊿ 按钮，打开正交功能，将鼠标向右移动，在命令行提示"指定第二个点或 <使用第一个点作为位移>:"后输入"2400"，指定图形的拉伸距离，如图 4-119 所示。

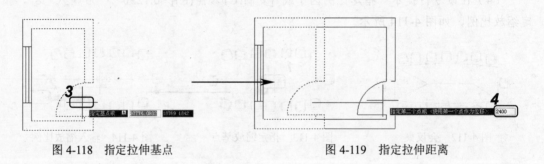

图 4-118　指定拉伸基点　　　　　　　　图 4-119　指定拉伸距离

4.4.5　编辑多线

多线是线性对象中最复杂的图形对象，AutoCAD 对多线的编辑功能也非常强大。执行编辑多线命令，主要有以下两种方法：

- ➧ 选择"修改/对象/多线"命令。
- ➧ 在命令行中输入 MLEDIT 命令。

执行编辑多线命令 MLEDIT 后打开"多线编辑工具"对话框，如图 4-120 所示。在该对话框中选择相应的编辑工具后将自动切换到绘图区进行编辑。各编辑工具的含义如下。

- ➧ ⊞（十字闭合）：指在两条多线之间创建闭合的十字交点。在此交叉口中，第一条多线保持原状，第二条多线被修剪成与第一条多线分离的形状。
- ➧ ╫（十字打开）：指在两条多线之间创建开放的十字交点。

图 4-120 "多线编辑工具"对话框

➧ ▦ (十字合并)：指在两条多线之间创建合并的十字交点。在此交叉口中，第一条多线和第二条多线的所有直线都修剪到交叉的部分。

➧ ▤ (T 形闭合)：指在两条多线之间创建闭合的 T 形交点，即将第一条多线修剪或延伸到与第二条多线的交点处。

➧ ▤ (T 形打开)：指在两条多线之间创建开放的 T 形交点。

➧ ▤ (T 形合并)：指在两条多线之间创建合并的 T 形交点，即将多线修剪或延伸到与另一条多线的交点处。

➧ ⌐ (角点结合)：指在多线之间创建角点连接。

➧ ⫴⊩ (添加顶点)：指在多线上添加多个顶点。

➧ ⊩⫴ (删除顶点)：从多线上删除当前顶点。

➧ ⫴⊦ (单个剪切)：分割多线，通过两个拾取点引入多线中的一条线的可见间断。

➧ ⫴⊩ (全部剪切)：全部分割，通过两个拾取点引入多线的所有线上的可见间断。

➧ ⊩⫴ (全部接合)：将被修剪的多线重新合并起来，但不能用来把两个单独的多线接成一体。

【例 4-18】 执行多线编辑命令，将"多线练习.dwg"图形文件中的多线进行编辑，以完成墙线的绘制，如图 4-121 所示（立体化教学:\源文件\第 4 章\多线练习.dwg）。

（1）打开"多线练习.dwg"图形文件（立体化教学:\实例素材\第 4 章\多线练习.dwg），如图 4-122 所示。

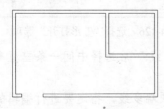

图 4-121 多线练习

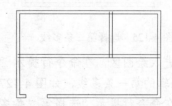

图 4-122 素材文件

（2）选择"修改/对象/多线"命令，打开"多线编辑工具"对话框，选择"角点结合"选项 └，如图 4-123 所示。

（3）进入绘图区，在命令行提示"选择第一条多线:"后选择中间一条垂直多线，指定要进行编辑的第一条多线，如图 4-124 所示。

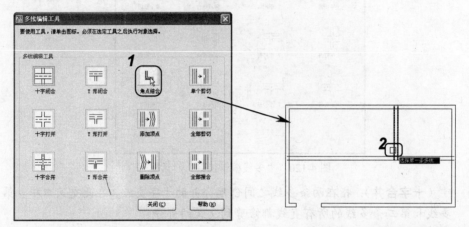

图 4-123　选择"角点结合"选项　　　　　图 4-124　选择第一条多线

（4）在命令行提示"选择第二条多线:"后选择中间一条水平多线，指定要进行编辑的第二条多线，如图 4-125 所示。

（5）在命令行提示"选择第一条多线或[放弃(U)]:"后按 Enter 键结束多线编辑命令。

（6）选择"修改/对象/多线"命令，打开"多线编辑工具"对话框，选择"T 形打开"选项 ≡，如图 4-126 所示。

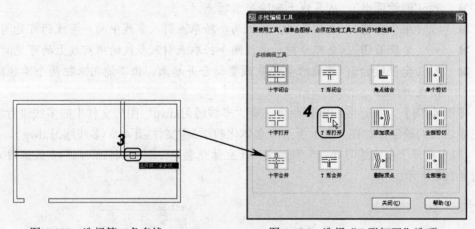

图 4-125　选择第二条多线　　　　　　　图 4-126　选择"T 形打开"选项

（7）进入绘图区，在命令行提示"选择第一条多线:"后选择中间一条垂直多线，指定要进行编辑的第一条多线，如图 4-127 所示。

（8）在命令行提示"选择第二条多线:"后选择顶端多线，指定要进行编辑的第二条多线，如图 4-128 所示。

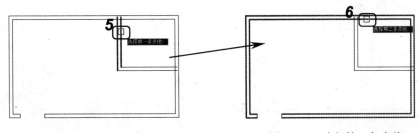

图 4-127 选择第一条多线   图 4-128 选择第二条多线

（9）在命令行提示"选择第一条多线或[放弃(U)]:"后选择中间一条水平多线，指定要进行编辑的第一条多线，如图 4-129 所示。

（10）在命令行提示"选择第二条多线:"后选择右端多线，指定要进行编辑的第二条多线，如图 4-130 所示。

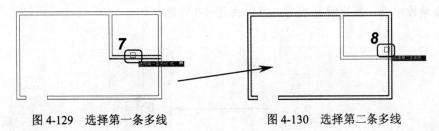

图 4-129 选择第一条多线   图 4-130 选择第二条多线

（11）在命令行提示"选择第一条多线或[放弃(U)]:"后按 Enter 键结束多线编辑命令，完成图形的绘制。

4.4.6 应用举例——绘制卧室

使用移动、旋转、缩放等命令，将"卧室.dwg"图形文件中的床、门等图形进行移动，并对门图形进行旋转、缩放处理，效果如图 4-131 所示（立体化教学:\源文件\第 4 章\卧室.dwg）。

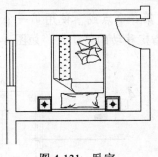

图 4-131 卧室

操作步骤如下：

（1）打开"卧室.dwg"图形文件（立体化教学:\实例素材\第 4 章\卧室.dwg），如图 4-132 所示。

（2）在命令行输入 M，执行移动命令，在命令行提示"选择对象:"后选择床图形，指定要进行移动的图形对象，如图 4-133 所示。

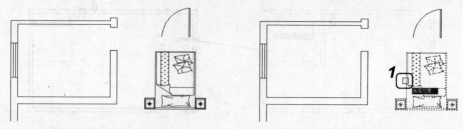

图 4-132　打开素材文件　　　　　　　　　图 4-133　选择移动对象

（3）单击"对象捕捉"工具栏中的 按钮，选择"捕捉到中点"选项，在命令行提示"指定基点或 [位移(D)]<位移>:"后捕捉床图形底端水平线的中点，指定移动的基点，如图 4-134 所示。

（4）在命令行提示"指定第二个点或 <使用第一个点作为位移>:"后，使用相同的方法，捕捉墙线中点，指定移动的第二点，如图 4-135 所示。

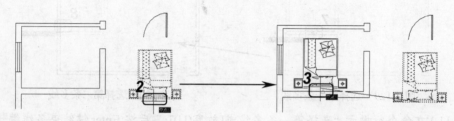

图 4-134　指定移动的基点　　　　　　　　图 4-135　指定移动的第二点

（5）在命令行输入 M，执行移动命令，在命令行提示"选择对象:"后选择门图形，指定要进行移动的图形对象。

（6）单击"对象捕捉"工具栏中的 按钮，选择"捕捉到端点"选项，在命令行提示"指定基点或 [位移(D)] <位移>:"后捕捉垂直线的端点，指定移动的基点，如图 4-136 所示。

（7）在命令行提示"指定第二个点或 <使用第一个点作为位移>:"后使用相同的方法，捕捉墙线水平线的中点，指定移动的第二点，如图 4-137 所示。

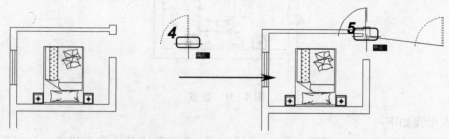

图 4-136　指定移动的基点　　　　　　　　图 4-137　指定移动的第二点

（8）在命令行输入 RO，执行旋转命令，在命令行提示"选择对象:"后选择移动后的门，指定要进行旋转的图形对象。

（9）单击"对象捕捉"工具栏中的 按钮，选择"捕捉到中点"选项，在命令行提示

"指定基点:"后捕捉水平墙线的中点,指定旋转的基点,如图 4-138 所示。

（10）在命令行提示"指定旋转角度,或 [复制(C)/参照(R)] <0>:"后输入"90",指定旋转的角度,如图 4-139 所示。

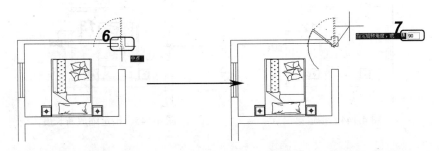

图 4-138　指定旋转的基点　　　　　　　图 4-139　输入旋转角度

（11）在命令行输入 SC,执行缩放命令,在命令行提示"选择对象:"后选择旋转后的门图形,指定要进行缩放处理的图形对象,如图 4-140 所示。

（12）单击"对象捕捉"工具栏中的 ✎ 按钮,选择"捕捉到中点"选项,在命令行提示"指定基点:"后捕捉水平墙线的中点,指定缩放的基点,如图 4-141 所示。

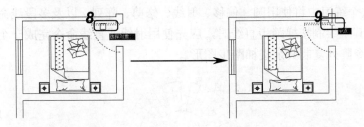

图 4-140　选择缩放图形对象　　　　　　图 4-141　指定缩放的基点

（13）在命令行提示"指定比例因子或 [复制(C)/参照(R)] <1.0000>:"后输入"R",选择"参照"选项,如图 4-142 所示。

（14）单击"对象捕捉"工具栏中的 ✎ 按钮,选择"捕捉到中点"选项,在命令行提示"指定参照长度 <1.0000>:"后捕捉水平墙线的中点,指定基点,如图 4-143 所示。

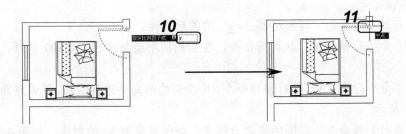

图 4-142　选择"参照"选项　　　　　　图 4-143　指定缩放的基点

（15）单击"对象捕捉"工具栏中的 ✎ 按钮,选择"捕捉到端点"选项,在命令行提示"指定第二点:"后捕捉圆弧的端点,指定参照长度的第二点,如图 4-144 所示。

（16）单击"对象捕捉"工具栏中的 ✎ 按钮,选择"捕捉到中点"选项,在命令行提

示"指定新的长度或 [点(P)] <1.0000>: "后捕捉水平墙线的中点，指定新的长度，如图 4-145
所示。

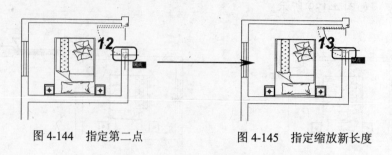

图 4-144　指定第二点　　　　　　　图 4-145　指定缩放新长度

4.5　上机及项目实训

4.5.1　绘制环形楼梯

本次实训将绘制如图 4-146 所示的环形楼梯（立体化教学:\源文件\第 4 章\环形楼
梯.dwg）。在这个练习中将使用圆、偏移、射线、修剪、阵列，以及多段线命令来完成环形
楼梯的绘制，其中绘制楼梯踏步直线时，应先使用射线或直线命令完成一个踏步的绘制，
再使用阵列命令阵列复制其余楼梯踏步图形。

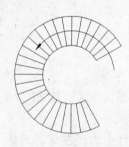

图 4-146　环形楼梯

操作步骤如下：

（1）新建一个名为"环形楼梯.dwg"的图形文件。

（2）在命令行输入 C，执行圆命令，在绘图区中绘制半径为 1500 的圆，如图 4-147
所示。

（3）在命令行输入 O，执行偏移命令，将绘制的圆向外进行偏移，其偏移距离为 1500，
如图 4-148 所示。

（4）执行射线命令，以圆的圆心为起点，绘制角度为 30 的射线，如图 4-149 所示。

（5）在命令行输入 TR，执行修剪命令，以两个圆为修剪边界，对射线进行修剪处理，
如图 4-150 所示。

（6）执行阵列命令，利用环形阵列功能，将修剪后的直线段进行阵列复制，其中阵列
的项目总数为 28，填充角度为 270，如图 4-151 所示。

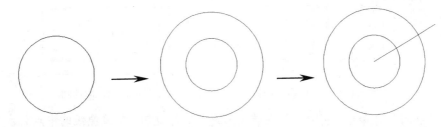

图 4-147　绘制圆　　　　　图 4-148　偏移圆　　　　　图 4-149　绘制射线

（7）执行修剪命令，将两个圆进行修剪处理，其修剪边界为阵列两端的直线段，如图 4-152 所示。

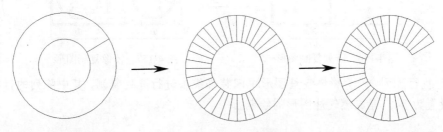

图 4-150　修剪射线　　　　图 4-151　阵列复制直线　　　图 4-152　修剪圆

（8）执行多段线命令，在环形楼梯图形中绘制楼梯走向的箭头，完成环形楼梯图形的绘制。

4.5.2　绘制燃气灶

利用本章和前面所学知识，利用偏移、镜像、阵列等命令完成燃气灶图形的绘制，最终效果如图 4-153 所示（立体化教学:\源文件\第 4 章\燃气灶.dwg）。

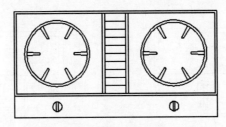

图 4-153　燃气灶

本练习可结合立体化教学中的视频演示进行学习（立体化教学:\视频演示\第 4 章\绘制燃气灶.swf）。主要操作步骤如下：

（1）打开“燃气灶.dwg”图形文件（立体化教学:\实例素材\第 4 章\燃气灶.dwg），如图 4-154 所示。

（2）执行偏移命令，将左端炉盘的圆向外进行偏移，其偏移距离为 10，如图 4-155 所示。

（3）执行阵列命令，以圆的圆心为阵列中心点，将炉盘支架进行环形阵列复制，项目总数为 6，如图 4-156 所示。

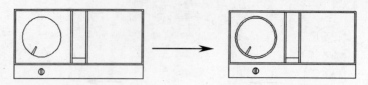

图 4-154　打开素材文件　　　　　图 4-155　偏移圆

（4）执行镜像命令，将燃气灶左端图形进行镜像复制，其镜像线的中点为水平直线的中点间的连线，如图 4-157 所示。

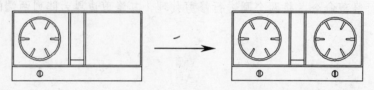

图 4-156　阵列复制图形　　　　　图 4-157　镜像复制图形

（5）执行阵列命令，将燃气灶图形中间装饰线条进行阵列复制，其中阵列的行数为 9，行偏移设置为 34，完成燃气灶图形的绘制。

4.6　练习与提高

（1）使用旋转命令，将如图 4-158 所示的办公椅进行旋转（立体化教学:\实例素材\第 4 章\办公桌.dwg），其旋转角度为-90°，如图 4-159 所示（立体化教学:\源文件\第 4 章\办公桌.dwg）。

提示：执行旋转命令后，首先选择要进行旋转的图形对象，再指定旋转基点，并指定旋转角度。

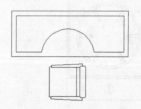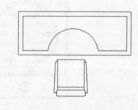

图 4-158　办公桌　　　　　　　图 4-159　旋转办公椅

（2）执行直线、矩形、复制、镜像等命令完成写字台图形的绘制，如图 4-160 所示（立体化教学:\源文件\第 4 章\写字台.dwg）。

提示：首先使用矩形或直线命令完成写字台轮廓的绘制，再使用矩形命令绘制一个抽屉拉手轮廓，再使用复制、镜像命令完成图形的绘制。本练习可结合立体化教学中的视频演示进行学习（立体化教学:\视频演示\第 4 章\绘制写字台.swf）。

（3）执行矩形、椭圆、直线、圆角等命令完成坐便器图形的绘制，效果如图 4-161 所示（立体化教学:\源文件\第 4 章\坐便器.dwg）。

提示：首先使用矩形命令绘制水箱轮廓，再使用直线、椭圆命令绘制水池轮廓，并使用修剪等命令对图形进行修剪处理，最后使用圆角命令对水箱进行圆角处理。本练习可结合立体化教学中的视频演示进行学习（立体化教学:\视频演示\第 4 章\绘制坐便器.swf）。

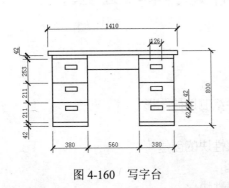

图 4-160　写字台

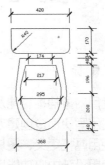

图 4-161　坐便器

（4）执行移动命令，将如图 4-162 所示"客房.dwg"图形文件（立体化教学:\实例素材\第 4 章\客房.dwg）中的床、门等图形进行移动，完成客房图形的绘制，效果如图 4-163 所示（立体化教学:\源文件\第 4 章\客房.dwg）。

提示：执行移动命令，分别将门、床等图形移动到客房图形中。

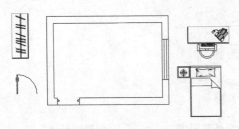

图 4-162　素材文件

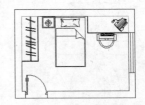

图 4-163　客房

 总结 AutoCAD 中提高编辑效率的方法

本章主要介绍了图形的编辑操作，如图形的修剪、延伸、复制、偏移等命令，这里总结以下几点供读者参考和探索：

- 使用镜像命令对文本进行镜像操作时，应当将系统变量 MIRRTEXT 的值设置为 0，镜像后的文本才具有可读性。
- 对图形对象进行编辑操作时，必要时应结合对象捕捉功能来进行操作，如使用复制、镜像、阵列、移动命令对图形进行编辑操作等。

第 5 章　高效率绘图

学习目标

☑　使用对象捕捉功能及圆弧、阵列命令绘制地砖图形
☑　使用写块命令创建办公桌外部图块
☑　使用属性定义、图块功能完成轴号属性块的创建
☑　使用设计中心功能插入椅子图块
☑　使用属性定义、图块命令绘制窗户属性块
☑　使用图块插入功能绘制办公室图形

目标任务&项目案例

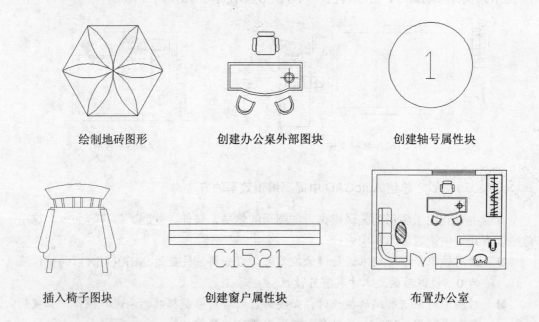

绘制地砖图形　　　　　创建办公桌外部图块　　　　　创建轴号属性块

插入椅子图块　　　　　创建窗户属性块　　　　　布置办公室

　　使用辅助功能可以更快速、准确地绘制图形，使用图块功能，可以将图形文件以图块的方式插入到当前图形文件中，加快图形的绘制。本章将具体讲解使用正交、对象捕捉、对象捕捉追踪、极轴追踪等辅助功能的使用，以及图块的创建、插入和编辑等相关操作。

5.1　利用辅助功能绘图

使用 AutoCAD 2008 绘制图形，除了使用键盘输入坐标值来完成图形的绘制，还可以利用 AutoCAD 2008 提供的辅助功能来快速、准确地完成图形的绘制、编辑等操作，如正交、对象捕捉、极轴追踪、对象捕捉追踪功能等。

5.1.1　捕捉与栅格功能

捕捉和栅格功能在绘图过程中主要起辅助定位的作用，需要将二者结合才能充分发挥其作用。

捕捉功能可帮助用户快速在绘图区中拾取固定点。在状态栏中单击捕捉按钮或按 F9 键，打开捕捉功能。移动鼠标，绘图区中的十字光标将按一定的间隔移动。再次单击捕捉按钮或按 F9 键，将关闭捕捉功能。

开启捕捉功能后，用户并不能看到十字光标在绘图区中捕捉的点，只有通过栅格功能才可将这些点显示出来。单击状态栏中的栅格按钮或按 F7 键，打开栅格功能，在绘图区中将显示栅格点，如图 5-1 所示。

根据绘图工作中的需要，可以对捕捉和栅格功能的参数进行设置，如栅格间的距离、十字光标的移动距离等。其方法是在状态栏的捕捉或栅格按钮上单击鼠标右键，在弹出的快捷菜单中选择"设置"命令，将打开如图 5-2 所示的"草图设置"对话框并自动选择"捕捉和栅格"选项卡进行设置。

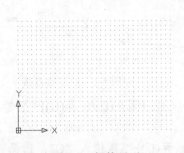

图 5-1　栅格显示

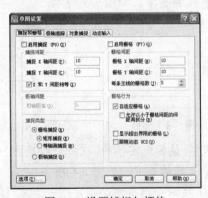

图 5-2　设置捕捉与栅格

在"捕捉与栅格"选项卡中，主要选项功能如下。

- ☑启用捕捉 (F9)(S)复选框：选中该复选框可启用捕捉功能。
- **捕捉间距**：在该栏中指定 X、Y 轴方向的捕捉间距值，必须为正实数，如果选中☑X 和 Y 间距相等(X)复选框，则为捕捉间距和栅格间距强制使用同一 X 和 Y 轴间距值。
- **极轴间距**：控制极轴捕捉的增量距离。
- **捕捉类型**：设置捕捉类型。在该栏中选中◉栅格捕捉(R)单选按钮后，还可以选择栅格捕捉类型，默认为"矩形捕捉"模式，如果选中◉等轴测捕捉(M)单选按钮，则十字光标将等轴测捕捉栅格，该模式用于绘制等轴测图；选中 ⊙极轴捕捉(O) 单选按钮，则在极轴追踪打开的情况下指定点时，十字光标将沿在"极轴追踪"选项卡中相对于极轴追踪起点设置的极轴对齐角度进行捕捉。

- ☑ 启用栅格 (F7)(G) **复选框**：选中该复选框可启用栅格功能。
- **栅格间距**：指定 X、Y 轴方向的栅格间距值，必须为正实数。

5.1.2 利用正交方式绘图

使用正交功能，就是将十字光标限制在水平或垂直方向上移动，以便能快速完成水平或垂直线的绘制。打开正交功能，主要有以下两种方法：

- 单击状态栏中的 正交 按钮。
- 按 F8 键打开正交功能。

打开正交功能后，鼠标只能在水平或垂直方向上移动，通过在绘图区中单击鼠标或输入线条的长度来绘制水平或垂直线，但是正交功能不能限制通过键盘输入坐标值的方法来绘制图形。

【例 5-1】 使用直线命令，并结合正交功能，绘制梯形图形，最终效果如图 5-3 所示（立体化教学:\源文件\第 5 章\梯形.dwg）。

（1）在命令行输入 L，执行直线命令，在绘图区中拾取一点，指定直线的起点。

（2）单击状态栏中的 正交 按钮，打开正交功能，将鼠标向右移动，在命令行提示"指定下一点或 [放弃(U)]:"后输入"30"，指定水平直线的长度，如图 5-4 所示。

（3）将鼠标向上移动，在命令行提示"指定下一点或 [放弃(U)]:"后输入"20"，指定垂直直线的长度，如图 5-5 所示。

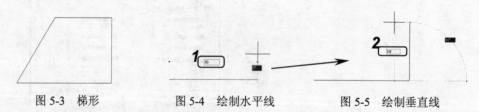

图 5-3 梯形　　　　图 5-4 绘制水平线　　　　图 5-5 绘制垂直线

（4）将鼠标向左移动，在命令行提示"指定下一点或 [闭合(C)/放弃(U)]:"后输入"18"，指定水平直线的长度，如图 5-6 所示。

（5）在命令行提示"指定下一点或 [闭合(C)/放弃(U)]:"后输入"C"，选择"闭合"选项，完成梯形的绘制，如图 5-7 所示。

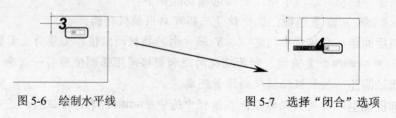

图 5-6 绘制水平线　　　　图 5-7 选择"闭合"选项

5.1.3 利用对象捕捉功能绘图

几何图形都有一定的几何特征点，如中点、端点、圆心、切点、象限点等，通过捕捉几何图形的特征点，可以快速准确地绘制各类图形。

1. 使用对象捕捉功能

单击状态栏中的 对象捕捉 按钮，可以打开或关闭对象捕捉功能。对象捕捉模式用户可以自行进行设置。设置对象捕捉功能，主要有以下两种方法：

- 在状态栏中使用鼠标右键单击 对象捕捉 按钮，在弹出的快捷菜单中选择"设置"命令，打开"草图设置"对话框。
- 选择"工具/草图设置"命令，打开"草图设置"对话框。

执行以上操作，将打开"草图设置"对话框，如图 5-8 所示。在该对话框中也可以打开或关闭"对象捕捉"功能，以及设置对象捕捉的模式。

图 5-8　设置对象捕捉模式

【例 5-2】　使用直线命令，并结合对象捕捉功能，绘制三角形 3 个端点与对边中点间的连线，如图 5-9 所示（立体化教学:\源文件\第 5 章\对象捕捉练习.dwg）。

（1）打开"三角形.dwg"图形文件（立体化教学:\实例素材\第 5 章\三角形.dwg），如图 5-10 所示。

（2）选择"工具/草图设置"命令，打开"草图设置"对话框，如图 5-11 所示。

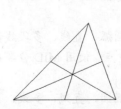

图 5-9　对象捕捉练习

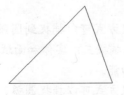

图 5-10　三角形

图 5-11　设置对象捕捉模式

（3）选择"对象捕捉"选项卡，选中 ☑启用对象捕捉（F3）⑪ 复选框，启用对象捕捉功能，在"对象捕捉模式"栏中选中 □ ☑端点⑫ 和 △ ☑中点⑭ 复选框，单击 确定 按钮，完成对象捕捉模式的设置。

（4）在命令行输入 L，执行直线命令，在命令行提示"指定第一点:"后将鼠标移动到右上角直线的端点处，在出现端点捕捉标记后，单击鼠标左键，捕捉直线端点，指定直线的起点，如图 5-12 所示。

（5）在命令行提示"指定下一点或 [放弃(U)]:"后捕捉底端水平直线的中点，指定直线的第二点，如图 5-13 所示。

（6）在命令行提示"指定下一点或 [放弃(U)]:"后按 Enter 键，结束直线命令，如图 5-14 所示。

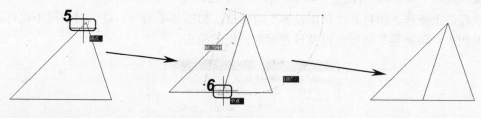

图 5-12　捕捉直线端点　　　　图 5-13　捕捉直线中点　　　　图 5-14　绘制直线

（7）执行直线命令，使用相同的方法完成其余两条直线的绘制。

2. 使用临时对象捕捉功能

在使用对象捕捉功能时，有时会遇到几个特征点的位置非常接近而不易捕捉的情况。此时可以通过如图 5-15 所示的"对象捕捉"工具栏进行临时捕捉。使用时直接单击该工具栏中相应的按钮，然后在绘图区中捕捉对象即可。该捕捉方式只对当前操作有效，使用一次后，该捕捉功能将自动关闭。"对象捕捉"工具栏中各按钮的功能如下。

图 5-15　"对象捕捉"工具栏

➥　"临时追踪点"按钮 ⊶：该捕捉方式始终跟踪上一次单击的位置，并将其作为当前的目标点。使用 TT 命令也可以调用"临时追踪点"捕捉功能。

➥　"捕捉自"按钮 ⎾⎘：该捕捉方式可以根据指定的基点，然后偏移一定距离来捕捉特征点。使用 FRO 或 FROM 命令也可以调用"捕捉自"捕捉功能。

➥　"捕捉到端点"按钮 ⁄：该捕捉方式可以捕捉到圆弧、直线、多线和多段线的端点，也可捕捉三维实体，以及面域边的端点。使用 END 或 ENDP 命令也可以调用"捕捉到端点"捕捉功能。

➥　"捕捉到中点"按钮 ⁄：该捕捉方式可以捕捉到圆弧、椭圆弧、直线、多段线和样条曲线等对象的中点，也可以捕捉三维实体和面域边的中点。使用 MID 命令也可以调用"捕捉到中点"捕捉功能。

➥　"捕捉到交点"按钮 ✕：该捕捉方式可以捕捉圆弧、圆、椭圆、直线、多线、多段线、射线、样条曲线或构造线等对象之间的交点。使用 INT 命令也可以调用"捕捉到交点"捕捉功能。

➥ "捕捉到外观交点"按钮 ⊠：该捕捉方式在二维空间中与"捕捉到交点"的功能相同，但是它还可以在三维空间中捕捉两个对象的视图交点（实际不相交，但在投影视图中显示相交）。使用 APP 命令也可以调用"捕捉到外观交点"捕捉功能。

➥ "捕捉到延长线"按钮 ⋯：该捕捉方式可以捕捉直线和圆弧的延伸交点。将十字光标从几何对象的端点开始移动，系统沿该对象显示出捕捉辅助线及捕捉点的相对极坐标。使用 EXT 命令也可以调用"捕捉到延长线"捕捉功能。

➥ "捕捉到圆心"按钮 ◎：该捕捉方式可以捕捉到圆弧、圆或椭圆的圆心，还可以捕捉实体和面域中圆的圆心。使用 CEN 命令也可以调用"捕捉到圆心"捕捉功能。

➥ "捕捉到象限点"按钮 ◈：该捕捉方式可以捕捉圆弧的象限点，如 0°、90°、180°或 270°等。使用 QUA 命令也可以调用"捕捉到象限点"捕捉功能。

➥ "捕捉到切点"按钮 ○：该捕捉方式可以捕捉圆或圆弧的切点。使用 TAN 命令也可以调用"捕捉到切点"捕捉功能。

➥ "捕捉到垂足"按钮 ⊥：该捕捉方式可以捕捉到与圆弧、圆、构造线、椭圆、椭圆弧、直线、多线、多段线、射线或样条曲线正交的点，也可捕捉到对象的外观延伸垂足。使用 PER 命令也可以调用"捕捉到垂足"捕捉功能。

➥ "捕捉到平行线"按钮 ∥：该捕捉方式可以用于绘制已知线条的平行线。使用 PAR 命令也可以调用"捕捉到平行线"捕捉功能。

➥ "捕捉到插入点"按钮 ⊡：该捕捉方式可以捕捉块、文字、属性或属性定义等对象的插入点。使用 INS 命令也可以调用"捕捉到插入点"捕捉功能。

➥ "捕捉到节点"按钮 ⊙：该捕捉方式可以捕捉到使用 POINT 命令绘制的点以及使用 DIVIDE 和 MEASURE 命令绘制的点对象。使用 NOD 命令也可以调用"捕捉到节点"捕捉功能。

➥ "捕捉到最近点"按钮 ⊠：该捕捉方式可以捕捉对象与指定点距离最近的点。使用 NEA 命令也可以调用"捕捉到最近点"捕捉功能。

➥ "禁止捕捉"按钮 ⊠：该按钮主要用于关闭捕捉功能。

➥ "执行捕捉"按钮 ∩：该按钮主要用于执行捕捉功能。

5.1.4　利用对象捕捉追踪绘图

对象捕捉追踪功能是对象捕捉与追踪功能的结合，其方法是在执行绘图命令后，将十字光标移动到图形对象的特征点上，在出现对象捕捉标记时，移动十字光标，将出现对象捕捉追踪线，并将拾取的点锁定在该追踪线上。单击状态栏中的 对象追踪 按钮或按 F11 键，都可以打开或关闭对象捕捉追踪功能。

【例 5-3】　使用圆命令，以矩形的中心点为圆心，绘制半径为 10 的圆，最终效果如图 5-16 所示（立体化教学:\源文件\第 5 章\对象捕捉追踪.dwg）。

（1）打开"矩形.dwg"图形文件（立体化教学:\实例素材\第 5 章\矩形.dwg），如图 5-17 所示。

（2）选择"工具/草图设置"命令，打开"草图设置"对话框，选择"对象捕捉"选项卡。

（3）选中 ☑启用对象捕捉 (F3)(0) 和 ☑启用对象捕捉追踪 (F11)(K) 复选框，在"对象捕捉模式"栏中选中 △ ☑中点(M) 复选框，如图 5-18 所示。

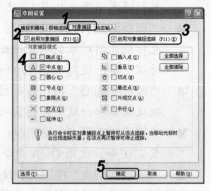

图 5-16　对象捕捉追踪　　　　　图 5-17　矩形　　　　　图 5-18　设置对象捕捉模式

（4）单击 确定 按钮，返回绘图区，在命令行输入 C，执行圆命令，在命令行提示"指定圆的圆心或 [三点(3P)/两点(2P)/相切、相切、半径(T)]:"后将鼠标光标移动到矩形左端垂直线的中点处，在出现中点捕捉标记后，将鼠标光标向右移动，出现中点的对象捕捉追踪线，如图 5-19 所示。

（5）将鼠标光标移动到顶端水平直线中点处，在出现中点捕捉标记后，将鼠标光标向下移动，出现中点的对象捕捉追踪线，将其移动到与第一条对象捕捉追踪线的交点处，单击鼠标左键，指定圆的圆心，如图 5-20 所示。

（6）在命令行提示"指定圆的半径或 [直径(D)]:"后输入"10"，确定圆的半径，如图 5-21 所示。

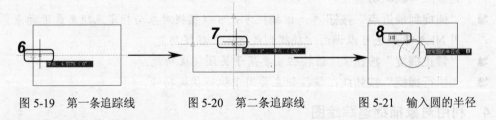

图 5-19　第一条追踪线　　　　图 5-20　第二条追踪线　　　　图 5-21　输入圆的半径

5.1.5　利用极轴功能绘图

使用极轴追踪功能，可以在绘图区中根据用户指定的极轴角度，绘制具有一定角度的直线。单击状态栏中的"极轴追踪"按钮 极轴，可开启或关闭极轴功能。

开启极轴功能后，再执行绘图命令，并且在绘图区指定图形的第一点后，将十字光标移动到指定的极轴角度附近时，会出现极轴追踪线，此时可以通过输入线条的长度来绘制直线，也可以捕捉与其他线条的交点来绘制直线。

【例 5-4】　使用直线命令，绘制底端直角边长度为 30，角度为 20 的直角三角形，最终效果如图 5-22 所示（立体化教学:\源文件\第 5 章\直角三角形.dwg）。

（1）选择"工具/草图设置"命令，打开"草图设置"对话框，如图 5-23 所示。

图 5-22　直角三角形　　　　　　　　　　图 5-23　设置极轴角度

（2）选择"极轴追踪"选项卡，选中 ☑启用极轴追踪（F10）(P) 复选框，在"极轴角设置"栏的"增量角"下拉列表框中选择"10"选项，设置极轴的角度为 10，在"对象捕捉追踪设置"栏中选中 ◉仅正交追踪(L) 单选按钮。

（3）选择"对象捕捉"选项卡，选中 ☑启用对象捕捉（F3）(O) 和 ☑启用对象捕捉追踪（F11）(K) 复选框，在"对象捕捉模式"栏中选中 □☑端点(E) 复选框，如图 5-24 所示。

（4）单击 确定 按钮，完成极轴角度、对象捕捉等选项的设置，关闭"草图设置"对话框，返回绘图区。

（5）在命令行输入 L，执行直线命令，在绘图区中单击鼠标左键，指定直线的起点，将鼠标向左移动，捕捉 180° 的极轴追踪线，在命令行提示"指定下一点或 [放弃(U)]:"后输入"30"，绘制水平直线，如图 5-25 所示。

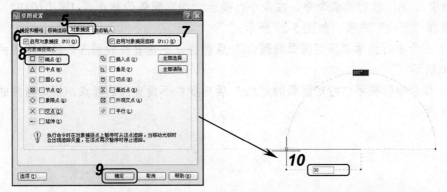

图 5-24　设置对象捕捉选项　　　　　　　图 5-25　绘制水平直线

（6）将鼠标光标移动到水平直线右端端点处，在出现端点标记后，将鼠标光标向上移动，出现对象捕捉追踪线，在移动到 20° 角的位置时，出现极轴追踪线，捕捉对象捕捉追踪线与极轴追踪线的交点，指定直线的下一点，如图 5-26 所示。

（7）在命令行提示"指定下一点或 [闭合(C)/放弃(U)]:"后将鼠标向下移动，捕捉水平直线右端端点，如图 5-27 所示。

（8）在命令行提示"指定下一点或 [闭合(C)/放弃(U)]:"后按 Enter 键，结束直线命令，完成直角三角形的绘制。

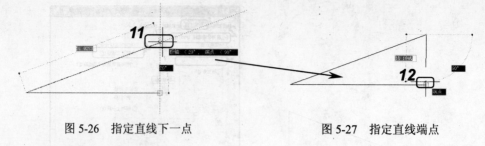

图 5-26　指定直线下一点　　　　　　　图 5-27　指定直线端点

5.1.6　应用举例——绘制地砖

执行圆弧、阵列命令，并结合对象捕捉功能，绘制地砖图形，效果如图 5-28 所示（立体化教学:\源文件\第 5 章\地砖.dwg）。

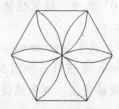

图 5-28　绘制地砖

操作步骤如下：

（1）打开"正六边形.dwg"图形文件（立体化教学:\实例素材\第 5 章\正六边形.dwg），在命令行输入 A，执行圆弧命令，在命令行提示"指定圆弧的起点或 [圆心(C)]:"后输入"C"，选择"圆心"选项，如图 5-29 所示。

（2）在命令行提示"指定圆弧的圆心:"后捕捉左下角直线的端点，指定圆弧的圆心，如图 5-30 所示。

（3）在命令行提示"指定圆弧的起点:"后捕捉右下角直线的端点，指定圆弧的起点，如图 5-31 所示。

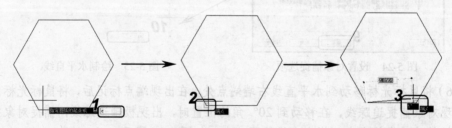

图 5-29　选择"圆心"选项　　　图 5-30　指定圆弧圆心　　　图 5-31　指定圆弧起点

（4）在命令行提示"指定圆弧的端点或 [角度(A)/弦长(L)]:"后捕捉左端直线的端点，指定圆弧的终点，如图 5-32 所示。

（5）在命令行输入 AR，执行阵列命令，打开"阵列"对话框，选中 环形阵列(P) 单选按钮，如图 5-33 所示。

（6）单击"中心点"选项后的 ⊞ 按钮，进入绘图区，捕捉圆弧的中点，指定阵列中心点，如图 5-34 所示。

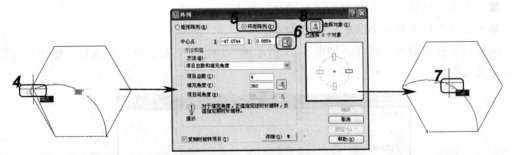

图 5-32 指定圆弧终点　　　　图 5-33 设置阵列方式　　　　图 5-34 指定阵列中心点

（7）返回"阵列"对话框，单击"选择对象"按钮 ⊞，进入绘图区选择绘制的圆弧，指定要进行阵列的图形对象，如图 5-35 所示。

（8）按 Enter 键返回"阵列"对话框，在"方法和值"栏的"项目总数"文本框中输入"6"，指定阵列数目，如图 5-36 所示。

（9）单击 确定 按钮，关闭"阵列"对话框，完成地砖图形的绘制。

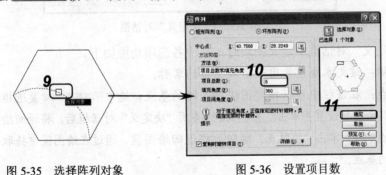

图 5-35 选择阵列对象　　　　　　图 5-36 设置项目数

5.2　使用图块绘图

图块是 AutoCAD 中单个或者多个图形对象的集合，这种集合具有一定的整体性。因此，如果在建筑设计中将复杂的图形组合创建为图块，在以后的绘图过程中不仅可以很方便地选择这些图形进行整体的复制、移动、旋转等编辑操作，还可以很轻松地通过图块的插入操作避免重复绘制相同的图形，从而节省大量的绘图时间和精力。

5.2.1　创建图块

将多个图形对象整合为一个图块对象后，应用时图块将作为一个独立的、完整的对象。用户可以根据需要按一定缩放比例和旋转角度将图块插入到需要的位置。

1. 创建内部图块

内部图块存储在图形文件内部，因此只能在打开该图形文件后才能够使用，而不能在其他图形文件中使用。创建内部图块，主要有以下 3 种方法：

❧ 选择"绘图/块/创建"命令。

❧ 单击"绘图"工具栏中的"创建块"按钮 。

❧ 在命令行中输入 BLOCK 或 B 命令。

执行以上任意命令，将打开如图 5-37 所示的"块定义"对话框，在该对话框中即可将图形定义为图块。

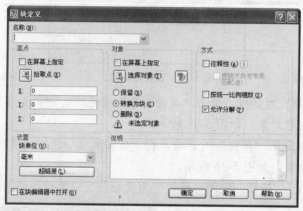

图 5-37 "块定义"对话框

在"块定义"对话框中定义图块时，其中各选项功能如下。

❧ **名称**：该文本框主要用于输入图块的名称。

❧ **基点**：在该栏中可以指定图块插入时的基点，选中 在屏幕上指定 复选框，则表示在完成其余参数设置并单击 确定 按钮关闭"块定义"对话框后，将返回绘图区中指定图块的基点。单击"拾取点"按钮 将返回绘图区，通过在绘图区中拾取一点来指定图块的基点。

❧ **对象**：该栏用于选择需要定义为图块的对象。单击"选择对象"按钮 ，将返回绘图区中选择需要定义为图块的图形对象。选中 保留® 单选按钮，将选择的图形对象定义为图块后，源图形对象保持不变；选中 转换为块© 单选按钮，将图形对象定义为图块后，源图形对象将转换为图块；选中 删除® 单选按钮，将图形对象定义成图块后，将删除源图形对象。

❧ **设置**：在该栏的"块单位"下拉列表框中可指定图块插入到图形时的单位。若单击 超链接(L)... 按钮，则可为图块指定超链接。

❧ **方式**：在该栏中可指定定义块的方式。选中 注释性® 复选框，可定义块为注释性块，其下方的"使块方向与布局匹配"复选框变为可用，选中该复选框，可指定在图纸空间视图中的块参照的方向与布局的方向匹配；选中 按统一比例缩放® 复选框，表示在插入图块时可按统一比例对图块进行缩放；选中 允许分解® 复选框，表示将图块插入到图形之后，允许对图块进行分解操作。

❧ **说明**：在该文本框中可为图块添加说明性文字。

➜ **在块编辑器中打开**：选中该复选框，表示在"块定义"对话框中完成设置以后，
系统将打开块编辑器，用户可以对组成图块的各图形对象进行编辑，以改变图块所
包含的对象。

【例 5-5】 执行内部图块命令，将"房间.dwg"图形文件中的门图形定义为图块，
图块名称为"门"（立体化教学:\源文件\第 5 章\房间.dwg）。

（1）打开"房间.dwg"图形文件（立体化教学:\实例素材\第 5 章\房间.dwg），如图 5-38
所示。

（2）在命令行输入 B，执行创建内部图块命令，打开"块定义"对话框，如图 5-39
所示。

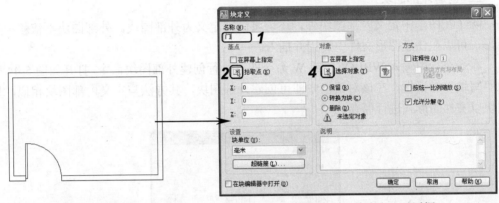

图 5-38 素材文件   图 5-39 "块定义"对话框

（3）在"名称"文本框中输入"门"，指定图块的名称，单击"基点"栏中的"拾取
点"按钮⊞进入绘图区，捕捉门图形垂直线的端点，指定图块插入点的基点，如图 5-40
所示。

（4）返回"块定义"对话框，单击"对象"栏中的"选择对象"按钮⊞进入绘图区，
选择要定义为图块的门，如图 5-41 所示。

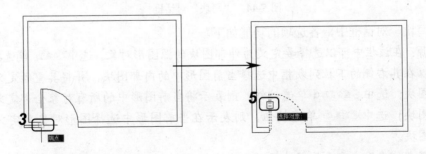

图 5-40 指定基点   图 5-41 选择图块对象

（5）按 Enter 键返回"块定义"对话框，在"对象"栏中选中 ◉删除(D) 单选按钮，如
图 5-42 所示。

（6）单击 确定 按钮，完成"门"图块的创建，关闭"块定义"对话框，并自动删
除定义为图块的图形对象，如图 5-43 所示。

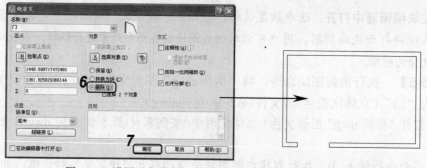

图 5-42　设置对象类型　　　　　　　　图 5-43　删除块对象

2．创建外部图块

除了在图形中定义内部图块外，还可将图形定义为外部图块。外部图块不依赖于当前图形，可以在任意图形文件中调用并插入。

在命令行中输入 WBLOCK 或 W 命令即可执行创建外部图块命令，打开如图 5-44 所示的"写块"对话框，在该对话框中即可创建外部图块，其方法与定义内部图块相似，只是图块以文件的形式进行保存。

图 5-44　"写块"对话框

在"写块"对话框中，各选项的功能如下。

❧ **源**：在该栏中可以选择要定义为外部图块的源图形对象。选中 ⊙块(B) 单选按钮，可以在其右侧的下拉列表框中选择当前图形中的内部图块，并将其重新定义为外部图块；选中 ⊙整个图形(E) 单选按钮，则表示将当前图形中的所有对象全部定义为外部图块；选中 ⊙对象(O) 单选按钮，则表示在当前图形中选择图形对象来定义为外部图块。

❧ **基点**：当用户需要重新选择定义为外部图块的源对象时，可在该栏中确定外部图块的基点，操作方式与定义内部图块时指定插入基点的操作相同。

❧ **对象**：在该栏中指定要定义为外部图块的源对象。操作方式与定义内部图块时选择图形对象的操作相同。

❧ **目标**：在该栏中可以设置外部图块文件的存放位置以及图块的名称。在"文件名和路径"下拉列表框中可以直接输入文件的路径及文件的名称，也可以单击□按钮，在打开的"浏览图形文件"对话框中设置外部图块的保存位置及图块名称。在"插入单位"下拉列表框中可以选择外部图块插入到图形中的单位。

【例 5-6】　执行写块命令，将"办公室.dwg"图形文件中的办公桌定义为外部图块，效果如图 5-45 所示（立体化教学:\源文件\第 5 章\办公桌.dwg）。

（1）打开"办公室.dwg"图形文件（立体化教学:\实例素材\第 5 章\办公室.dwg），如图 5-46 所示。

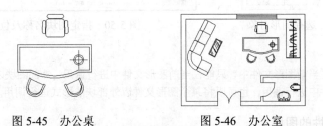

图 5-45　办公桌　　　　　　　图 5-46　办公室

（2）在命令行输入 W，执行创建外部图块命令，打开"写块"对话框，如图 5-47 所示。

（3）在"源"栏中选中◉对象(O)单选按钮，单击"基点"栏中的"拾取点"按钮图进入绘图区，在命令行提示"指定插入基点:"后捕捉办公椅水平直线的中点，指定图块插入时的基点，如图 5-48 所示。

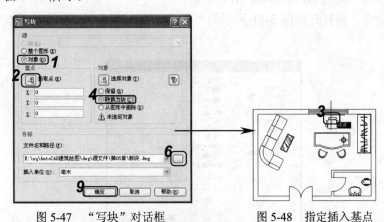

图 5-47　"写块"对话框　　　　图 5-48　指定插入基点

（4）返回"写块"对话框，在"对象"栏中选中◉转换为块(C)单选按钮，单击"选择对象"按钮图进入绘图区，在命令行提示"选择对象:"后选择要定义为图块的图形对象，如图 5-49 所示。

（5）按 Enter 键返回"写块"对话框，单击"目标"栏中的□按钮，打开"浏览图形文件"对话框，如图 5-50 所示。

（6）在"保存于"下拉列表框中选择图块的存放位置，在"文件名"文本框中输入"办公桌"，单击 保存(S) 按钮，返回"写块"对话框。

（7）单击 确定 按钮，关闭"写块"对话框，完成创建外部图块操作。

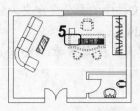

图 5-49　选择图形对象

图 5-50　指定图块名称及位置

提示：

> 内部图块存放在当前图形文件中，只能在当前图形文件中进行调用；外部图块以文件形式进行存放，可以在任何文件中进行调用，也可以将某个图形文件以外部块的形式进行调用。

3．创建带属性的图块

图块属性是与图块相关联的文字信息，它依赖于图块存在，主要用于表达图块的文字信息。创建带属性的图块，主要有以下两种方法：

- ➷ 选择"绘图/块/定义属性"命令。
- ➷ 在命令行中输入 ATTDEF 或 ATT 命令。

执行以上命令，将打开如图 5-51 所示的"属性定义"对话框，在该对话框中即可定义图块属性。

图 5-51　"属性定义"对话框

在"属性定义"对话框中，各选项功能如下。

- ➷ **模式**：该栏主要用于控制块中属性的行为，如属性在图形中是否可见、是否可以相对于块的其余部分移动等。其下各复选框的作用如下。
    - ↻ **不可见**：插入图块并输入图块的属性值后，该属性值不在图中显示出来。
    - ↻ **固定**：定义的属性值将是常量，在插入图块时，属性值将保持不变。
    - ↻ **验证**：在插入图块时系统将对用户输入的属性值给出校验提示，以确认输入的属性值是否正确。
    - ↻ **预置**：选中该复选框，表示在插入图块时直接将默认属性值插入，在以后的属性块插入过程中，不会再提示用户输入属性值。

⇨　**锁定位置**：选中该复选框，表示锁定属性在图块中的位置，系统默认选中该复选框。

⇨　**多行**：如果选中该复选框，将激活"边界宽度"文本框，可以设置多行文字的边界宽度，主要用于控制设置的属性是否可以包含多行文字。

➥　**属性**：该栏主要用于设置图块的文字信息，其中"标记"文本框用于设置属性的显示标记，"提示"文本框用于设置属性的提示信息，"默认"文本框用于设置默认的属性值，单击后面的"插入字段"按钮，可在打开的对话框中选择常用的字段。

➥　**文字设置**：在该栏中主要对属性值的文字高度、对齐方式、文字样式、旋转角度等参数进行设置。

➥　**插入点**：用于指定插入属性图块的位置，默认为在绘图区中以拾取点的方式来指定。

➥　**在上一个属性定义下对齐**：若在定义图块属性之前，当前图形文件中已经定义了属性，则该复选框变为可用状态，即表示当前定义的属性将采用上一个属性的字体、字高及倾斜角度，且与上一属性对齐。

【例 5-7】　执行创建带属性的图块命令，为图形进行属性定义操作，并将图形定义为图块，效果如图 5-52 所示（立体化教学:\源文件\第 5 章\轴号.dwg）。

（1）打开"圆.dwg"图形文件（立体化教学:\实例素材\第 5 章\圆.dwg），如图 5-53 所示。

（2）在命令行输入 ATT，执行创建带属性的图块命令，打开"属性定义"对话框。

（3）在"属性"栏的"标记"文本框中输入"轴号"，在"提示"文本框中输入"输入轴号"，在"默认"文本框中输入"1"，指定属性定义的值。

（4）在"文字设置"栏的"对正"下拉列表框中选择"正中"选项，将"文字高度"设置为 250，其余选项保持默认设置，如图 5-54 所示。

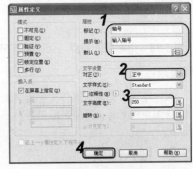

图 5-52　轴号　　　　　　　图 5-53　圆　　　　　　　图 5-54　设置属性

（5）单击 确定 按钮，返回绘图区，在命令行提示"指定起点:"后捕捉圆的圆心，指定属性文字的起点，如图 5-55 所示。

（6）为属性文字指定起点后，效果如图 5-56 所示。

（7）在命令行输入 B，执行创建内部图块命令，打开"块定义"对话框，在"名称"文本框中输入"轴号"，如图 5-57 所示。

图 5-55　指定文字起点　　　图 5-56　插入属性文字　　　　图 5-57　"块定义"对话框

（8）在"基点"栏中单击"拾取点"按钮图进入绘图区，在命令行提示"指定插入基点:"后捕捉圆的圆心，指定插入基点，如图 5-58 所示。

（9）返回"块定义"对话框，在"对象"栏中选中 ⊙ 转换为块(C) 单选按钮，单击"选择对象"按钮图进入绘图区，在命令行提示"选择对象:"后选择要定义为图块的图形对象，如图 5-59 所示。

（10）按 Enter 键返回"块定义"对话框，单击 确定 按钮，打开"编辑属性"对话框，如图 5-60 所示。

（11）单击 确定 按钮，关闭"编辑属性"对话框，完成属性块的定义。

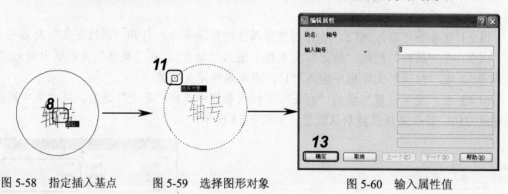

图 5-58　指定插入基点　　　图 5-59　选择图形对象　　　　图 5-60　输入属性值

📢提示:

> 属性图块只有在对属性文字定义为图块后，才能正常显示属性值，以及更改属性值等操作，在未进行图块定义时，则显示标记值。

5.2.2　插入图块

完成图块的定义后，根据绘图需要，即可将所需图块插入到当前图形中。在 AutoCAD 中不仅可以依次插入单个图块，还可以连续插入多个相同的图块。

1. 插入单个图块

创建好图块后，就可以使用图块的插入命令把单个图块插入到当前图形中。插入单个图块命令的调用方法有如下 3 种:

- 选择 "插入/图块" 命令。
- 单击 "绘图" 工具栏中的 "插入块" 按钮。
- 在命令行中输入 INSERT 或 DDINSERT 命令。

执行以上命令，将打开如图 5-61 所示的 "插入" 对话框，在该对话框中可以选择插入的内部及外部图块。

图 5-61　"插入" 对话框

在 "插入" 对话框中，各选项功能如下。

- **名称**：在该下拉表框中，可选择或直接输入要插入图块的名称。
- **插入点**：选中 ☑在屏幕上指定(S) 复选框，指定由绘图光标在当前图形中指定图块插入位置；取消选中该复选框，则可分别在 X、Y、Z 文本框中指定图块插入点的具体坐标。
- **比例**：选中 ☑在屏幕上指定(S) 复选框，插入图块时，将在命令行中出现提示信息后指定各个方向上的缩放比例；取消选中该复选框，则在该栏的 3 个文本框中输入图块在 X、Y、Z 方向上的缩放比例；选中 ☑统一比例(U) 复选框，则将图块进行等比例缩放。
- **旋转**：选中 ☑在屏幕上指定(S) 复选框，可以在插入图块时，根据命令行的提示设置旋转角度；取消选中该复选框，则 "角度" 选项可用，其文本框用于设置图块插入到绘图区时的旋转角度。
- □分解(D) **复选框**：选中该复选框，在插入图块时，将图块进行分解操作，而不再作为一个整体。

【例 5-8】 执行插入块命令，在 "墙线.dwg" 图形文件中插入 "平面门.dwg" 图块，效果如图 5-62 所示（立体化教学:\源文件\第 5 章\单间.dwg）。

（1）打开 "墙线.dwg" 图形文件（立体化教学:\实例素材\第 5 章\墙线.dwg），如图 5-63 所示。

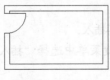

图 5-62　单间　　　　　　　　　　　　　图 5-63　墙线

（2）在命令行输入 I，执行插入块命令，打开 "插入" 对话框，如图 5-64 所示。

（3）单击 浏览(B)... 按钮，打开 "选择图形文件" 对话框，如图 5-65 所示。

图 5-64　"插入"对话框　　　　　　图 5-65　"选择图形文件"对话框

（4）在"搜索"下拉列表框中选择图块文件的存放位置，在文件列表中选择"平面门.dwg"图块文件（立体化教学:\实例素材\第 5 章\平面门.dwg），单击 打开(O) 按钮，返回"插入"对话框，如图 5-66 所示。

（5）在"旋转"栏的"角度"文本框中输入"90"，指定图块插入时的旋转角度，单击 确定 按钮，返回绘图区，在命令行提示"指定插入点或 [基点(B)/比例(S)/X/Y/Z/旋转(R)]:"后捕捉水平墙线的中点，指定图块的插入点，如图 5-67 所示。

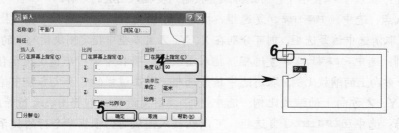

图 5-66　指定旋转角度　　　　　　图 5-67　指定图块插入点

技巧:

> 插入图块时，也可以使用定距等分、定数等分命令来插入图块，在命令行提示后选择"块"选项，即插入的等分点为图块。

2．通过设计中心插入图块

设计中心是 AutoCAD 2008 绘图的一项特色，设计中心中包含了多种图块，如建筑设施图块、机械零件图块和电子电路图块等，通过它可方便地将这些图块应用到图形中。

选择"工具/选项板/设计中心"命令，即可打开"设计中心"选项板。在"设计中心"选项板中可以插入各种图块，主要有以下两种方法:

- ➥ 将图块直接拖动到绘图区中，按照默认设置将其插入。
- ➥ 在要插入的图块上单击鼠标右键，在弹出的快捷菜单中选择"插入块"命令，打开"插入"对话框，插入图块。

【例 5-9】　执行设计中心命令，在绘图区中插入"椅子-摇椅"图块，效果如图 5-68 所示（立体化教学:\源文件\第 5 章\椅子.dwg）。

（1）选择"工具/选项板/设计中心"命令，打开"设计中心"选项板，选择 Home-Space

Planner.dwg 图形文件的"块"选项，如图 5-69 所示。

图 5-68　椅子

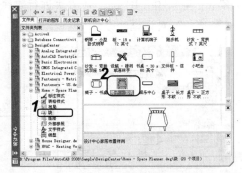

图 5-69　设计中心

（2）双击块列表中的"椅子-摇椅"图块，打开"插入"对话框，如图 5-70 所示。

（3）单击 ▭确定 按钮，返回绘图区，在命令行提示"指定插入点或 [基点(B)/比例(S)/X/Y/Z/旋转(R)]:"后指定图块的插入位置，如图 5-71 所示。

图 5-70　"插入"对话框　　　　　　　　图 5-71　指定图块插入点

5.2.3　编辑图块

图块在创建完成后，不仅可以插入图块，还可以将图块进行重新命名、编辑图块属性，以及将图块进行重新定义、删除图形中多余的图块等。

1. 重命名图块

创建图块后，对其进行重命名的方法有多种，如果是外部图块文件，可直接在保存外部图块的文件目录中对该图块文件进行重命名；如果是内部图块，可使用重命名命令将图块进行重新命名。执行重命名命令，主要有如下两种方法：

➥　选择"格式/重命名"命令。

➥　在命令行中输入 RENAME 或 REN 命令。

【例 5-10】　执行重命名命令，将"卫生间.dwg"图形文件中的"门"图块重命名为"平面门"（立体化教学:\源文件\第 5 章\卫生间.dwg）。

（1）打开"卫生间.dwg"图形文件（立体化教学:\实例素材\第 5 章\卫生间.dwg），选择"格式/重命名"命令，打开"重命名"对话框。

（2）在"命名对象"列表框中选择"块"选项，在"项目"列表框中选择"门"选项，

在 重命名为(R): 按钮后的文本框中输入"平面门"，如图 5-72 所示。

（3）单击 重命名为(R): 按钮，将图块进行重命名操作，如图 5-73 所示，单击 确定 按钮，关闭"重命名"对话框。

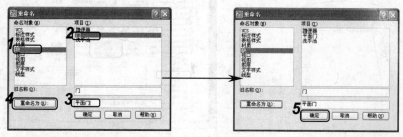

图 5-72 输入新图块名   图 5-73 重命名图块名称

📢提示：

> 在"重命名"对话框中还可对坐标系、标注样式、文字样式、图层、视图、视口和线型等对象进行重命名，其方法与重命名图块类似。

2．编辑图块属性

在图形中插入属性块后，如果觉得属性值或属性值位置等不符合自己的要求，可以对属性值进行修改。执行编辑图块属性命令，主要有以下两种方法：

- ➥ 选择"修改/对象/属性/单个"命令。
- ➥ 在命令行中输入 EATTEDIT 命令。

执行编辑属性命令后，将提示指定要进行编辑的属性块，然后打开"增强属性编辑器"对话框，在该对话框中即可对图块的属性进行更改。

【例 5-11】 执行编辑图块属性命令，将"轴号.dwg"图形文件中的属性图块的属性文字更改为 15，效果如图 5-74 所示（立体化教学:\源文件\第 5 章\编辑轴号.dwg）。

（1）打开"轴号.dwg"图形文件（立体化教学:\实例素材\第 5 章\轴号.dwg），选择"修改/对象/属性/单个"命令，在命令行提示"选择块:"后选择属性块，指定要进行编辑的图块，如图 5-75 所示。

（2）选择要进行编辑的属性块后，打开"增强属性编辑器"对话框，如图 5-76 所示。

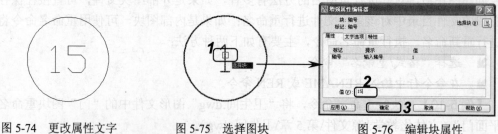

图 5-74 更改属性文字   图 5-75 选择图块   图 5-76 编辑块属性

（3）选择"属性"选项卡，在"值"文本框中输入"15"，单击 确定 按钮，完成属性块文字的编辑操作。

3．删除多余图块

执行清理命令可以将当前图形中未使用的图块进行删除，该命令不但可以删除当前图形中的图块，而且还可删除当前图形中多余的样式、图层和线型等。清理命令有如下两种调用方法：

- 选择"文件/绘图实用程序/清理"命令。
- 在命令行中输入 PURGE 或 PU 命令。

在执行清理命令后，打开如图 5-77 所示的"清理"对话框。选中 ◉查看能清理的项目(V) 单选按钮，在"图形中未使用的项目"列表框中单击"块"选项前方的⊞标记，展开当前图形中已定义但未使用的图块的名称，并选择要清除的图块名称，单击 清理(P) 或 全部清理(A) 按钮，然后单击 关闭 按钮即可删除图形中不需要的图块。

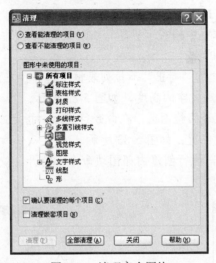

图 5-77 清理多余图块

5.2.4 应用举例——绘制标高图块

本例将利用直线、极轴追踪、属性图块等命令，完成标高图块的创建，效果如图 5-78 所示（立体化教学:\源文件\第 5 章\标高.dwg）。

图 5-78 标高

操作步骤如下：

（1）在命令行输入 L，执行直线命令，在命令行提示"指定第一点："后在绘图区中拾取一点，指定直线的起点，在状态栏中单击极轴按钮，打开极轴追踪功能，将鼠标向左下方移动，捕捉 135° 极轴追踪线，并在命令行提示"指定下一点或 [放弃(U)]："后输入"15"，指定直线的长度，如图 5-79 所示。

（2）将鼠标向左上方移动，捕捉极轴追踪线，并在命令行提示"指定下一点或 [放弃(U)]:"后输入"15"，指定直线的端点，如图 5-80 所示。

（3）将鼠标向右方移动，捕捉 0° 方向上的极轴追踪线，在命令行提示"指定下一点或 [闭合(C)/放弃(U)]:"后输入"70"，指定直线的长度，如图 5-81 所示。

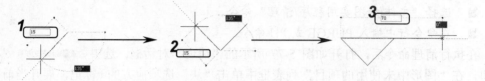

图 5-79　绘制第一条直线　　　图 5-80　指定直线端点　　　　　图 5-81　绘制水平线

（4）在命令行提示"指定下一点或 [闭合(C)/放弃(U)]:"后按 Enter 键，结束直线命令。

（5）在命令行输入 ATT，执行创建带属性的图块命令，打开"属性定义"对话框，在"属性"栏的"标记"文本框中输入"标高"，在"提示"文本框中输入"输入标高"，在"值"文本框中输入"3.000"。

（6）在"文字设置"栏的"对正"下拉列表框中选择"左"选项，在"文字高度"文本框中输入"15.0000"，指定文字的高度，如图 5-82 所示。

（7）单击 确定 按钮返回绘图区，在命令行提示"指定起点:"后捕捉水平直线左端端点，指定属性文字的起点位置，如图 5-83 所示。

（8）在命令行输入 B，执行创建内部图块命令，打开"块定义"对话框，如图 5-84 所示。

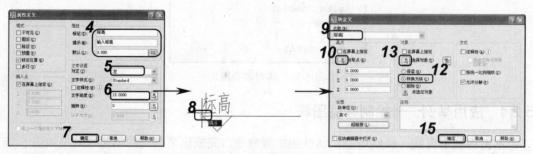

图 5-82　定义属性文字　　　　　图 5-83　插入属性　　　　图 5-84　块定义

（9）在"名称"下拉列表框中输入"标高"，单击"基点"栏中的"拾取点"按钮，进入绘图区，在命令行提示"指定插入基点:"后捕捉倾斜线底端端点，指定图块插入时的基点，如图 5-85 所示。

（10）返回"块定义"对话框，在"对象"栏中选中 ⊙转换为块(C) 单选按钮，单击"选择对象"按钮，进入绘图区，在命令行提示"选择对象:"后选择直线和属性文字，指定要定义为图块的图形对象，如图 5-86 所示。

（11）按 Enter 键返回"块定义"对话框，单击 确定 按钮，打开"编辑属性"对话框，在"输入标高"选项后的文本框中输入"+3.000"，如图 5-87 所示。

（12）单击 确定 按钮，完成"标高"属性块的创建。

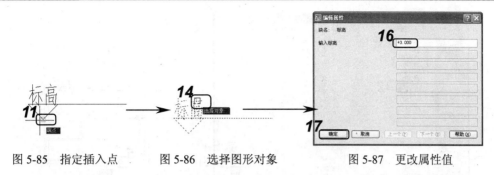

图 5-85 指定插入点　　　图 5-86 选择图形对象　　　图 5-87 更改属性值

5.3 上机及项目实训

5.3.1 布置办公室

本次实训将利用图块功能，绘制办公室图形，效果如图 5-88 所示（立体化教学:\源文件\第 5 章\布置办公室.dwg）。

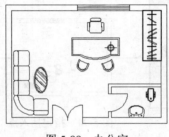

图 5-88 办公室

操作步骤如下：

（1）打开"办公室墙体.dwg"图形文件（立体化教学:\实例素材\第 5 章\办公室墙体.dwg），如图 5-89 所示。

（2）在命令行输入 I，执行插入命令，打开"插入"对话框，如图 5-90 所示。

图 5-89 办公室墙体　　　　　图 5-90 "插入"对话框

（3）单击 浏览(B)… 按钮，打开"选择图形文件"对话框，如图 5-91 所示。

（4）在"选择图形文件"对话框中选择"双扇门.dwg"图块文件（立体化教学:\实例素材\第 5 章\办公室图块\双扇门.dwg），单击 打开(0) 按钮，返回"插入"对话框，单击 确定 按钮，返回绘图区，捕捉垂直墙线的中点，指定图块的插入点，如图 5-92 所示。

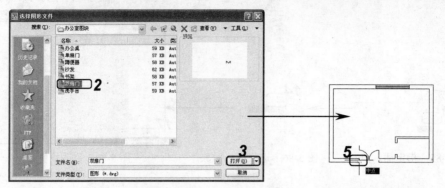

图 5-91　选择图块文件　　　　　　　　图 5-92　指定图块插入点

（5）再次执行插入命令，插入"单扇门.dwg"图块文件（立体化教学:\实例素材\第 5 章\办公室图块\单扇门.dwg），并将旋转角度设置为-90°，如图 5-93 所示。

（6）将"单扇门.dwg"图块文件插入到墙线水平线的中点处，如图 5-94 所示。

（7）在卫生间中插入"洗手台.dwg"图块文件（立体化教学:\实例素材\第 5 章\办公室图块\洗手台.dwg），图块的旋转角度为 180°，如图 5-95 所示。

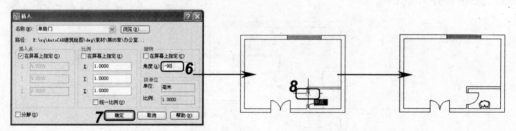

图 5-93　设置图块参数　　　　图 5-94　指定插入点　　　　图 5-95　插入"洗手台"图块

（8）在命令行输入 I，执行插入命令，插入"蹲便器.dwg"图块文件（立体化教学:\实例素材\第 5 章\办公室图块\蹲便器.dwg），如图 5-96 所示。

（9）在命令行输入 I，执行插入命令，插入".dwg"图块文件（立体化教学:\实例素材\第 5 章\办公室图块\书架.dwg），如图 5-97 所示。

（10）在命令行输入 I，执行插入命令，插入"办公桌.dwg"图块文件（立体化教学:\实例素材\第 5 章\办公室图块\办公桌.dwg），如图 5-98 所示。

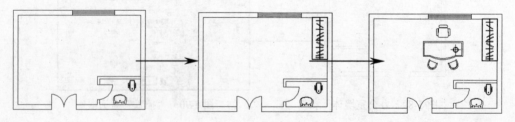

图 5-96　插入"蹲便器"图块文件　图 5-97　插入"书架"图块文件　图 5-98　插入"办公桌"图块文件

（11）在命令行输入 I，执行插入命令，插入"沙发.dwg"图块文件（立体化教学:\实例素材\第 5 章\办公室图块\沙发.dwg），完成办公室图形的绘制。

5.3.2　创建窗户属性块

利用本章和前面所学的矩形、分解、偏移、属性块等功能，创建窗户属性块，最终效果如图 5-99 所示（立体化教学:\源文件\第 5 章\窗户属性块.dwg）。

图 5-99　窗户属性块

本练习可结合立体化教学中的视频演示进行学习（立体化教学:\视频演示\第 5 章\创建窗户属性块.swf）。主要操作步骤如下：

（1）新建"窗户属性块.dwg"图形文件，执行矩形命令，绘制长度为 1500、高度为 240 的矩形，并将其进行分解，再将水平直线向内进行偏移，其偏移距离为 80，如图 5-100 所示。

（2）执行创建带属性的图块命令，打开"属性定义"对话框，设置属性文字，如图 5-101 所示。

（3）将属性文字和窗户图形定义为图块，并将其转换为图块，完成窗户属性图块的创建，如图 5-102 所示。

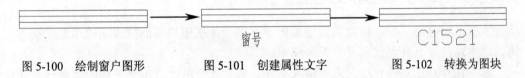

图 5-100　绘制窗户图形　　　图 5-101　创建属性文字　　　图 5-102　转换为图块

5.4　练习与提高

（1）使用构造线、直线命令，并结合正交功能，绘制楼梯立面图形，效果如图 5-103 所示（立体化教学:\源文件\第 5 章\楼梯立面图.dwg）。

提示：使用直线命令，并开启正交功能，先在绘图区指定一点，指定直线起点，再移动鼠标，并在命令行提示后输入直线的长度，分别绘制水平及垂直线。本练习可结合立体化教学中的视频演示进行学习（立体化教学:\视频演示\第 5 章\楼梯立面图.swf）。

（2）执行创建外部图块命令，将如图 5-104 所示的"坐便器.dwg"图形文件（立体化教学:\实例素材\第 5 章\坐便器.dwg）保存为外部图块（立体化教学:\源文件\第 5 章\坐便器.dwg）。

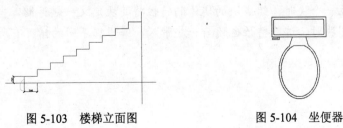

图 5-103　楼梯立面图　　　　　　图 5-104　坐便器

提示：执行创建外部图块命令，将图形输出为外部图块，首先指定图块的插入点为坐便器顶端水平线的中点，然后选择坐便器图形为外部图块的图形对象，并保留源图形对象。

（3）打开"会议桌.dwg"图形文件（立体化教学:\实例素材\第5章\会议桌.dwg），如图5-105所示，将椅子图形定义为图块，并以定数等分命令将图块插入到图形当中，完成会议桌图形的绘制，如图5-106所示（立体化教学:\源文件\第5章\会议桌.dwg）。

提示：将椅子创建为图块，并将源图形对象进行删除，再使用偏移命令，将圆弧及垂直线向外进行偏移，并使用定数等分命令插入图块，最后使用镜像命令完成会议桌图形的绘制。本练习可结合立体化教学中的视频演示进行学习（立体化教学:\视频演示\第5章\会议桌.swf）。

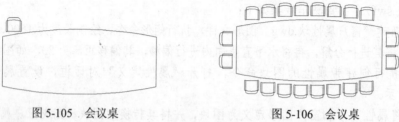

图 5-105　会议桌　　　　　　　　　　　　图 5-106　会议桌

 总结 AutoCAD 高效绘图的方法

本章主要介绍了利用辅助功能绘制图形，以及使用图块功能快速完成图形绘制的方法。这里总结以下几点供读者参考和探索：

- 在开启正交功能后，采用输入坐标点的方式绘图时，不管鼠标的方向移动到什么位置，都将以输入的坐标值为准来绘制图形。
- 绘制图形时，一般将极轴追踪与对象捕捉追踪结合使用，从而可以绘制出已知图形对象的角度而不知其长度，但与已知图形对象延伸线相交的直线。
- 使用对象捕捉功能绘制图形，将十字光标移动到图形对象附近时，将会出现对象捕捉的标记。在"选项"对话框的"草图"选项卡中选中 ☑显示自动捕捉靶框(D) 复选框，则靶框接触到特殊点时即可显示捕捉标记。
- 外部图块与内部图块的主要区别是：外部图块可以插入到任何一个图形中，而内部图块只能在定义该图块的图形文件中使用。
- 定义属性块时，若当前图形文件中已有属性设置时，"属性定义"对话框中的 □在上一个属性定义下对齐(A) 复选框将被激活，选中该复选框将创建一个与上一个属性对齐的属性文字。
- 在建立一个块时，组成块的实体的特性将随块定义一起存储，当在其他图形中插入图块时，这些特性也随着一起带入，并根据不同的情况有所变化。

第 6 章　使用图层管理图形

学习目标

☑ 在"图层特性管理器"对话框中创建并设置建筑图层
☑ 将图层状态进行输出
☑ 使用图层功能管理户型图
☑ 使用图层功能管理卫生间图形
☑ 使用图层功能管理建筑平面图

目标任务&项目案例

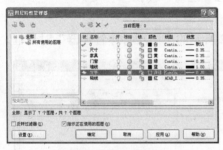

创建并设置建筑图层

使用图层功能管理户型图

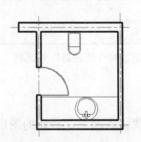

使用图层功能管理卫生间图形

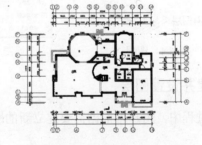

使用图层功能管理建筑平面图

可以使用不同的图层来管理图形对象，以方便对不同对象的编辑操作。本章将详细介绍图层的创建、设置图层特性以及管理图层等，包括设置图层的线型、线宽、颜色，对图层进行打开/关闭、冻结/解冻、锁定/解锁等。

6.1 创 建 图 层

图层用于在图形中组织信息以及执行线型、颜色和其他标准。图层功能是用来管理和控制复杂图形的，用户可以根据需要创建多个图层，并为每个图层设置相应的名称、线型和颜色等参数，以满足绘图的需要。

6.1.1 认识图层

图层就好像是绘图时的图纸，当建立多个图层时，就如同将多个图纸重叠在一起，除了图形对象外，其余部分为透明状态，如图 6-1 所示。

默认情况下，在 AutoCAD 中绘制的图形对象都存放于每个图形文件固有的 0 图层上，用户可通过"图层特性管理器"对话框进行新建和设置图层参数等操作。打开"图层特性管理器"对话框主要有如下 3 种方法：

- ❧ 选择"格式/图层"命令。
- ❧ 单击"图层"工具栏中的"图层特性管理器"按钮 ❧。
- ❧ 在命令行中执行 LAYER 或 LA 命令。

执行以上任意一种操作都将打开如图 6-2 所示的"图层特性管理器"对话框。

墙体
电气
家具

所有图层

图 6-1　图层

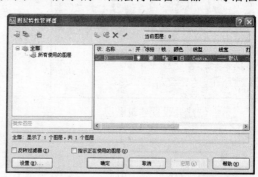

图 6-2　"图层特性管理器"对话框

6.1.2 创建并设置图层

在绘图过程中，用户可根据需要建立新的图层。默认情况下，新建的图层将继承上一图层的特性。

1．新建图层

新建图层的操作非常简单，在"图层特性管理器"对话框中单击"新建图层"按钮 ❧，即可新建一个图层；也可在图层列表中单击鼠标右键，在弹出的快捷菜单中选择"新建图层"命令创建新图层。

【例 6-1】　打开"图层特性管理器"对话框，在该对话框中创建"墙线"图层（立体化教学:\源文件\第 6 章\墙线图层.dwg）。

（1）新建"墙线图层.dwg"图形文件，选择"格式/图层"命令，打开"图层特性管理器"对话框。

（2）单击"新建图层"按钮，创建新图层"图层1"，如图6-3所示。

（3）将"图层1"名称更改为"墙线"，并在任意空白处单击鼠标左键，或按Enter键确定图层名称的更改，如图6-4所示。

（4）单击 确定 按钮，完成图层的创建操作。

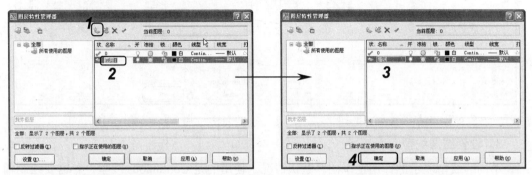

图6-3　创建图层　　　　　　　　　　　　图6-4　更改图层名称

2．设置图层颜色

在绘图过程中，为了区分不同的对象，经常将图层设置为不同的颜色。AutoCAD 2008中提供了7种标准颜色，即红色、黄色、绿色、青色、蓝色、紫色和白色，单击图层的"颜色"图标■白，打开"选择颜色"对话框，即可更改图层颜色。

【例6-2】　打开"图层特性管理器"对话框，将图层的颜色进行更改（立体化教学:\源文件\第6章\图层颜色.dwg）。

（1）打开"图层练习.dwg"图形文件（立体化教学:\实例素材\第6章\图层练习.dwg），选择"格式/图层"命令，打开"图层特性管理器"对话框，如图6-5所示。

（2）单击"家具"图层的"颜色"图标■白，打开"选择颜色"对话框，如图6-6所示。

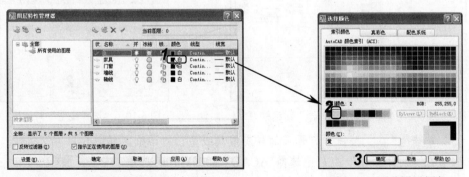

图6-5　"图层特性管理器"对话框　　　　图6-6　更改图层颜色

（3）选择"索引颜色"选项卡，在"索引颜色"选项中选择"黄"选项，指定图层的颜色，单击 确定 按钮，返回"图层特性管理器"对话框，如图6-7所示。

（4）使用相同的方法，将"门窗"、"墙线"、"轴线"图层分别设置为"洋红"、"蓝"和"红"色，如图 6-8 所示。

（5）单击 确定 按钮，完成图层颜色的设置。

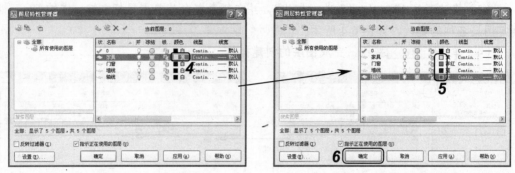

图 6-7 更改"家具"图层颜色   图 6-8 设置其余图层颜色

3．设置图层线型

不同的线型表示的作用也不同。默认情况下使用的是 Continuous 线型，若需要绘制辅助线、不可见图形等，就会用到不同的线型，因此需要对图层线型进行设置。单击图层的"线型"图标 Contin...，打开"选择线型"对话框，在该对话框中可选择图层的线型。

【例 6-3】 将"图层练习.dwg"图形文件中"轴线"图层的线型设置为 ACAD_IS004W100（立体化教学:\源文件\第 6 章\图层线型.dwg）。

（1）打开"图层练习.dwg"图形文件（立体化教学:\实例素材\第 6 章\图层练习.dwg），选择"格式/图层"命令，打开"图层特性管理器"对话框，如图 6-9 所示。

（2）单击"轴线"图层的"线型"图标 Contin...，打开"选择线型"对话框，如图 6-10所示。

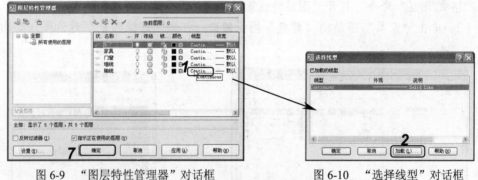

图 6-9 "图层特性管理器"对话框   图 6-10 "选择线型"对话框

（3）单击 加载(L)... 按钮，打开"加载或重载线型"对话框，如图 6-11 所示。

（4）在"可用线型"列表中选择 ACAD_IS004W100 选项，单击 确定 按钮，返回"选择线型"对话框，如图 6-12 所示。

（5）在"已加载的线型"列表框中选择 ACAD_IS004W100 选项，单击 确定 按钮，返回"图层特性管理器"对话框，单击 确定 按钮，完成图层线型的设置操作。

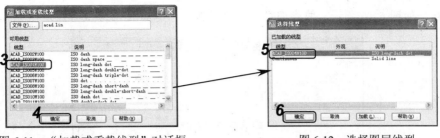

图 6-11　"加载或重载线型"对话框　　　　图 6-12　选择图层线型

4．设置图层线宽

通常在对图层进行颜色和线型设置后，还可对图层的线宽进行设置，如图形的可见轮廓、不可见轮廓线的线宽等。单击图层的"线宽"图标 —— 默认，打开"线宽"对话框，在该对话框中可选择图层的线宽。

【例6-4】　在"图层特性管理器"对话框中，将"墙线"图层的线宽设置为"0.50毫米"（立体化教学:\源文件\第 6 章\图层线宽.dwg）。

（1）打开"图层练习.dwg"图形文件（立体化教学:\实例素材\第 6 章\图层练习.dwg），选择"格式/图层"命令，打开"图层特性管理器"对话框，如图 6-13 所示。

（2）单击"墙线"图层的"线宽"图标 —— 默认，打开"线宽"对话框，如图 6-14 所示。

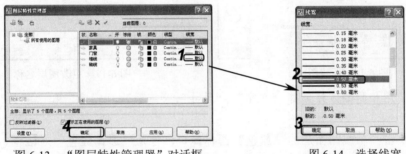

图 6-13　"图层特性管理器"对话框　　　图 6-14　选择线宽

（3）在"线宽"对话框的"线宽"列表框中选择"0.50 毫米"选项，单击 确定 按钮，返回"图层特性管理器"对话框，单击 确定 按钮，完成线宽设置。

提示：

设置了图层线型的线宽后，要显示线宽，需要单击状态栏上的"线宽"按钮 线宽，使其呈凹下状态。

6.1.3　应用举例——创建并设置建筑图层

打开"图层特性管理器"对话框，创建建筑绘图中常用的图层，并对图层的颜色、线型以及线宽等特性进行更改，如图 6-15 所示（立体化教学:\源文件\第 6 章\建筑图层.dwg）。

操作步骤如下：

（1）新建"建筑图层.dwg"图形文件，选择"格式/图层"命令，打开"图层特性管理器"对话框。

（2）在图层列表的空白处单击鼠标右键，在弹出的快捷菜单中选择"新建图层"命令创建图层，如图 6-16 所示，并将图层的名称更改为"轴线"，如图 6-17 所示。

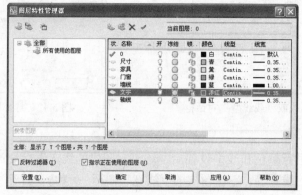

图 6-15　创建建筑图层

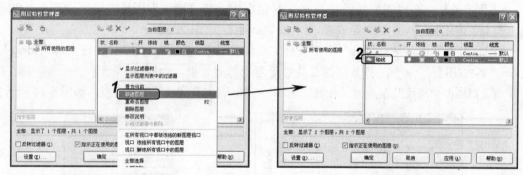

图 6-16　新建图层　　　　　　　　　　　　　　图 6-17　更改图层名称

（3）使用相同的方法创建"文字"、"尺寸"、"墙线"、"门窗"和"家具"图层，如图 6-18 所示。

（4）单击"轴线"图层的"颜色"图标■白，打开"选择颜色"对话框，如图 6-19 所示。

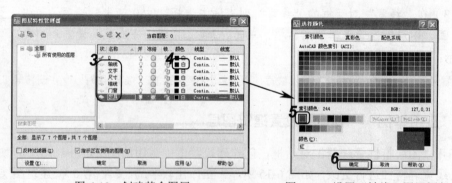

图 6-18　创建其余图层　　　　　　　　　　　图 6-19　设置"轴线"图层颜色

（5）选择"索引颜色"选项卡，在"索引颜色"选项中选择"红"选项，单击 [确定] 按钮，返回"图层特性管理器"对话框，如图 6-20 所示。

（6）使用相同的方法，设置其余图层的颜色，如图 6-21 所示。

图 6-20　设置"轴线"图层颜色　　　　图 6-21　设置其余图层颜色

（7）单击"轴线"图层的"线型"图标 Contin...，打开"选择线型"对话框，如图 6-22 所示。

（8）在"选择线型"对话框中单击 加载(L)... 按钮，打开"加载或重载线型"对话框，如图 6-23 所示。

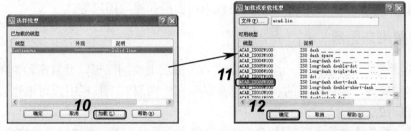

图 6-22　"选择线型"对话框　　　　图 6-23　加载线型

（9）在"加载或重载线型"对话框的"可用线型"列表框中选择 ACAD_IS008W100 选项，单击 确定 按钮，返回"选择线型"对话框，如图 6-24 所示。

（10）在"已加载的线型"列表框中选择 ACAD_IS008W100 选项，单击 确定 按钮，返回"图层特性管理器"对话框，如图 6-25 所示。

图 6-24　选择线型　　　　图 6-25　更改图层线型

（11）单击"墙线"图层的"线宽"图标 —— 默认，打开"线宽"对话框，如图 6-26 所示。

（12）在"线宽"列表框中选择"1.00 毫米"选项，单击 确定 按钮，返回"图层特性管理器"对话框，完成"墙线"图层线宽的设置，如图 6-27 所示。使用相同的方法设置其余图层的线宽为"0.35 毫米"。

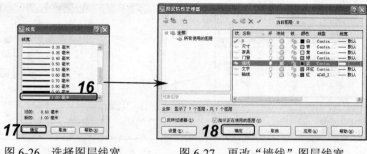

图 6-26　选择图层线宽　　　　　图 6-27　更改"墙线"图层线宽

6.2　图　层　管　理

在"图层特性管理器"对话框中，除了可以新建、重命名和设置图层特性外，用户还可对图层进行管理，如控制图层状态、设置当前图层和删除图层等。

6.2.1　设置当前图层

当前图层就是当前绘图层，用户只能在当前图层上绘制图形，并且所绘制的实体将继承当前图层的属性。当前图层的状态信息都显示在"图层"工具栏中，可通过以下 3 种方法来设置当前图层：

- 在"图层特性管理器"对话框中选择需要设置的图层，单击"置为当前"按钮 ✔，即可将选择的图层设置为当前图层。
- 在"图层"工具栏的"图层控制"下拉列表框中选择需设置为当前图层的图层选项，如图 6-28 所示。

图 6-28　设置当前图层

- 单击"图层"工具栏中的 按钮，然后选择某个实体，则该实体所在图层被设置为当前图层。

6.2.2　控制图层状态

在 AutoCAD 中，系统提供了图层的开/关、冻结/解冻、锁定/解锁等状态，在绘制复杂图形的过程中，控制好各图层的状态，可以提高绘图的质量和效果。

1. 图层开/关状态

在系统默认状态下，图层是开启状态。如果需要将某个图层关闭，就需要控制图层的开/关状态。

图层处于开启状态的图标是 💡，单击该图标则变为 💡 状态，表示图层为关闭状态。

2．图层冻结/解冻状态

在系统默认状态下，图层为解冻状态（图标是 ◯ ）。在该图标上单击，则图标变为 ❅ 状态，表示图层被冻结。图层被冻结后将减少系统的重生时间，该图层并不显示在绘图区中，也不能对其进行编辑。在绘制图形的过程中，将不需要重生图形对象的图层冻结，完成重生后，可将图层解冻，图形效果将恢复原来的状态。

3．图层锁定/解锁状态

在系统默认状态下，图层为解锁状态（图标是 🔓 ）。在该图标上单击，则图标变为 🔒 状态，表示图层被锁定。在参照某些对象绘制图形时，使用图层的锁定功能锁定图层，使该图层上的对象不能编辑但显示在绘图区中，方便编辑其他图层上的对象。

📢 提示：

> 控制图层开/关、冻结/解冻以及锁定/解锁状态时，可以在"图层"工具栏中的"图层控制"下拉列表框 💡◯🔓❄■ 0 ⌄ 控制图层状态。

4．图层可打印性

将图形绘制完成以后，要输出图形但又不需要输出某些图层上的对象时，可单击图层打印图标使其变成 ⊗ 状态，表示该图层上的对象不被打印输出。单击该图标，变为 🖨 状态时，表示可打印该图层对象。

6.2.3　删除多余图层

在实际工作中，有些图层在绘制的过程中是不需要使用的，可以在"图层特性管理器"对话框中删除这些图层。

【例 6-5】　在"图层特性管理器"对话框中，将"图层练习.dwg"图形文件中的"门窗"图层删除（立体化教学:\源文件\第 6 章\删除多余图层.dwg）。

（1）打开"图层练习.dwg"图形文件（立体化教学:\实例素材\第 6 章\图层练习.dwg），选择"格式/图层"命令，打开"图层特性管理器"对话框。

（2）在图层列表中选择"门窗"图层，单击"删除图层"按钮 ✕ ，将"门窗"图层标注删除标记，如图 6-29 所示。

（3）单击 应用(A) 按钮，将"门窗"图层进行删除，如图 6-30 所示，单击 确定 按钮，关闭"图层特性管理器"对话框。

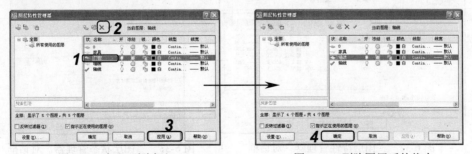

图 6-29　标记删除标记　　　图 6-30　删除图层后的状态

📢提示：

在删除图层时，图层 0、当前图层、依赖外部参照的图层以及包含对象的图层不能被删除。

6.2.4 保存并输出图层设置

如果经常需要绘制较复杂的图形，且在这些图形文件中需要创建的图层及设置又相同或相似时，则可以只在某个图形文件中设置一次，然后将图层设置保存为.las 格式的文件，方便以后在其他图形文件中调用该图层设置。

在"图层特性管理器"对话框中单击"图层状态管理器"按钮 🗀，打开如图 6-31 所示的"图层状态管理器"对话框，在该对话框中可以创建、保存、输入、输出图层状态。

图 6-31　"图层状态管理器"对话框

【**例 6-6**】　将"建筑图层.dwg"图形文件中的图层状态进行输出，图层状态的名称为"建筑绘图"（立体化教学:\源文件\第 6 章\建筑绘图.las）。

（1）打开"建筑图层.dwg"图形文件（立体化教学:\实例素材\第 6 章\建筑图层.dwg），选择"格式/图层"命令，打开"图层特性管理器"对话框，如图 6-32 所示。

（2）单击"图层状态管理器"按钮 🗀，打开"图层状态管理器"对话框，如图 6-33 所示。

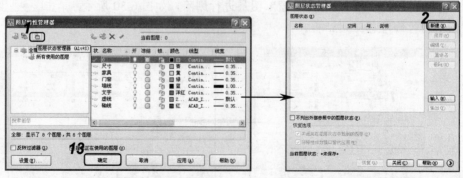

图 6-32　"图层特性管理器"对话框　　　图 6-33　"图层状态管理器"对话框

（3）单击 新建(N)... 按钮，打开"要保存的新图层状态"对话框，如图 6-34 所示。

（4）在"新图层状态名"文本框中输入"建筑绘图"，在"说明"文本框中输入"建筑绘图常用图层"，单击 确定 按钮，返回"图层状态管理器"对话框，如图 6-35 所示。

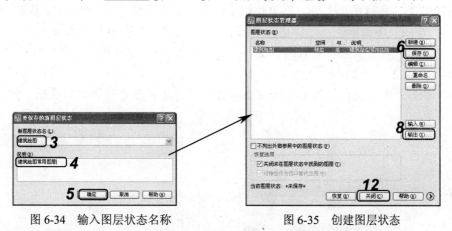

图 6-34 输入图层状态名称　　　　　图 6-35 创建图层状态

（5）单击 保存(V) 按钮，弹出 AutoCAD 信息框，如图 6-36 所示。

（6）单击 是(Y) 按钮，返回"图层状态管理器"对话框，单击 输出(X)... 按钮，打开"输出图层状态"对话框，如图 6-37 所示。

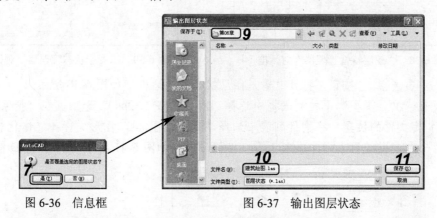

图 6-36 信息框　　　　　图 6-37 输出图层状态

（7）在"保存于"下拉列表框中选择图层状态输出的保存位置，在"文件名"下拉列表框中输入"建筑绘图"，单击 保存(S) 按钮保存图层状态，并返回"图层状态管理器"对话框。

（8）单击 关闭(C) 按钮，返回"图层特性管理器"对话框，单击 确定 按钮，完成图层状态的保存及输出操作。

6.2.5 调用图层设置

将图层设置保存为文件后，当需要在其他图形文件中创建相同的图层时，直接调用该图层设置文件即可。其方法是：在"图层状态管理器"对话框中单击 输入(M)... 按钮，打开"输入图层状态"对话框，选择相应的图层状态文件，单击 打开(O) 按钮，即可调用该图层设置。

技巧：

在"图层"工具栏中单击"图层状态管理器"按钮 ，也可以打开"图层状态管理器"对话框。

【例 6-7】 新建图形文件，将"建筑绘图.las"图层状态文件调用到图形文件中，以进行相关的绘图及编辑操作（立体化教学:\源文件\第 6 章\调用图层设置.dwg）。

（1）新建"调用图层设置.dwg"图形文件，选择"格式/图层"命令，打开"图层特性管理器"对话框，如图 6-38 所示。

（2）单击"图层状态管理器"按钮 ，打开"图层状态管理器"对话框，如图 6-39 所示。

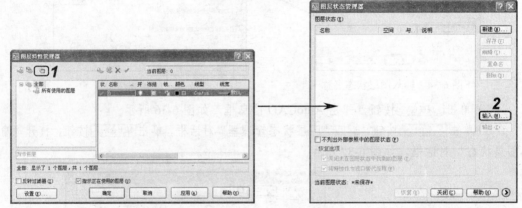

图 6-38　"图层特性管理器"对话框　　　　　图 6-39　"图层状态管理器"对话框

（3）单击 输入(M)... 按钮，打开"输入图层状态"对话框，如图 6-40 所示。

（4）在"文件类型"下拉列表框中选择"图层状态（*.las）"选项，在"搜索"下拉列表框中指定文件的位置，在文件列表中选择"建筑绘图.las"图形文件（立体化教学:\实例素材\第 6 章\建筑绘图.las），单击 打开(O) 按钮，弹出如图 6-41 所示的 AutoCAD 信息框。

图 6-40　"输入图层状态"对话框　　　　　图 6-41　AutoCAD 信息框

（5）单击 确定 按钮，弹出如图 6-42 所示的另一个 AutoCAD 信息框。

（6）单击 是(Y) 按钮，恢复图层的状态，效果如图 6-43 所示，单击 确定 按钮，完成图层设置的调用操作。

图 6-42　AutoCAD 信息框　　　　　　　图 6-43　调用图层设置

6.2.6　应用举例——使用图层特性管理户型图

本例将利用图层特性功能，将如图 6-44 所示的"户型图.dwg"图形文件（立体化教学:\实例素材\第 6 章\户型图.dwg）进行管理，删除"1"、"2"、"3"和"内线"图层，关闭"标注"、"图框"和"填充"图层，效果如图 6-45 所示（立体化教学:\源文件\第 6 章\户型图.dwg）。

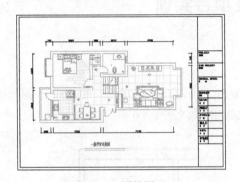

图 6-44　原始图形

图 6-45　关闭多余图层的效果

操作步骤如下：

（1）打开"户型图.dwg"图形文件（立体化教学:\实例素材\第 6 章\户型图.dwg），选择"格式/图层"命令，打开"图层特性管理器"对话框，如图 6-46 所示。

（2）选择图层名称为"1"的图层，单击"删除图层"按钮 ，将选择图层标注删除标记，使用相同的方法，将名称为"2"、"3"和"内线"的图层标注上删除标记，如图 6-47 所示。

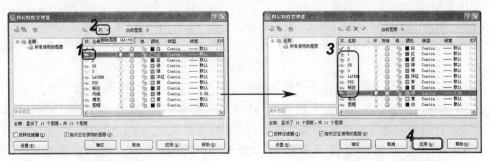

图 6-46　"图层特性管理器"对话框　　　图 6-47　将图层标注删除标记

（3）单击 应用(A) 按钮，将标注删除标记的图层进行删除，如图 6-48 所示。

（4）单击"标注"、"填充"和"图框"图层的开/关按钮 💡，使其变为 💡 状态，关闭这 3 个图层，如图 6-49 所示，单击 确定 按钮，关闭"图层特性管理器"对话框。

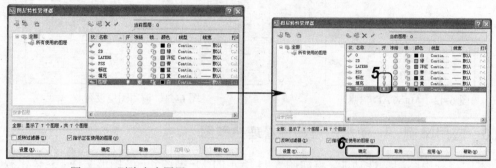

图 6-48 删除多余图层   图 6-49 关闭图层

6.3 上机及项目实训

6.3.1 利用图层管理卫生间图形

本次实训将利用图层状态功能，管理如图 6-50 所示的卫生间图形，包括更改图形线条的颜色、线型等，效果如图 6-51 所示（立体化教学:\源文件\第 6 章\卫生间.dwg）。

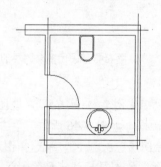
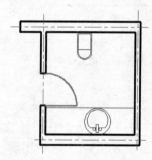

图 6-50 素材文件   图 6-51 更改图形特性

操作步骤如下：

（1）打开"卫生间.dwg"图形文件（立体化教学:\实例素材\第 6 章\卫生间.dwg），选择"格式/图层"命令，在打开的对话框中单击 🔲 按钮，打开"图层状态管理器"对话框，如图 6-52 所示。

（2）单击 输入(M)... 按钮，打开"输入图层状态"对话框，如图 6-53 所示。

（3）加载"户型图层.las"图层状态文件（立体化教学:\实例素材\第 6 章\户型图层.las），并在"图层特性管理器"对话框中将"轴线"图层的线型更改为 CENTER，如图 6-54 所示。

（4）返回绘图区，选择要更改的"轴线"图层的线条，在"图层"工具栏的

🔲🔲🔲🔲 ■ 0 _____ 下拉列表框中选择"轴线"选项，如图 6-55 所示。

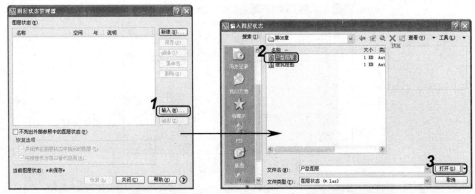

图 6-52　"图层状态管理器"对话框　　　　图 6-53　"输入图层状态"对话框

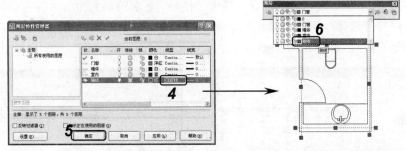

图 6-54　更改图层线型　　　　　　　图 6-55　选择图形对象的图层

（5）完成图形对象图层的更改之后，按 Esc 键取消图形对象的选择，如图 6-56 所示。

（6）使用相同的方法，将门图形的图层更改为"门窗"图层，如图 6-57 所示，并使用相同的方法完成其余图形对象图层的更改。

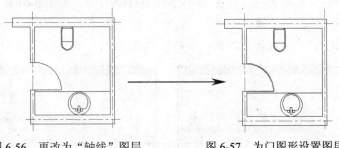

图 6-56　更改为"轴线"图层　　　　　图 6-57　为门图形设置图层

6.3.2　创建并设置图层

利用本章的知识，创建并设置在建筑设计中常使用的图层，并对图层的颜色、线型、线宽等特性进行设置，效果如图 6-58 所示（立体化教学:\源文件\第 6 章\建筑设计常用图层.dwg）。

本练习可结合立体化教学中的视频演示进行学习（立体化教学:\视频演示\第 6 章\创建并设置图层.swf）。主要操作步骤如下：

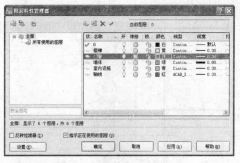

图 6-58　创建并设置图层

（1）新建"建筑设计常用图层.dwg"图形文件，选择"格式/图层"命令，打开"图层特性管理器"对话框，创建如图 6-59 所示的图层。

（2）将创建图层的颜色进行设置，其中"楼梯"图层的颜色为"黄"，"门窗"图层的颜色为"洋红"、"墙体"图层的颜色为"绿"、"室内设施"图层的颜色为"青"、"轴线"图层的颜色为"红"，如图 6-60 所示。

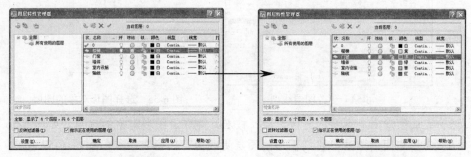

图 6-59　创建图层　　　　　　　　　　图 6-60　设置图层颜色

（3）将"轴线"图层的线型设置为 ACAD_IS004W100，如图 6-61 所示。

（4）将"墙体"图层的线宽设置为"0.90 毫米"，如图 6-62 所示，并将其余图层的线宽设置为"0.30 毫米"，完成图层的创建及特性的设置。

图 6-61　更改图层线型　　　　　　　　图 6-62　设置图层线宽

6.4　练习与提高

（1）创建并设置如图 6-63 所示的图层，并将图层以名为"设计图层.las"的图层状态文件进行保存（立体化教学:\源文件\第 6 章\室内设计图层.dwg、设计图层.las）。

提示：打开"图层特性管理器"对话框，创建图层，并对图层的颜色、线型、线宽进行设置，最后将创建并设置的图层输出名为"设计图层.las"的图层状态文件。本练习可结合立体化教学中的视频演示进行学习（立体化教学:\视频演示\第 6 章\室内设计图层.swf）。

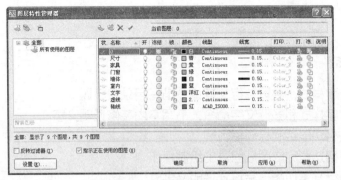

图 6-63　创建并设置图层

（2）打开"建筑平面图.dwg"图形文件（立体化教学:\实例素材\第 6 章\建筑平面图.dwg），将图形对象的图层进行设置，并关闭"轴线"图层，如图 6-64 所示，效果如图 6-65 所示（立体化教学:\源文件\第 6 章\建筑平面图.dwg）。

提示：设置图层特性，如图层的颜色、线型、线宽等，关闭"轴线"图层。本练习可结合立体化教学中的视频演示进行学习（立体化教学:\视频演示\第 6 章\建筑平面图.swf）。

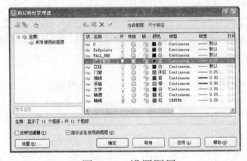

图 6-64　设置图层

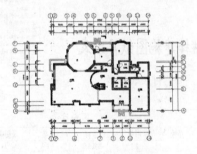

图 6-65　建筑平面图

　总结 AutoCAD 图层管理的方法

本章主要介绍了利用图层管理图形的方法。这里总结以下几点供读者参考和探索：

- 在改变对象线型时，如果在"加载或重载线型"对话框的"可用线型"列表框中没有需要的线型，可以单击 文件(F)... 按钮，在打开的对话框中选择需要的线型。
- 设置图层颜色后，如果绘图区中对象的颜色并未更改，可以在"特性"工具栏的"颜色"下拉列表框中选择 ByLayer 选项，所选对象将按照设定的图层颜色显示。

155

第 7 章　文字和表格的使用

学习目标

- ☑　创建文字样式，并以单行文字命令书写目录表标题
- ☑　使用文字样式和多行文字命令，书写室内装修说明文字
- ☑　使用表格功能绘制标题栏
- ☑　使用表格功能完成图纸目录的绘制操作
- ☑　使用多行文字功能书写设计说明文字

目标任务&项目案例

室内装修

1. 内墙面
a. 除卫生间外的内墙作混合砂浆喷白色涂料见京
JS15-4-N04
b. 卫生间内墙面做白色瓷砖墙面，作法详见京JS15
-5-N11
2. 顶棚
a. 除卫生间外的顶棚作混合砂浆喷白色涂料见京
JS15-12-P04
b. 卫生间顶棚材料由二次装修确定
3. 楼地面
a. 除卫生间外的楼地面作600x600防滑地砖楼面
b. 卫生间楼地面作300x300防滑地砖
4. 踢脚板
a. 除卫生间外的踢脚板作150mm高水泥砂浆面，见
京J312-4-3108
b. 卫生间的踢脚板作150mm高地砖面，见京
J312-19-3188

3#楼建施图纸目录表

书写目录表标题　　　　　　书写室内装修说明文字　　　　　　绘制标题栏

图纸目录						
序号	图号	名称	页数	底图规格	备注	
1	J-1	图纸目录	1	A4		
2	J-2	建筑设计说明	1	A2		
3	J-3	总平面图	1	A1		
4	J-4	门窗表	1	A2		
5	J-5	负一层平面图	1	A1		
6	J-6	一层平面图	1	A1		
7	J-7	二层平面图	11	A1		
8	J-8	三层平面图	1	A1		
9	J-9	四层平面图	1	A1		
10	J-10	五至十层平面图	1	A1		
11	J-11	十一层平面图	1	A1		
12	J-12	屋顶平面图	1	A1		

设计说明

一、本工程为三层砖混结构，总高10.45，按六度抗震设防设计；建筑抗震类别；丙类，建筑安
全等级；二级
二、±0.000相对于绝对标高详地质图。
三、材料：
1. 砖：采用Mu10页岩砖。
2. 砂浆：±0.000以下采用M7.5水泥砂浆；其他采用M5.0混合砂浆。
3. 隔墙及阳台栏板均采用轻质隔墙墙（容重不大于7.00N/m），M5混合砂浆砌筑，7.00N/m。
4. 混凝土：所有挑梁及与之一起的现浇板套混凝土构件均采用C30；其他钢筋混凝土构件采
用C20；构造柱及圈梁用C20。
5. 钢筋：φ—Ⅰ级；φ—Ⅱ级，钢筋保护层厚：梁25mm，构造柱：20mm，板：15mm。

绘制图纸目录表　　　　　　　　　　　　书写设计说明文字

　　在 AutoCAD 中，使用文字及表格功能对图形进行说明时，应先设置文字样式，再对图
形进行文字说明。本章将详细介绍文字、表格样式的设置，单行文字、多行文字的输入以
及表格的绘制等。

7.1　输入及编辑文字

文字说明在建筑设计中也是不可或缺的一部分。详细的文字说明能够更加清晰地表现出建筑图形所要表达的信息。

7.1.1　文字样式

在绘制建筑图形的过程中，通常使用少量的文字增加一些注释性的说明，包括标题栏、明细栏和技术要求等内容。设置文字样式，就是对文字的相关样式进行设置，如文字的字体、文字高度、宽度比例、倾斜角度等。

1．创建文字样式

在创建标注文字之前，首先应设置文字样式，所有文字的外观样式都是由文字样式控制的，例如文字字体、字号及其他特效等。

创建文字样式命令的调用方法有以下 3 种：

- ❧　选择"格式/文字样式"命令。
- ❧　单击"样式"工具栏中的"文字样式"按钮 。
- ❧　在命令行中输入 STYLE 或 ST 命令。

执行 STYLE 命令后，打开如图 7-1 所示的"文字样式"对话框，在该对话框中即可对文字样式的各个参数进行设定。

图 7-1　"文字样式"对话框

在"文字样式"对话框中，各参数的含义分别如下。

- ❧　**当前文字样式**：在该选项后列出了当前正在使用的文字样式。
- ❧　**样式**：该列表框中显示了当前图形文件中的所有文字样式，包括所有的文字样式名，并默认选中当前文字样式。
- ❧　**样式列表过滤器**：该下拉列表框用于指定样式列表中是显示所有样式还是显示正在使用的所有文字样式。
- ❧　**预览**：该窗口的显示随着字体的改变和效果的修改而动态更改样例文字的预览。
- ❧　**字体名**：该下拉列表框中列出了 AutoCAD 2008 所有的字体。其中带有双"T"标志的字体是 TrueType 字体，其他字体是 AutoCAD 自带的字体。

➡ **字体样式**：在该下拉列表框中可以选择字体的样式，一般都选择"常规"选项。

➡ **□使用大字体(U)**：当在"字体名"下拉列表框中选择后缀名为".shx"的字体时，该复选框将被激活，选中该复选框后，"字体样式"下拉列表框将变为"大字体"下拉列表框，可在该下拉列表框中选择大字体样式。

➡ **高度**：在该文本框中可以输入字体的高度。如果用户在该文本框内指定了文字的高度，则使用 Text（单行文字）命令时，系统将不提示"指定高度"选项。

➡ **□颠倒(E)**：选中该复选框，可以将文字进行上下颠倒显示，该选项只影响单行文字。

➡ **□反向(K)**：选中该复选框，可以将文字进行首尾反向显示，该选项只影响单行文字。

➡ **□垂直(V)**：选中该复选框，可以将文字沿竖直方向显示，该选项只影响单行文字。

➡ **宽度因子**：用于设置字符间距。小于 1 则紧缩文字，大于 1 则加宽文字。

➡ **倾斜角度**：该选项用于指定文字的倾斜角度。其中角度值为正时，向右倾斜；角度值为负时，向左倾斜。

➡ **置为当前(C)**：选择"样式"列表框中的文字选项后，单击该按钮，即可将选择的文字样式设置为当前文字样式。

➡ **新建(N)...**：单击该按钮，可以打开"新建文字样式"对话框，在"样式名"文本框中输入新样式名，即可创建新的文字样式。

➡ **删除(D)**：选择"样式"列表中的文字选项后，单击该按钮，即可将选择的文字样式删除。

提示：

> 删除文字样式时，系统默认的 Standard 文字样式不能被删除，被设置为当前的文字样式和图形文件中使用的文字样式也不能被删除。

【例 7-1】 执行文字样式命令，创建名称为"施工文字"的文字样式（立体化教学:\源文件\第 7 章\施工文字.dwg）。

（1）新建"施工文字.dwg"图形文件，选择"格式/文字样式"命令，打开"文字样式"对话框，单击 **新建(N)...** 按钮，打开"新建文字样式"对话框，如图 7-2 所示。

（2）在"样式名"文本框中输入"施工文字"，单击 **确定** 按钮返回"文字样式"对话框。

（3）取消选中 **□使用大字体(U)** 复选框，在"字体名"下拉列表框中选择"仿宋_GB2312"选项，在"大小"栏的"高度"文本框中输入"2.5"，指定文字高度，在"效果"栏的"宽度因子"文本框中输入"0.7"，指定文字宽度，单击 **应用(A)** 按钮，完成文字样式的设置，单击 **关闭(C)** 按钮，关闭"文字样式"对话框，如图 7-3 所示。

2．设置当前文字样式

要应用新建的文字样式，首先应将其置为当前文字样式。在 AutoCAD 中有如下 3 种设置当前文字样式的方法：

➡ 在"样式"工具栏的"文字样式控制"下拉列表框中选择要置为当前文字的样式。

➡ 选择"格式/文字样式"命令，打开"文字样式"对话框，在"样式"列表框中选择要置为当前的文字样式，单击 置为当前(C) 按钮。

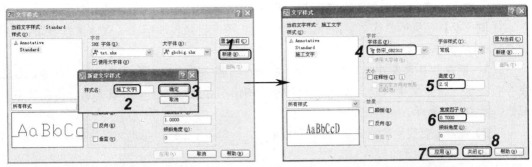

图 7-2 新建文字样式　　　　　　　　　　图 7-3 设置文字样式

➥ 打开"文字样式"对话框，在"样式"列表框中要置为当前的文字样式上单击鼠标右键，在弹出的快捷菜单中选择"置为当前"命令。

7.1.2 创建单行文字

如要输入的文字说明内容较少，可以用单行文字命令进行输入。在输入过程中，还可对单行文字的对齐方向、高度和旋转角度等参数进行设置。创建单行文字命令的调用方法有如下 3 种：

➥ 选择"绘图/文字/单行文字"命令。

➥ 单击"文字"工具栏中的"单行文字"按钮 A。

➥ 在命令行中输入 TEXT 或 DTEXT 命令。

在执行单行文字命令的过程中，命令行提示中各选项含义如下。

➥ **对齐**：指定输入文本基线的起点和终点，使输入的文本在起点和终点之间重新按比例设置文本的字高并均匀放置在两点之间。

➥ **调整**：指定输入文本基线的起点和终点，文本高度保持不变，使输入的文本在起点和终点之间均匀排列。

➥ **中心**：指定一个坐标点，确定文本的高度和文本的旋转角度，把输入的文本中心放在指定的坐标点。

➥ **中间**：指定一个坐标点，确定文本的高度和文本的旋转角度，把输入的文本中心和高度中心放在指定坐标点。

➥ **右**：将文本右对齐，起始点在文本的右侧。

➥ **左上**：指定标注文本左上角点。

➥ **中上**：指定标注文本顶端中心点。

➥ **右上**：指定标注文本右上角点。

➥ **左中**：指定标注文本左端中心点。

➥ **正中**：指定标注文本中央的中心点。

➥ **右中**：指定标注文本右端中心点。

➥ **左下**：指定标注文本左下角点，确定与水平方向的夹角为文本的旋转角，则过该点的直线就是标注文本中最低字符的基线。

↳ **中下**：指定标注文本底端的中心点。

↳ **右下**：指定标注文本右下角点。

【例 7-2】 执行单行文字命令，创建某施工图纸目录表的标题（立体化教学:\源文件\第 7 章\目录表.dwg）。

（1）新建"目录表.dwg"图形文件，在命令行输入 TEXT，执行单行文字命令，根据命令行提示"指定文字的起点或 [对正(J)/样式(S)]:"后从绘图区中拾取一点，指定文字的起点，如图 7-4 所示。

（2）在命令行提示"指定高度 <10.0000>:"后输入"2.5"，指定文字的高度，如图 7-5 所示。

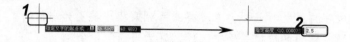

图 7-4　指定文字起点　　　　　　　　图 7-5　输入文字高度

（3）在命令行提示"指定文字的旋转角度 <0>:"后按 Enter 键，指定文字的旋转角度为 0，如图 7-6 所示。

（4）在文本编辑框中输入"3#楼建施图纸目录表"，并按 Enter 键换行，再次按 Enter 键结束单行文字命令，如图 7-7 所示。

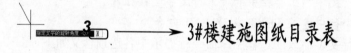

图 7-6　输入文字角度　　　　　　　　图 7-7　输入文字内容

◀》提示：

> 在输入单行文字时，若已经指定了文字高度，在执行命令的过程中就不会出现指定文字高度的提示。如果在执行一次单行文字命令的过程中创建了多行单行文字，则每一行文字都是单独的图形对象，编辑该行文字不会影响到其他行。

7.1.3　创建多行文字

使用多行文字命令输入的文字内容，不管有多少个段落，AutoCAD 2008 都将其视为一个整体进行编辑修改。执行多行文字命令主要有如下 3 种方式：

↳ 选择"绘图/文字/多行文字"命令。

↳ 在"文字"工具栏中单击"多行文字"按钮 A。

↳ 在命令行中输入 MTEXT 或 MT/T 命令。

使用多行文字命令创建多行文本时，可在创建过程中直接修改任何一个文字的大小和字体等参数。

执行多行文字命令的过程中，命令行提示中各选项含义分别如下。

↳ **高度**：可以指定需要创建的多行文字的高度。

- **对正**：可以指定多行文字的对齐方式，与创建单行文字时的"对正"选项功能相同。
- **行距**：当创建两行以上的多行文字时，可以设置多行文字的行间距。
- **旋转**：可以设置多行文字的旋转角度。
- **样式**：可以指定多行文字要采用的文字样式。
- **宽度**：可以设置多行文字所能显示的单行文字宽度。

【例 7-3】　执行多行文字命令，对图形进行文字说明（立体化教学:\源文件\第 7 章\多行文字.dwg）。

（1）新建"多行文字.dwg"图形文件，在命令行输入 T，执行多行文字命令，在命令行提示后指定多行文字的第一个角点和对角点，如图 7-8 所示。

（2）打开多行文字编辑框和"文字格式"工具栏，如图 7-9 所示。

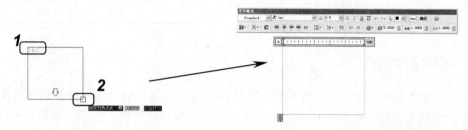

图 7-8　指定多行文字位置　　　　图 7-9　打开多行文字编辑框

（3）在"字体"下拉列表框中选择"仿宋_GB2312"选项，在"文字高度"下拉列表框中输入"5.5"，指定文字的高度，在文本编辑框中输入多行文字的内容，如图 7-10 所示。

（4）完成文字的输入后，单击 确定 按钮，完成多行文字的输入，如图 7-11 所示。

图 7-10　输入文字内容　　　　　　图 7-11　多行文字

📢提示：

输入文字之前，应指定文字边框的起点及对角点，文字边框用于定义多行文字对象中段落的宽度，多行文字对象的长度取决于文字量，而不是边框的长度。

7.1.4　输入特殊符号

使用文字对图形进行说明时，除了使用汉字和字母外，有时还要输入一些特殊符号，如直径符号∅、正负符号±等，使用多行文字命令输入文字信息时，在"文字格式"工具栏的"插入"栏中单击"符号"按钮 @，在弹出的菜单中选择相应的选项，即可插入特殊符号。

执行单行文字命令输入文字信息时，不能直接输入这些特殊符号，AutoCAD 2008 提供了特定的插入方法来完成，如表 7-1 所示。

表7-1 常用特殊符号的输入及含义

代 码 输 入	字 符	说 明
%%%	%	百分比符号
%%c	Ø	直径符号
%%o	‾	上划线
%%u	＿	下划线
%%d	°	度
%%P	±	绘制正/负公差符号

7.1.5 编辑文字内容

如果原来的文本不符合图纸的要求，往往需要在原有的基础上进行修改。使用修改文本命令 DDEDIT 可以编辑单行和多行文字说明，包括增加或替换字符等。该命令有如下 3 种调用方法：

- ➽ 选择"修改/对象/文字/编辑"命令。
- ➽ 单击"文字"工具栏中的"编辑"按钮 A/。
- ➽ 在命令行中执行 DDEDIT 或 ED 命令。

执行 DDEDIT 命令后，命令行提示"选择注释对象或 [放弃(U)]:"，选择需要编辑的单行文字或多行文字，文字将呈编辑状态，此时即可对文字内容进行编辑操作。

7.1.6 应用举例——创建室内装修说明文字

利用本节所学知识，创建"装修设计"文字样式，并利用多行文字命令，绘制室内装修文字说明，如图 7-12 所示（立体化教学:\源文件\第 7 章\室内装修.dwg）。

室内装修
1.内墙面
a.除卫生间外的内墙作混合砂浆喷白色涂料见京
　JS15-4-N04
b.卫生间内墙面做白色瓷砖墙面，作法详见京JS15
　-5-N11
2.顶棚
a.除卫生间外的顶棚作混合砂浆喷白色涂料见京
　JS15 -12 -P04
b.卫生间顶棚材料由二次装修确定
3.楼地面
a.除卫生间外的楼地面作600x600防滑地砖楼面
b.卫生间楼地面作300x300防滑地砖
4.踢脚板
a.除卫生间外的踢脚板作150mm高水泥砂浆面，见
　京J312-4-31 08
b.卫生间的踢脚板作150mm高地砖面，见京
　J312-19-31 88

图 7-12 室内装修说明

操作步骤如下：

（1）新建"室内装修.dwg"图形文件，选择"格式/文字样式"命令，打开"文字样式"对话框，如图 7-13 所示。

（2）单击 新建(N)... 按钮，打开"新建文字样式"对话框，在"样式名"文本框中输入"装修设计"，单击 确定 按钮，如图 7-14 所示。

图 7-13　"文字样式"对话框　　　　　　图 7-14　新建文字样式

（3）返回"文字样式"对话框，取消选中 □使用大字体(U) 复选框，在"字体"栏的"字体名"下拉列表框中选择"仿宋_GB2312"选项，在"大小"栏的"高度"文本框中输入"250"，在"效果"栏的"宽度因子"文本框中输入"0.7"，单击 应用(A) 按钮，如图 7-15 所示。

（4）完成"装修设计"文字样式的设置，单击 关闭(C) 按钮关闭"文字样式"对话框。

（5）在命令行输入 T，执行多行文字命令，在绘图区中指定多行文字的第一个角点和对角点，如图 7-16 所示。

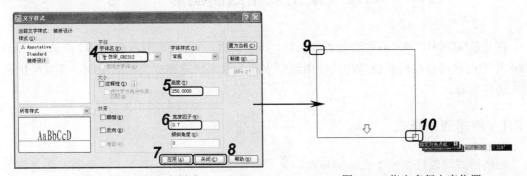

图 7-15　设置文字样式　　　　　　　　图 7-16　指定多行文字位置

（6）在多行文字编辑框中输入室内装修的说明文字，选择"室内装修"内容，并单击"文字格式"工具栏中的 按钮，如图 7-17 所示，将"室内装修"文字内容居中显示。

（7）选择所有的文字内容，单击"文字格式"工具栏中的"段落"按钮 ，如图 7-18 所示。

（8）打开"段落"对话框，在"左缩进"栏的"悬挂"文本框中输入"400"，指定文字的悬挂缩进值，如图 7-19 所示。

（9）单击 确定 按钮，返回多行文字编辑框和"文字格式"工具栏，如图 7-20 所示，单击 确定 按钮，完成室内装修文字的设置。

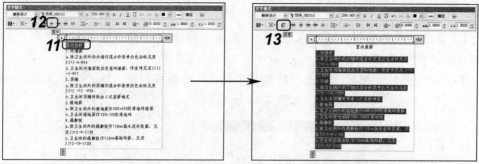

图 7-17 将标题进行居中显示　　　　　　　图 7-18 设置内容格式

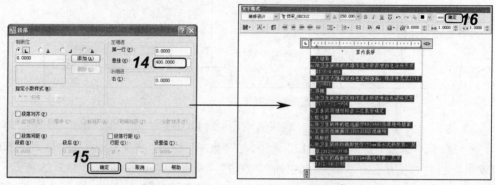

图 7-19 设置段落格式　　　　　　　　　图 7-20 设置文字段落

7.2 使用表格绘制图形

在建筑制图中，常常需要绘制各类表格，如绘制材料表、图纸目录表格等。在 AutoCAD 2008 中，用户可直接根据表格样式使用绘制表格命令来快速完成表格的绘制，并且可快速输入表格内容。

7.2.1 创建表格样式

表格样式可以控制一个表格的外观。为了使绘制的表格满足需要，在绘制表格之前，通常应先设置表格样式，再根据该样式来绘制表格。执行表格样式命令主要有以下 3 种方式：

- 选择"格式/表格样式"命令。
- 在"样式"工具栏中单击"表格样式"按钮。
- 在命令行中输入 TABLESTYLE 或 TS 命令。

执行表格样式命令后，将打开"表格样式"对话框，在该对话框中可以新建表格样式，或对现有的表格样式进行修改。

【例 7-4】 执行表格样式命令，创建名称为"图纸清单"的表格样式（立体化教学:\源文件\第 7 章\图纸清单.dwg）。

（1）新建"目录表.dwg"图形文件，选择"格式/表格样式"命令，打开"表格样式"对话框，如图 7-21 所示。

（2）单击 新建(N)... 按钮，打开"创建新的表格样式"对话框，如图 7-22 所示。

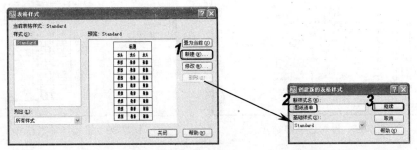

图 7-21　"表格样式"对话框　　　　　图 7-22　新建表格样式

（3）在"新样式名"文本框中输入"图纸清单"，单击 继续 按钮，打开"新建表格样式：图纸清单"对话框。

（4）选择"基本"选项卡，在"基本"栏的"表格方向"下拉列表中选择表格的方向，即向下或向上创建表格，在"特性"栏中设置表格的填充颜色、对齐方式、格式和类型等，如图 7-23 所示。

（5）选择"文字"选项卡，在"特性"栏的"文字高度"文本框中输入"4.5"，指定文字的高度，其余选项设置如图 7-24 所示。

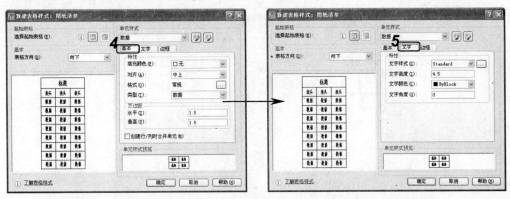

图 7-23　设置基本参数　　　　　　　图 7-24　设置文字特性

（6）选择"边框"选项卡，在"特性"栏中设置表格的边框样式，如图 7-25 所示。

（7）单击 确定 按钮，返回"表格样式"对话框，如图 7-26 所示。

（8）在"样式"列表框中选择"图纸清单"选项，单击 置为当前(U) 按钮，将"图纸清单"表格样式设置为当前表格样式，单击 关闭 按钮，关闭"表格样式"对话框。

📢提示：

> 在"新建表格样式"对话框的"单元样式"下拉列表框中可以选择"标题"、"表头"和"数据"选项，分别对"标题"、"表头"和"数据"单元格的样式进行设置，如字体、文字高度等。

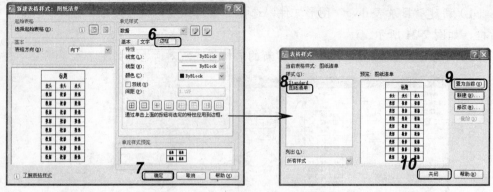

| 图 7-25　设置边框参数 | 图 7-26　设置当前表格样式 |

7.2.2　绘制表格

在设置了表格样式后，可根据设置的表格样式来创建表格，并在表格中输入相应的文字信息。执行表格命令，主要有以下 3 种方式：

- 选择"绘图/表格"命令。
- 在"绘图"工具栏中单击"表格"按钮▦。
- 在命令行中输入 TABLE 命令。

执行表格命令后将打开如图 7-27 所示的"插入表格"对话框，在其中设置表格的行数、列数、插入方式及单元格样式后，单击 **确定** 按钮，在绘图区中指定插入点即可绘制表格。

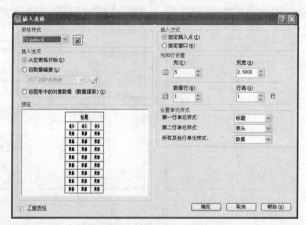

图 7-27　"插入表格"对话框

"插入表格"对话框中各选项含义如下。

- **表格样式**：在该下拉列表框中可以选择表格样式。单击下拉列表框旁边的"启动'表格样式'对话框"按钮▨，可以创建新的表格样式。
- ◉**从空表格开始(S)**：选中该单选按钮将创建可以手动填充数据的空表格。
- ◯**自数据链接(L)**：选中该单选按钮将利用外部电子表格中的数据来创建表格。
- **预览**：该窗口用于显示当前表格样式的样例。
- ◉**指定插入点(I)**：该选项用于指定表格的插入方式为在绘图区中指定表格的起点，默认情况是指定表格左上角的位置。如果表格样式将表格的方向设置为由下而上读取，则插入点位于表格的左下角。

- ⊙指定窗口(W)：选中该单选按钮，将利用在绘图区指定第一点和第二点的方式来指定表格的起始位置及大小，而且在选中该单选按钮后，列数、列宽、行数和行高取决于窗口的大小以及列和行的设置。
- 列：该数值框用于设置要插入的表格列数。
- 列宽：该数值框用于设置表格每一列的宽度。
- 数据行：该数值框用于设置插入表格时全部的数据行。
- 行高：该数值框用于设置表格每一行的高度。
- 第一行单元样式：该下拉列表框用于设置表格中第一行的单元样式。默认情况下使用标题单元样式，也可以根据情况将其更改为使用表头或数据单元样式。
- 第二行单元样式：该下拉列表框用于设置表格中第二行的单元样式。默认情况下使用表头单元样式，也可根据情况将其更改为数据单元样式。
- 所有其他行单元样式：该下拉列表框用于设置表格中所有其他行的单元样式。默认情况下使用数据单元样式。

【例 7-5】　执行插入表格命令，绘制"结施图纸目录表.dwg"图形文件，并在目录表中书写文字内容（立体化教学:\源文件\第 7 章\结施图纸目录表.dwg）。

（1）新建"结施图纸目录表.dwg"图形文件，选择"绘图/表格"命令，打开"插入表格"对话框，如图 7-28 所示。

（2）单击"表格样式"栏中的█按钮，打开"表格样式"对话框，如图 7-29 所示。

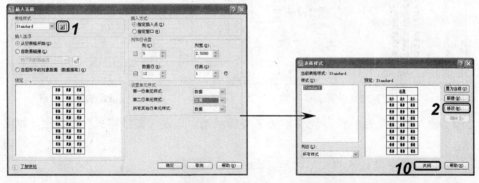

图 7-28　"插入表格"对话框　　　　图 7-29　"表格样式"对话框

（3）单击 修改(M)... 按钮，打开"修改表格样式：Standard"对话框，选择"文字"选项卡，如图 7-30 所示。

（4）单击"特性"栏中"文字样式"下拉列表框后的█按钮，打开"文字样式"对话框。

（5）取消选中□使用大字体(U)复选框，在"字体名"下拉列表框中选择"宋体"选项，在"大小"栏的"高度"文本框中输入"0.18"，指定文字高度，在"效果"栏的"宽度因子"文本框中输入"0.7"，如图 7-31 所示。

（6）单击 应用(A) 按钮，设置文字样式，单击 关闭(C) 按钮，关闭"文字样式"对话框，返回"修改表格样式：Standard"对话框。

图 7-30　修改表格样式　　　　　　　　　　图 7-31　设置文字样式

（7）单击 确定 按钮，返回"表格样式"对话框，单击 关闭 按钮，返回"插入表格"对话框，如图 7-32 所示。

（8）在"插入方式"栏中选中 ⊙指定插入点(I) 单选按钮，在"列和行设置"栏的"列"数值框中输入"5"，在"数据行"数值框中输入"12"，在"设置单元样式"栏中全部都选择为"数据"选项，单击 确定 按钮，返回绘图区。

（9）在命令行提示"指定插入点:"后在绘图区拾取一点，指定表格的插入点，如图 7-33 所示。

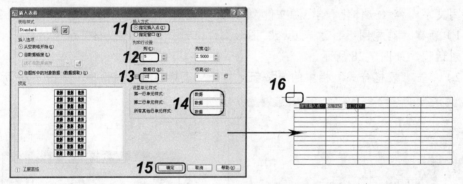

图 7-32　设置表格参数　　　　　　　　　图 7-33　指定表格插入点

（10）插入表格之后，将出现表格文字编辑状态，以及"文字格式"工具栏，如图 7-34 所示。

（11）在表格中输入表格文字内容，如图 7-35 所示。

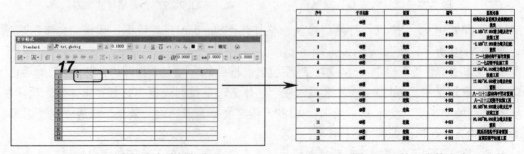

图 7-34　表格文字编辑状态　　　　　　　　图 7-35　输入表格文字

（12）选择表格，出现蓝色夹点，将鼠标移动到第二个夹点上，单击鼠标左键，该夹点呈红色，向左移动鼠标，在适合的位置再次单击鼠标左键，移动夹点，如图 7-36 所示。

（13）使用相同的方法，将表格的大小进行调整，效果如图 7-37 所示。

图 7-36　移动夹点　　　　　　　　　　　　　　　　图 7-37　调整表格

7.2.3　编辑表格

绘制表格后，还可以对其进行编辑，如在表格中插入行、列，或将相邻的单元格进行合并等。

编辑表格的操作主要在"表格"工具栏中进行。插入表格后，选择表格中的任意单元格，可打开如图 7-38 所示的"表格"工具栏，单击相应的按钮可进行表格的编辑。

图 7-38　"表格"工具栏

"表格"工具栏中各选项的作用如下。

- **编辑行**：单击 按钮，将在当前单元格上方插入一行单元格；单击 按钮，将在当前单元格下方插入一行单元格；单击 按钮，将删除当前单元格所在的行。

- **编辑列**：单击 按钮，将在当前单元格左侧插入一列单元格；单击 按钮，将在当前单元格右侧插入一列单元格；单击 按钮，将删除当前单元格所在的列。

- **合并与取消合并**：当选择了多个连续的单元格时，单击 按钮，在弹出的下拉菜单中选择相应的合并方式可以对选择的单元格进行合并；选择合并后的单元格，单击 按钮可取消单元格的合并状态。

- **"单元边框"按钮** ：该选项用于设置单元格的边框效果。单击该按钮，在打开的"单元边框特性"对话框中可以设置单元格边框的线宽和颜色等。

- **"对齐"按钮** ：单击该按钮右侧的 按钮，在弹出的下拉菜单中可以修改所选单元格的对齐方式，默认为正中对齐方式。

- **"锁定"按钮** ：单击该按钮，在弹出的下拉菜单中可以对所选单元格进行格式或内容的锁定以及解锁等。

- **"数据格式"按钮** ：单击该按钮，在打开的"表格单元格式"对话框中可设置所选单元格中数据的类型及格式，也可以单击该按钮右侧的 按钮，在弹出的下拉菜单中选择所需数据的类型，但无法对单元格的格式进行设置。

➡ **"插入块"按钮** ：单击该按钮，将打开"在表格单元格中插入块"对话框，可以在表格的单元格中插入图块。

➡ **"插入字段"按钮** ：单击该按钮，将打开"字段"对话框，可以插入 AutoCAD 2008 中设置的一些短语。

➡ **"公式"按钮** fx ：单击该按钮，在弹出的下拉菜单中可以选择一种运算方式对所选单元格中的数据进行运算。

➡ **"匹配单元"按钮** ：单击该按钮，可以将当前选择的单元格格式复制到其他单元格，与"特性匹配"功能的作用相同。

➡ **"单元样式"下拉列表框**：用于为所选单元格应用一种单元样式，如数据、标题或表头等。

【例 7-6】 使用表格编辑功能，将"标题栏.dwg"图形文件中的表格进行编辑处理，并在表格中添加文字说明内容，如图 7-39 所示（立体化教学:\源文件\第 7 章\标题栏.dwg）。

（1）打开"标题栏.dwg"图形文件（立体化教学:\实例素材\第 7 章\标题栏.dwg），如图 7-40 所示。

图 7-39　处理表格效果	图 7-40　原始表格

（2）选择 1 行 A 列至 2 行 C 列的单元格，单击"表格"工具栏中的"合并单元"按钮 ，在弹出的下拉菜单中选择"全部"选项，如图 7-41 所示。

图 7-41　合并单元格

（3）选择 4 行 D 列至 5 行 F 列的单元格，单击"表格"工具栏中的"合并单元"按钮 ，在弹出的下拉菜单中选择"全部"选项，如图 7-42 所示。

图 7-42　合并单元格

（4）在表格中输入文字，完成标题栏的绘制。

7.2.4 应用举例——绘制建筑图纸目录

本例将利用表格及文字样式功能，绘制建筑绘图中的常见图纸目录表格，如图 7-43 所示。绘制该表格时，首先使用表格样式命令创建并设置表格的样式，以及对表格文字的文字样式进行设置，再使用表格功能插入表格，并在表格中输入表格文字等（立体化教学:\源文件\第 7 章\建筑图纸目录.dwg）。

图纸目录					
序号	图号	名称	页数	底图规格	备注
1	J-1	图纸目录	1	A4	
2	J-2	建筑设计说明	1	A2	
3	J-3	总平面图	1	A1	
4	J-4	门窗表	1	A2	
5	J-5	负一层平面图	1	A1	
6	J-6	一层平面图	1	A1	
7	J-7	二层平面图	11	A1	
8	J-8	三层平面图	1	A1	
9	J-9	四层平面图	1	A1	
10	J-10	五至十层平面图	1	A1	
11	J-11	十一层平面图	1	A1	
12	J-12	屋顶平面图	1	A1	

图 7-43　建筑图纸目录

操作步骤如下：

（1）新建"建筑图纸目录.dwg"图形文件，选择"格式/表格样式"命令，打开"表格样式"对话框，如图 7-44 所示。

（2）单击 新建(N)... 按钮，打开"创建新的表格样式"对话框，如图 7-45 所示。

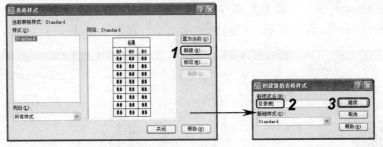

图 7-44　"表格样式"对话框　　　图 7-45　创建新的表格样式

（3）在"新样式名"文本框中输入"目录表"，单击 继续 按钮，打开"新建表格样式：目录表"对话框，在"单元样式"下拉列表框中选择"标题"选项，选择"基本"选项卡，在"特性"栏中选中 ☑创建行/列时合并单元(M) 复选框，如图 7-46 所示。

（4）选择"文字"选项卡，如图 7-47 所示。

（5）单击"特性"栏中"文字样式"下拉列表框后的 ... 按钮，打开"文字样式"对话框，取消选中 □使用大字体(U) 复选框，在"字体名"下拉列表框中选择"仿宋_GB2312"选项，在"效果"栏的"宽度因子"文本框中输入"0.7"，如图 7-48 所示。

（6）单击 应用(A) 按钮，然后单击 关闭(C) 按钮，返回"新建表格样式：目录表"对话框，在"特性"栏的"文字高度"文本框中输入"0.35"，指定标题的文字高度，如图 7-49 所示。

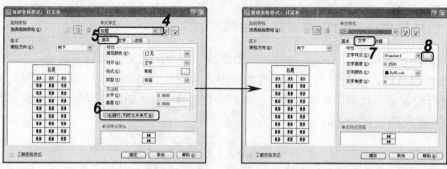

图 7-46　创建表格时合并标题栏　　　　　　　图 7-47　设置文字参数

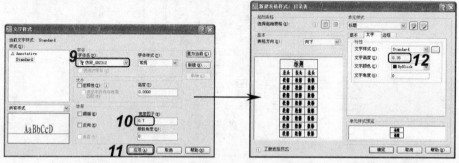

图 7-48　设置文字样式　　　　　　　图 7-49　设置标题的文字高度

（7）在"单元样式"下拉列表框中选择"表头"选项，在"特性"栏的"文字高度"文本框中输入"0.25"，指定表头的文字高度，如图 7-50 所示。

（8）在"单元样式"下拉列表框中选择"数据"选项，在"特性"栏的"文字高度"文本框中输入"0.18"，指定数据单元格的文字高度，如图 7-51 所示。

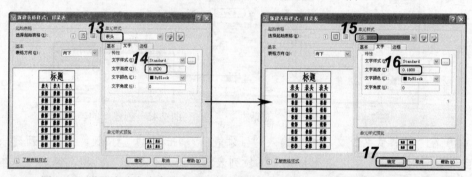

图 7-50　设置表头文字高度　　　　　　　图 7-51　设置数据单元格的文字高度

（9）完成设置后，单击　确定　按钮，返回"表格样式"对话框，在"样式"列表框中选择"目录表"表格样式，单击 置为当前(U) 按钮，将"目录表"表格样式设置为当前表格样式，单击　关闭　按钮，关闭"表格样式"对话框，如图 7-52 所示。

（10）选择"绘图/表格"命令，打开"插入表格"对话框，在"插入方式"栏中选中 ⊙指定插入点(I) 单选按钮，在"列和行设置"栏的"列"文本框中输入"6"，在"数据行"文本框中输入"12"，如图 7-53 所示。

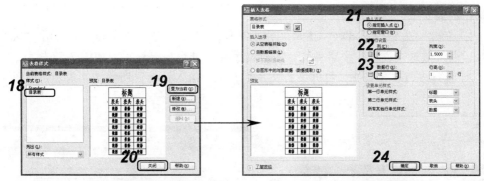

图 7-52　设置当前表格样式　　　　　　　　图 7-53　设置表格参数

（11）单击 确定 按钮，返回绘图区，在命令行提示"指定插入点:"后，在绘图区中拾取一点，指定表格的插入位置，如图 7-54 所示。

（12）在表格的标题单元格中输入图纸目录的标题"图纸目录"，如图 7-55 所示，然后在其他单元格中单击并输入相关的文字，完成建筑图纸目录的绘制。

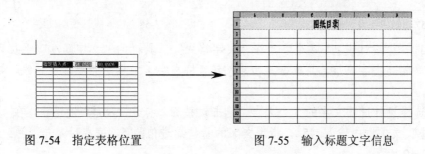

图 7-54　指定表格位置　　　　　　　　图 7-55　输入标题文字信息

7.3　上机及项目实训

7.3.1　书写建筑设计说明

利用本章所学知识，创建名称为"说明"的文字样式，再使用多行文字命令，书写建筑设计说明文字，并对文字格式进行设置，效果如图 7-56 所示（立体化教学:\源文件\第 7 章\设计说明.dwg）。

设计说明

一、本工程为三层砖混结构，总高10.45，按六度抗震设防设计；建筑抗震类别: 丙类，建筑安
　　全等级: 二级
二、±0.000相对于绝对标高详建施图。
三、材料:
　　1. 砖: 采用Mu10页岩砖;
　　2. 砂浆: ±0.000以下采用M7.5水泥砂浆; 其他采用M5.0混合砂浆;
　　3. 隔墙及阳台栏板均采用轻质隔墙（容重不大于7.0KN/m）.M5混合砂浆砌筑，7.0KN/m。
　　4. 混凝土: 所有挑梁及与之一起的现浇钢筋混凝土构件均采用C30; 其他钢筋混凝土构件采
　　　用C20; 构造柱及圈梁用C20。
　　5. 钢筋: φ—Ⅰ级，φ—Ⅱ级，钢筋保护层厚: 梁25mm，构造柱: 20mm，板: 15mm。

图 7-56　书写设计说明

操作步骤如下：

（1）新建"设计说明.dwg"图形文件，选择"格式/文字样式"命令，打开"文字样式"对话框，创建"说明"文字样式，并对文字样式进行相应设置，如图7-57所示。

（2）执行多行文字命令，打开多行文本编辑框，输入设计说明的文字内容，如图7-58所示。

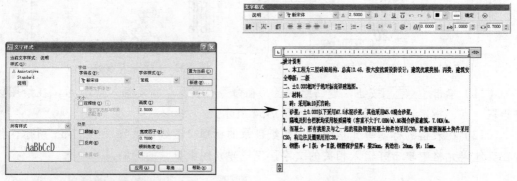

图7-57　创建并设置文字样式　　　　　图7-58　输入设计说明文字

（3）选择"设计说明"4个字，在"文字格式"工具栏的"文字高度"下拉列表框中输入"4.5"，指定文字高度，并单击 ≡ 和 ⊔ 按钮，将文字居中显示并添加下划线，如图7-59所示。

（4）选择设计说明文字的3个大点，单击 ■ 按钮，打开"段落"对话框，在"左缩进"栏的"悬挂"文本框中输入"5"，指定文字的悬挂缩进值为5，完成后单击 确定 按钮，效果如图7-60所示。

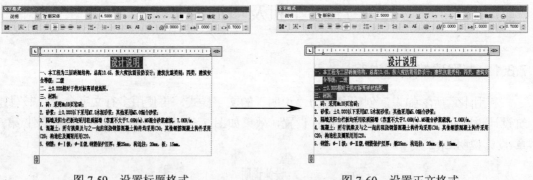

图7-59　设置标题格式　　　　　　　图7-60　设置正文格式

（5）使用相同的方法，将后面的5个小点进行段落设置，在"左缩进"栏中将"第一行"选项设置为5，"悬挂"设置为8.6，单击 确定 按钮完成设计说明文字的书写。

7.3.2　绘制建筑制图标题栏

本次实训将利用本章所学知识，创建如图7-61所示的建筑制图标题栏，主要练习创建及编辑表格的方法（立体化教学:\源文件\第7章\建筑制图标题栏.dwg）。

注册执业章					工程名称				
	公司负责人		设计负责人		项目名称			工　号	
姓　名	审　定		专业负责人					图　别	
注册证号	审　核		设　计					图　号	
注册章号	校　对		制　图					日　期	

图 7-61　建筑制图标题栏

　　本练习可结合立体化教学中的视频演示进行学习（立体化教学:\视频演示\第 7 章\绘制建筑制图标题栏.swf）。主要操作步骤如下：

　　（1）新建"建筑制图标题栏.dwg"图形文件，选择"格式/文字样式"命令，创建"工程字"文字样式，并对文字样式进行设置，如图 7-62 所示。

　　（2）选择"格式/表格样式"命令，对表格样式进行设置，其中标题、表头和数据的文字高度设置为相同的数值，并利用插入表格功能，绘制 6 行 10 列的表格，如图 7-63 所示。

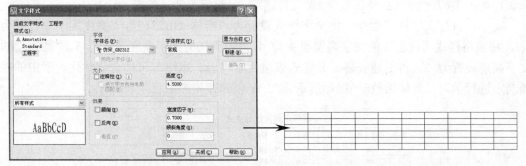

图 7-62　创建并设置文字样式　　　　　图 7-63　创建表格

　　（3）将表格中的一些单元格进行合并操作，如图 7-64 所示。

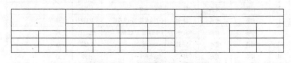

图 7-64　编辑表格单元格

　　（4）在表格中输入文字内容，完成建筑制图标题栏的绘制。

7.4　练习与提高

　　（1）创建一个名为"标准建筑文本"的文本样式，其中字体为"txt.shx"，高度为 2。

　　（2）打开"户型图.dwg"图形文件（立体化教学:\实例素材\第 7 章\户型图.dwg），如图 7-65 所示，创建"文字说明"文字样式，并对户型图进行文字说明，效果如图 7-66 所示（立体化教学:\源文件\第 7 章\户型图.dwg）。

　　提示：打开"文字样式"对话框，创建"文字说明"的文字样式，并将文字样式的字体设置为"楷体_GB2312"，文字高度设置为 500，然后在图形文件中书写文字说明。本练习可结合立体化教学中的视频演示进行学习（立体化教学:\视频演示\第 7 章\制作户型图.swf）。

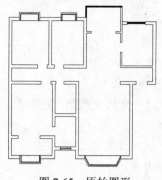

图 7-65　原始图形　　　　图 7-66　以文字说明户型图

（3）新建"建施图纸目录表.dwg"图形文件，并在图形文件中插入表格，创建图纸目录表，如图 7-67 所示（立体化教学:\源文件\第 7 章\建施图纸目录表.dwg）。

提示：执行文字样式命令，将文字样式设置为"楷体_GB2312"，"宽度因子"设置为 0.7，将表格样式"标题"的文字高度设置为 4，"表头"的文字高度设置为 3，"数据"的文字高度设置为 2，再创建表格，并输入表格文字内容。本练习可结合立体化教学中的视频演示进行学习（立体化教学:\视频演示\第 7 章\创建建施图纸目录表.swf）。

序号	子项名称	图别	图号	图纸名称	比例	图幅	备注
1	4#楼	建施	SJ-01	一层平面图	1:100	A0	
2	4#楼	建施	SJ-02	二层平面图	1:100	A0	
3	4#楼	建施	SJ-03	三至六层平面图	1:100	A1	
4	4#楼	建施	SJ-04	七至二十一层平面图	1:100	A1	
5	4#楼	建施	SJ-05	二十二层至三十层平面图	1:100	A1	
6	4#楼	建施	SJ-06	三十层平面图	1:100	A1	
7	4#楼	建施	SJ-07	屋顶平面图	1:150	A1	
8	4#楼	建施	SJ-08	1-25立面图 25-1立面图	1:150	A0	
9	4#楼	建施	SJ-09	A-K立面图 K-A立面图	1:150	A0	
10	4#楼	建施	SJ-10	3-3剖面图	1:50	A1	
11	4#楼	建施	SJ-11	楼梯大样（一）	1:50	A1	
12	4#楼	建施	SJ-12	楼蒂大样（二）	1:50	A1	

4#楼建施图纸目录表（表标题）

图 7-67　建施图纸目录表

经验技巧　总结标注 AutoCAD 文字说明的方法

本章主要介绍了利用文字来标注图形对象，并利用表格功能创建标题栏和书写表格文字说明等。这里总结以下两点文字及表格的相关操作方法，供读者参考和探索：

- ➥ 在进行文字创建的过程中，使用%%c 和%%d 等特殊代码输入的字符显示一个方框，这主要是设置的字体不匹配引起的，选择 txt.shx 字体即可。
- ➥ 插入表格时，设置的行数是数据行的行数，表头行和表格标题行是排除在这个计数范围外的，所以在插入表格时，应注意标题及表头行数的计算。

第 8 章 尺 寸 标 注

学习目标

- ☑ 使用线性标注命令标注窗台长度
- ☑ 使用半径标注和直径标注命令标注洗衣机平面图
- ☑ 使用线性标注及连续标注命令标注坐便器
- ☑ 使用线性标注和连续标注命令标注立面图
- ☑ 使用线性标注和连续标注命令标注卫生间

目标任务&项目案例

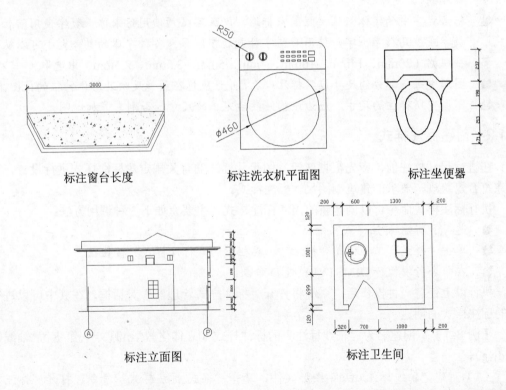

标注窗台长度　　　　标注洗衣机平面图　　　　标注坐便器

标注立面图　　　　标注卫生间

　　使用标注命令可以对图形的尺寸进行说明。本章将详细介绍标注样式的创建及设置，以及使用线性、对齐、半径、直径、连续/基线标注等命令对图形进行尺寸标注的方法。

8.1 标 注 样 式

在使用 AutoCAD 对建筑图样进行尺寸标注前，应了解国家建筑方面对尺寸标注的相关规定和尺寸标注的组成等知识，设定符合设计要求的尺寸标注样式。

8.1.1 建筑标注的规定

在建筑制图中进行尺寸标注时，制图人员需要遵循以下规定：

- 当图形中的尺寸以毫米为单位时，不需要标注计量单位。否则必须注明所采用的单位代号或名称，如 cm（厘米）、m（米）等。
- 图形的真实大小应以图样上所标注的尺寸数值为依据，与所绘制图形的大小及绘图的准确性无关。
- 尺寸数字一般写在尺寸线上方，也可以写在尺寸线的中断处。尺寸数字的字高必须相同。
- 标注文字中的字体必须按照国家标准，即汉字必须使用仿宋体，数字使用阿拉伯数字或罗马数字，字母使用希腊字母或拉丁字母。各种字体的具体大小可以从 7 种规格（20mm、14mm、10mm、7mm、5mm、3.5mm、2.5mm）中选取。
- 图形中每一部分的尺寸应只标注一次，并且应标在最能反映其形体特征的视图上。
- 图形中所标注的尺寸，应为该构件最后完工的尺寸，否则需另加说明。

8.1.2 创建标注样式

在进行尺寸标注前，应先根据建筑制图尺寸标注的有关规定对标注样式进行设置，以创建符合建筑规范要求的建筑制图尺寸标注样式。

执行标注样式命令可以创建新的尺寸标注样式，主要有如下 3 种调用方法：

- 选择"标注/标注样式"命令。
- 单击"样式"工具栏或"标注"工具栏中的"标注样式"按钮 。
- 在命令行中执行 DIMSTYLE 或 D 命令。

执行以上任意一种操作后，系统将打开"标注样式管理器"对话框，在其中可以进行新的标注样式的创建。

【例 8-1】 创建名为"轴线标注"的标注样式（立体化教学:\源文件\第 8 章\轴线标注.dwg）。

（1）新建"轴线标注.dwg"图形文件，选择"格式/标注样式"命令，打开"标注样式管理器"对话框，如图 8-1 所示。

（2）单击 新建(N)... 按钮，打开"创建新标注样式"对话框，如图 8-2 所示。

（3）在"新样式名"文本框中输入"轴线标注"，单击 继续 按钮，打开"新建标注样式: 轴线标注"对话框，如图 8-3 所示。

（4）在"新建标注样式: 轴线标注"对话框的"线"、"符号和箭头"和"文字"等选项卡中对标注样式进行设置，单击 确定 按钮返回"标注样式管理器"对话框，如图 8-4 所示。

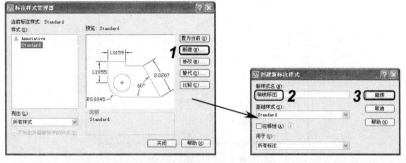

图 8-1　"标注样式管理器"对话框　　　图 8-2　创建新标注样式

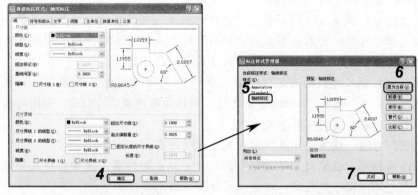

图 8-3　设置标注样式　　　　　　图 8-4　设置当前标注样式

（5）在"样式"列表框中选择"轴线标注"标注样式，单击 置为当前(U) 按钮，将"轴线标注"尺寸标注样式设置为当前标注样式，单击 关闭 按钮，完成尺寸标注样式的创建。

8.1.3　修改标注样式

标注样式可以在创建时设置，也可以在"标注样式管理器"对话框的"样式"列表框中选择已有的标注样式后，单击 修改(M)... 按钮，对标注样式进行设置。对标注样式进行设置时，主要是对"线"、"符号和箭头"、"标注文字"等选项卡内容进行设置。

1. 设置标注线

尺寸标注的线条主要是指尺寸线和尺寸界线。对尺寸标注的线条进行调整的方法是在"标注样式管理器"中选择要进行修改的标注样式，然后单击 修改(M)... 按钮，在打开的"修改标注样式：Standard"对话框中选择"线"选项卡，便可对尺寸线和尺寸界线进行设置，如图 8-5 所示。

其中"尺寸界线"栏中的"颜色"、"线宽"、"隐藏"等选项含义及设置方法与"尺寸线"栏相似，各选项含义如下。

➥ **颜色**：设置标注尺寸线的颜色。

➥ **线型**：设置标注尺寸线的线型。

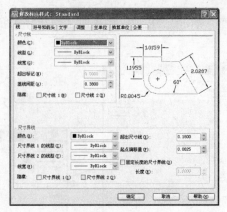

图 8-5　设置标注线条

- **线宽**：设置尺寸线的线条宽度。
- **超出标记**：设置尺寸线超出尺寸界线的长度。若设置的标注箭头是箭头形式，则该选项不可用；若箭头形式为"倾斜"样式或取消尺寸箭头，则该选项可用。
- **基线间距**：设定基线尺寸标注中尺寸线之间的间距。
- **隐藏**：控制尺寸线的可见性。若选中 ☑尺寸线1(M) 复选框，则在标注对象时，会隐藏尺寸线 1；选中 ☑尺寸线2(D) 复选框，则标注时隐藏尺寸线 2；若同时选中两个复选框，则在标注时不显示尺寸线。
- **超出尺寸线**：设置尺寸界线超出尺寸线的距离。
- **起点偏移量**：设置尺寸界线距离标注对象端点的距离，通常应将尺寸界线与标注对象之间保留一定距离，以便于区分所绘图形实体。
- ☐固定长度的尺寸界线(O)：选中该复选框可以将标注尺寸的尺寸界线都设置成一样长，其长度可在"长度"文本框中指定。

2. 设置符号和箭头

在"修改标注样式"对话框的"符号和箭头"选项卡中，可以设置标注尺寸中的箭头样式、箭头大小、圆心标注以及弧长符号等，如图 8-6 所示。

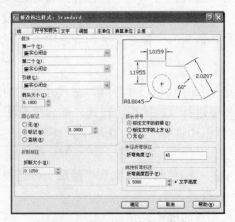

图 8-6　设置标注符号和箭头

各选项含义分别如下。

➥ **第一个**：在 AutoCAD 中系统默认尺寸标注箭头为两个"实心闭合"的箭头。在"第一个"下拉列表框中可以设置第一条尺寸线的箭头类型，当改变第一个箭头类型时，第二个箭头类型自动改变成与第一个箭头相同的类型。

➥ **第二个**：在该下拉列表框中设置第二个箭头的类型，可以设置为与第一个箭头不同的箭头类型。

➥ **引线**：设定引线标注时的箭头类型。

➥ **箭头大小**：设定标注箭头的显示大小。

➥ **圆心标记**：设定圆心标记的类型。当选中⊙无(N)单选按钮，在标注圆弧类的图形时，则取消圆心标注功能；选中⊙标记(M)单选按钮，则标注出的圆心标记为 +；选中⊙直线(E)单选按钮，则标注出的圆心标记为中心线。

➥ **弧长符号**：该栏主要用于在选择标注弧长时，设置其弧长符号是标注在文字上方、前方还是不标注弧长符号。

➥ **半径折弯标注**：该栏主要用于设置进行半径折弯标注时的折弯角度。

3．设置标注文字

对图形尺寸标注时，标注文字的大小非常重要。如果标注文字太小，则无法看清标注的具体尺寸；如果标注文字太大，则会使图形画面杂乱，甚至无法完整地显示标注文字。标注文字主要是在"修改标注样式：Standard"对话框的"文字"选项卡中进行设置的，如图 8-7 所示。

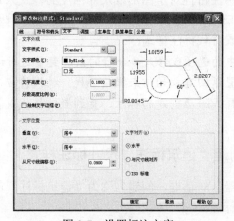

图 8-7　设置标注文字

各选项含义分别如下。

➥ **文字样式**：在该下拉列表框中可以选择文字样式，系统默认为 Standard。若需创建一个新的文字样式，可单击该下拉列表框右侧的 按钮，在打开的"文字样式"对话框中进行文字样式的设置。

➥ **文字颜色**：该下拉列表框用于设置标注文字的颜色。

➥ **填充颜色**：在该下拉列表框中可以选择文字的背景颜色。

➥ **文字高度**：设置标注文字的高度。若已在文字样式中设置了文字高度，则该数值框中的值无效。

- **分数高度比例**：设定分数形式字符与其他字符的比例。当在"主单位"选项卡中选择"分数"作为"单位格式"时，此选项才可用。
- □绘制文字边框(F) **复选框**：选中该复选框后，在进行尺寸标注时，可为标注文本添加边框。
- **垂直**：该下拉列表框用于控制标注文字相对于尺寸线的垂直对齐位置。
- **水平**：该下拉列表框用于控制标注文字在尺寸线方向上相对于尺寸界线的水平位置。
- **从尺寸线偏移**：该数值框用于指定尺寸线到标注文字间的距离。
- ⊙水平 **单选按钮**：选中该单选按钮，可将所有标注文字水平放置。
- ○与尺寸线对齐 **单选按钮**：选中该单选按钮，可将所有标注文字与尺寸线对齐，文字倾斜度与尺寸线倾斜度相同。
- ○ISO 标准 **单选按钮**：选中该单选按钮，当标注文字在尺寸界线内部时，文字与尺寸线平行；当标注文字在尺寸线外部时，文字水平排列。

8.1.4　替代标注样式

替代标注样式是对已有标注图形格式作局部修改，并用于当前图形的尺寸标注，但替代后的标注样式不会存储在系统文件中，也就是说并不会改变已保存的标注样式。在下一次使用时，仍然采用已保存的标注样式进行尺寸标注。在"标注样式管理器"对话框中，单击 替代(O)... 按钮，可以将单独的标注或当前的标注样式定义为替代标注样式。

在建筑制图中，某些标注特性对于图形或尺寸标注的样式来说是通用的，因此适合作为通用标注样式设置。但其他标注特性一般基于单个基准应用，因此可以作为替代来应用。

如下两种方式可以设置替代标注样式：

- 通过修改对话框中的选项或修改命令行的系统变量进行设置。
- 通过将修改的设置返回其初始值来撤销替代。替代将应用到正在创建的标注以及所有使用该标注样式随后创建的标注，直到撤销替代或将其他标注样式置为当前为止。

8.1.5　应用举例——创建"建筑标注"尺寸标注样式

打开"标注样式管理器"对话框，创建名称为"建筑标注"的尺寸标注样式（立体化教学:\源文件\第 8 章\建筑标注.dwg）。

操作步骤如下：

（1）新建"建筑标注.dwg"图形文件，选择"格式/标注样式"命令，打开"标注样式管理器"对话框，如图 8-8 所示。

（2）单击 新建(N)... 按钮，打开"创建新标注样式"对话框，在"新样式名"文本框中输入"建筑标注"，如图 8-9 所示。

（3）单击 继续 按钮，打开"新建标注样式:建筑标注"对话框，选择"线"选项卡，在"尺寸界线"栏的"超出尺寸线"数值框中输入"1.25"，在"起点偏移量"数值框中输入"0.625"，选中 ☑固定长度的尺寸界线(O) 复选框，在"长度"数值框中输入"8"，如图 8-10 所示。

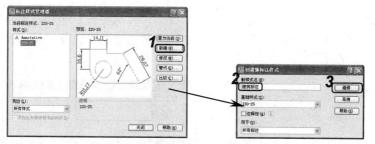

图 8-8　"标注样式管理器"对话框　　　图 8-9　创建"建筑标注"样式

（4）选择"符号和箭头"选项卡，在"箭头"栏的"第一个"和"第二个"下拉列表框中将箭头样式设置为"建筑标记"，在"箭头大小"数值框中输入"2.5"，指定箭头的大小，如图 8-11 所示。

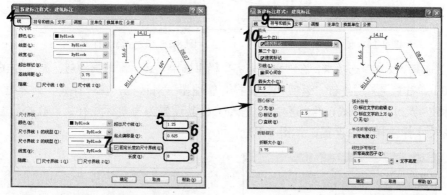

图 8-10　设置尺寸界线　　　　　　图 8-11　设置箭头类型及大小

（5）选择"文字"选项卡，在"文字位置"栏的"垂直"下拉列表框中选择"上方"选项，在"从尺寸线偏移"数值框中输入"0.5"，如图 8-12 所示。

（6）选择"调整"选项卡，在"标注特征比例"栏中选中◎使用全局比例(S):单选按钮，并在其后的数值框中输入"15"，如图 8-13 所示。

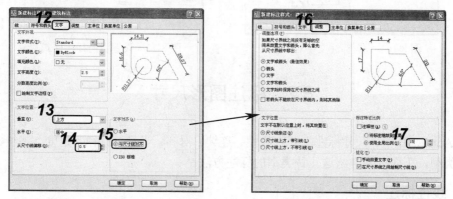

图 8-12　设置标注文字　　　　　　图 8-13　设置标注特征比例

（7）单击 确定 按钮，返回"标注样式管理器"对话框，单击 新建(N)... 按钮，打开"创建新标注样式"对话框，在"用于"下拉列表框中选择"半径标注"选项，如图 8-14 所示。

（8）单击 继续 按钮，打开"新建标注样式：建筑标注：半径"对话框，选择"符号和箭头"选项卡，在"箭头"栏的"第二个"下拉列表框中选择"实心闭合"选项，如图8-15所示。

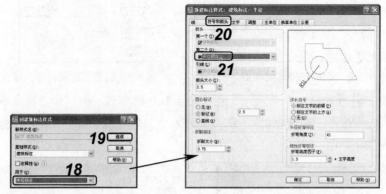

图8-14 创建子样式　　　　　　图8-15 设置箭头样式

（9）选择"文字"选项卡，在"文字对齐"栏中选中 ⊙ ISO 标准 单选按钮，如图8-16所示。

（10）单击 确定 按钮，返回"标注样式管理器"对话框，在"样式"列表框中选择"建筑标注"尺寸标注样式，单击 置为当前(U) 按钮，将其设置为当前标注样式，单击 关闭 按钮，完成尺寸标注样式的设置，如图8-17所示。

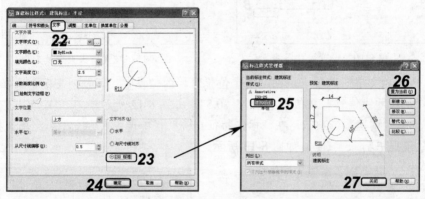

图8-16 设置标注文字对齐方式　　　　　图8-17 设置当前标注样式

8.2　标注图形尺寸

在 AutoCAD 中，尺寸标注主要有线性、连续、对齐、半径、直径、角度、基线、引线等标注类型，下面分别介绍这几种类型的标注方法。

8.2.1　线性标注

当需要对一条直线上两点之间的距离进行标注时，最常用的是线性标注。线性标注可用于绘制水平、垂直或旋转的尺寸标注，它需要指定两点来确定尺寸界线；也可以直接选取需标注的尺寸对象，一旦所选对象确定，系统将自动标注。该命令主要有如下 3 种调用方法：

- ➥ 选择"标注/线性"命令。
- ➥ 单击"标注"工具栏中的"线性"按钮 ⊢。
- ➥ 在命令行中执行 DIMLINEAR 或 DIMLIN 命令。

在执行 DIMLINEAR 命令的过程中，命令行中部分选项的含义如下。

- ➥ **多行文字**：选择后可以输入多行标注文字。
- ➥ **文字**：选择后可以输入单行标注文字。
- ➥ **角度**：选择后可以设置标注文字方向与标注端点连线之间的夹角，默认为 0°，即保持平行。
- ➥ **水平**：选择后只标注两点之间的水平距离。
- ➥ **垂直**：选择后只标注两点之间的垂直距离。
- ➥ **旋转**：选择后可在标注时，设置尺寸线的旋转角度。

📢提示：

使用线性标注命令对图形进行尺寸标注时，可以修改标注的文字内容、文字角度或尺寸线的角度等。

【例 8-2】　执行线性标注命令，将"窗台.dwg"图形文件的长度进行尺寸标注（立体化教学:\源文件\第 8 章\窗台.dwg）。

（1）打开"窗台.dwg"图形文件（立体化教学:\实例素材\第 8 章\窗台.dwg），选择"标注/线性"命令，在命令行提示"指定第一条尺寸界线原点或 <选择对象>:"后捕捉水平直线左端端点，指定线性标注的第一条尺寸界线原点，如图 8-18 所示。

（2）在命令行提示"指定第二条尺寸界线原点:"后捕捉水平直线右端端点，指定线性标注的第二条尺寸界线原点，如图 8-19 所示。

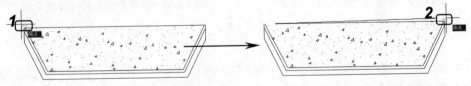

图 8-18　指定第一条尺寸界线原点　　　图 8-19　指定第二条尺寸界线原点

（3）在命令行提示"指定尺寸线位置或 [多行文字(M)/文字(T)/角度(A)/水平(H)/垂直(V)/旋转(R)]:"后将鼠标向上移动，在绘图区中拾取一点，指定尺寸线的位置，如图 8-20 所示，系统将自动标注图形的线性尺寸，如图 8-21 所示。

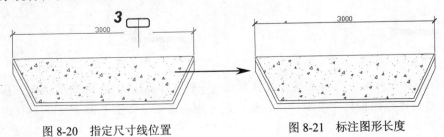

图 8-20　指定尺寸线位置　　　　　图 8-21　标注图形长度

8.2.2 对齐标注

对齐标注又称平行标注，因为标注的尺寸线始终与标注点的连线平行，因此可以标注任意方向上两点间的距离。对齐标注命令有如下 3 种调用方法：

- ➥ 选择"标注/对齐"命令。
- ➥ 单击"标注"工具栏中的"对齐"按钮↖。
- ➥ 在命令行中执行 DIMALIGNED 命令。

执行以上任意一种操作后，选择要标注的对象并指定尺寸标注的位置即可对图形进行对齐标注。使用对齐标注命令对图形进行标注时，其尺寸线与标注对象平行，若是标注圆弧两个端点间的距离，则尺寸线与圆弧的两个端点所产生的弦保持平行。

【例 8-3】 执行对齐标注命令，将"窗台 1.dwg"图形文件左端倾斜线的长度进行标注（立体化教学:\源文件\第 8 章\窗台 1.dwg）。

（1）打开"窗台 1.dwg"图形文件（立体化教学:\实例素材\第 8 章\窗台 1.dwg），选择"标注/对齐"命令，在命令行提示"指定第一条尺寸界线原点或 <选择对象>："后捕捉倾斜直线左上端的端点，指定对齐标注的第一条尺寸界线原点，如图 8-22 所示。

（2）在命令行提示"指定第二条尺寸界线原点："后捕捉水平直线右端的端点，指定对齐标注的第二条尺寸界线原点，如图 8-23 所示。

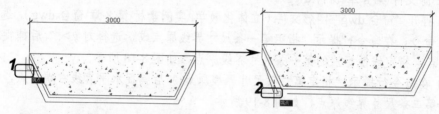

图 8-22 指定第一条尺寸界线原点　　　　图 8-23 指定第二条尺寸界线原点

（3）在命令行提示"指定尺寸线位置或[多行文字(M)/文字(T)/角度(A)]："后输入"T"，选择"文字"选项，如图 8-24 所示。

（4）在命令行提示"输入标注文字 <672.88>："后输入"675"，指定对齐标注的标注文字，如图 8-25 所示。

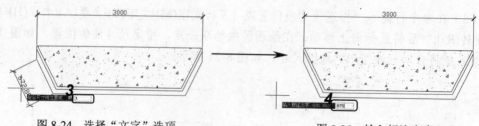

图 8-24 选择"文字"选项　　　　　　图 8-25 输入标注文字

（5）在命令行提示"指定尺寸线位置或 [多行文字(M)/文字(T)/角度(A)]："后将鼠标向左下方移动，在绘图区中拾取一点，指定尺寸线的位置，如图 8-26 所示，标注的对齐标注效果如图 8-27 所示。

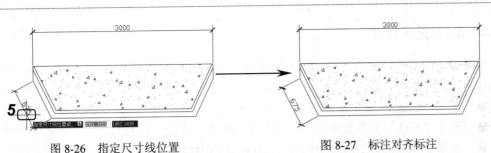

图 8-26　指定尺寸线位置　　　　　　图 8-27　标注对齐标注

8.2.3　角度标注

使用角度标注命令，可以标注直线、多段线、圆、圆弧以及点对象。角度标注命令的调用方法有如下 3 种：

- ➥　选择"标注/角度"命令。
- ➥　单击"标注"工具栏中的"角度"按钮△。
- ➥　在命令行中输入 DIMANGULAR 命令。

执行角度标注命令后，将提示选择要进行标注的图形对象，如选择一条直线或圆弧等，在选择一条直线后，将提示选择另一条直线，最后提示指定角度标注的尺寸线位置。

【例 8-4】　执行角度标注命令，将"电视机平面.dwg"图形文件中倾斜直线与水平线的角度进行标注（立体化教学:\源文件\第 8 章\电视机平面.dwg）。

（1）打开"电视机平面.dwg"图形文件（立体化教学:\实例素材\第 8 章\电视机平面.dwg），选择"标注/角度"命令，在命令行提示"选择圆弧、圆、直线或 <指定顶点>:"后选择倾斜直线，指定要进行角度标注的直线，如图 8-28 所示。

（2）在命令行提示"选择第二条直线:"后选择矩形的水平边，指定要进行角度标注的第二条直线，如图 8-29 所示。

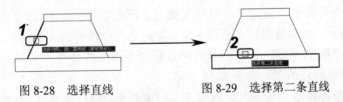

图 8-28　选择直线　　　　　　图 8-29　选择第二条直线

（3）在命令行提示"指定标注弧线位置或 [多行文字(M)/文字(T)/角度(A)/象限点(Q)]:"后在绘图区指定一点，指定标注弧线位置，如图 8-30 所示，效果如图 8-31 所示。

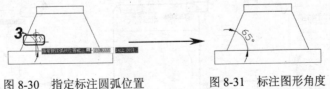

图 8-30　指定标注圆弧位置　　　　　　图 8-31　标注图形角度

✍技巧：

在标注对象角度的过程中，除了以选择构成角度的直线的方式来创建角度标注外，还可通过以指定角的顶点，再分别指定角的两个端点的方式来进行标注。

8.2.4　半径/直径标注

半径标注或直径标注命令主要用于标注圆或圆弧的半径/直径尺寸，执行半径标注或直径标注命令主要有如下 3 种方式：

> 选择"标注/半径"或"标注/直径"命令。
> 单击"标注"工具栏中的"半径"按钮⊘或"直径"按钮⊘。
> 在命令行中执行 DIMRADIUS 或 DIMDIAMETER 命令。

执行半径标注命令和直径标注命令标注图形对象的方法极其相似，都是在执行命令后，按系统提示选择要标注的圆或圆弧，在指定尺寸线位置后便可对图形进行标注。

【例 8-5】　使用直径标注和半径标注命令，将"洗衣机.dwg"图形文件中的圆和圆弧进行标注，效果如图 8-32 所示（立体化教学:\源文件\第 8 章\洗衣机.dwg）。

（1）打开"洗衣机.dwg"图形文件（立体化教学:\实例素材\第 8 章\洗衣机.dwg），如图 8-33 所示。

（2）选择"标注/直径"命令，执行直径标注命令，在命令行提示"选择圆弧或圆:"后选择要进行直径标注的圆，如图 8-34 所示。

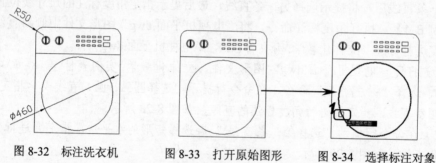

图 8-32　标注洗衣机　　　图 8-33　打开原始图形　　　图 8-34　选择标注对象

（3）在命令行提示"指定尺寸线位置或 [多行文字(M)/文字(T)/角度(A)]:"后将十字光标向左下方移动，并在绘图区中拾取一点，指定直径标注的尺寸线位置，如图 8-35 所示。

（4）选择"标注/半径"命令，执行半径标注命令，在命令行提示"选择圆弧或圆:"后选择要进行半径标注的圆，如图 8-36 所示。

（5）在命令行提示"指定尺寸线位置或 [多行文字(M)/文字(T)/角度(A)]:"后将十字光标向左上方移动，并在绘图区中拾取一点，指定半径标注的尺寸线位置，如图 8-37 所示。

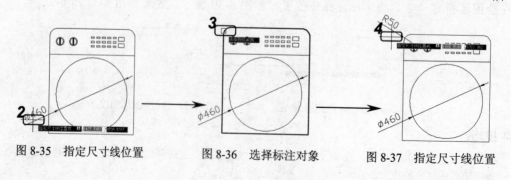

图 8-35　指定尺寸线位置　　　图 8-36　选择标注对象　　　图 8-37　指定尺寸线位置

提示：

根据标注样式设置，系统自动生成直径标注和半径标注的圆心标记和直线，并且仅当尺寸线置于圆或圆弧之外时才会创建它们。

8.2.5　连续标注

连续标注用于标注同一方向上的连续线性尺寸或角度尺寸。该命令的调用方法有如下3 种：

> ➥ 选择"标注/连续"命令。
> ➥ 单击"标注"工具栏中的"连续"按钮┼┼┤。
> ➥ 在命令行中输入 DIMCONTINUE 命令。

使用连续标注命令对图形对象创建连续标注时，在选择基准标注后，只需要指定连续标注的延伸线原点，即可对相邻的图形对象进行标注。

【例 8-6】　执行线性标注和连续标注命令，对"坐便器.dwg"图形文件进行标注，效果如图 8-38 所示（立体化教学:\源文件\第 8 章\坐便器.dwg）。

（1）打开"坐便器.dwg"图形文件（立体化教学:\实例素材\第 8 章\坐便器.dwg），如图 8-39 所示。

（2）选择"标注/线性"命令，执行线性标注命令，在命令行提示"指定第一条尺寸界线原点或 <选择对象>:"后捕捉大椭圆弧底端端点，指定第一条尺寸界线原点，如图 8-40所示。

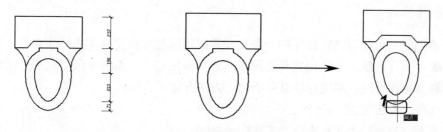

图 8-38　连续标注图形　　　图 8-39　打开坐便器图形　　　图 8-40　指定第一条尺寸界线原点

（3）在命令行提示"指定第二条尺寸界线原点:"后捕捉小椭圆弧底端端点，指定第二条尺寸界线原点，如图 8-41 所示。

（4）在命令行提示"指定尺寸线位置或 [多行文字(M)/文字(T)/角度(A)/水平(H)/垂直(V)/旋转(R)]:"后将鼠标向右移动，并拾取一点，指定尺寸线位置，如图 8-42 所示。

（5）选择"标注/连续"命令，执行连续标注命令，在命令行提示"指定第二条尺寸界线原点或 [放弃(U)/选择(S)] <选择>:"后捕捉圆弧左下角端点，指定第二条尺寸界线原点，如图 8-43 所示。

（6）在命令行提示"指定第二条尺寸界线原点或 [放弃(U)/选择(S)] <选择>:"后捕捉垂直线底端端点，如图 8-44 所示。

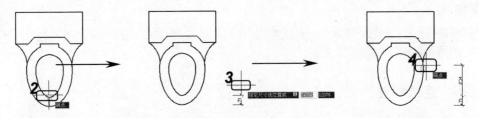

图 8-41　指定第二条尺寸界线原点　　　图 8-42　指定尺寸线位置　　　图 8-43　捕捉圆弧端点

（7）在命令行提示"指定第二条尺寸界线原点或 [放弃(U)/选择(S)] <选择>:"后捕捉垂直线顶端端点，如图 8-45 所示。

（8）在命令行提示"指定第二条尺寸界线原点或 [放弃(U)/选择(S)] <选择>:"后按 Enter 键选择"选择"选项，如图 8-46 所示。

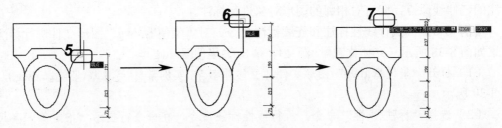

图 8-44　捕捉垂直线底端端点　　图 8-45　捕捉垂直线顶端端点　　　图 8-46　选择"选择"选项

（9）在命令行提示"选择连续标注:"后按 Enter 键结束连续标注命令。

8.2.6　基线标注

当需要创建的标注与已有标注的一条尺寸界线相同时可以使用基线标注命令，该命令以图形中某一尺寸界线为基线创建其他图形对象的标注尺寸。系统默认以最后一次标注的尺寸边界线为标注基线。基线标注命令的调用方法有如下 3 种：

- ➦　选择"标注/基线"命令。
- ➦　单击"标注"工具栏中的"基线"按钮。
- ➦　在命令行中输入 DIMBASELINE 命令。

执行基线标注命令过程中，命令行中提示指定第二条尺寸界线原点时，拾取需要标注的对象终端坐标点作为第二条尺寸界线原点。

【例 8-7】　执行线性标注和基线标注命令，对"书柜.dwg"图形的高度进行标注，效果如图 8-47 所示（立体化教学:\源文件\第 8 章\书柜.dwg）。

（1）打开"书柜.dwg"图形文件（立体化教学:\实例素材\第 8 章\书柜.dwg），如图 8-48 所示。

（2）选择"标注/线性"命令，执行线性标注命令，在命令行提示"指定第一条尺寸界线原点或 <选择对象>:"后捕捉水平直线左端端点，指定第一条尺寸界线原点，如图 8-49 所示。

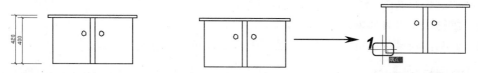

图 8-47　标注书柜　　　图 8-48　打开书柜图形　　　图 8-49　指定第一条尺寸界线原点

（3）在命令行提示"指定第二条尺寸界线原点："后捕捉垂直直线底端端点，指定第二条尺寸界线原点，如图 8-50 所示。

（4）在命令行提示"指定尺寸线位置或 [多行文字(M)/文字(T)/角度(A)/水平(H)/垂直(V)/旋转(R)]:"后，将鼠标向左移动，在绘图区拾取一点，指定尺寸线位置，如图 8-51 所示。

（5）选择"标注/基线"命令，执行基线标注命令，在命令行提示"指定第二条尺寸界线原点或 [放弃(U)/选择(S)] <选择>:"后捕捉垂直直线顶端端点，如图 8-52 所示。

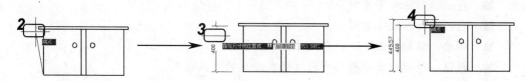

图 8-50　指定第二条尺寸界线原点　　　图 8-51　指定尺寸线位置　　　图 8-52　捕捉直线端点

（6）在命令行提示"指定第二条尺寸界线原点或 [放弃(U)/选择(S)] <选择>:"后按 Enter 键，选择"选择"选项。

（7）在命令行提示"选择基准标注："后按 Enter 键结束基线标注命令。

提示：

> 在创建连续标注、基线标注之前，必须创建线性标注、对齐标注或角度标注。可在最近创建的标注中以增量方式创建基线标注，也可以选择已经创建的其他线性标注、对齐标注来创建连续标注或基线标注。

8.2.7　编辑标注

编辑标注命令可以更改标注文字的内容和尺寸界线的倾斜角度等。该命令有如下 3 种调用方法：

- 选择"修改/对象/文字/编辑"命令
- 单击"标注"工具栏中的"编辑标注"按钮。
- 在命令行中执行 DIMEDIT 命令。

执行编辑标注命令后，命令行将出现提示："输入标注编辑类型 [默认(H)/新建(N)/旋转(R)/倾斜(O)] <默认>:"，选择相应的选项，即可对尺寸标注进行不同的操作。其中各选项含义如下。

- **默认**：使用该选项，可以将标注文字移动到默认位置。
- **新建**：使用该选项，将打开"文字格式"工具栏和多行文字编辑框，在文字编辑框中可对文字进行编辑，单击"文字格式"工具栏中的确定按钮，在命令行提示

"选择对象:"后可以选择要更改的标注。

- ➧ **旋转**：使用该选项，可以对标注文字进行旋转处理。
- ➧ **倾斜**：使用该选项，可以调整线性尺寸标注中尺寸界线的角度。

8.2.8 编辑标注文字

在默认情况下创建的所有标注的文字与尺寸线的相对位置都是相同的，但在某些特殊情况下需要更改某个标注文字在尺寸线上的位置，这时可以使用编辑标注文字命令来完成。该命令有如下 3 种调用方法：

- ➧ 选择"标注/对齐文字"命令下相应的子菜单命令。
- ➧ 单击"标注"工具栏中的"编辑标注文字"按钮 ⊯。
- ➧ 在命令行中执行 DIMTEDIT 命令。

在执行编辑标注文字命令的过程中，命令行中各选项的含义如下。

- ➧ **左**：将标注文字左对齐。
- ➧ **右**：将标注文字右对齐。
- ➧ **中心**：将标注文字定位于尺寸线中心。
- ➧ **默认**：将标注文字移动到标注样式设置的默认位置。
- ➧ **角度**：改变标注文字的角度。

8.2.9 应用举例——标注立面图

本例将利用图层特性功能，将"立面图.dwg"图形进行尺寸标注，标注该图形时，首先使用线性标注命令对图形进行标注，再使用连续标注命令对其余图形进行标注，效果如图 8-53 所示（立体化教学:\源文件\第 8 章\立面图.dwg）。

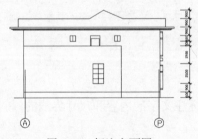

图 8-53　标注立面图

操作步骤如下：

（1）打开"立面图.dwg"图形文件（立体化教学:\实例素材\第 8 章\立面图.dwg），如图 8-54 所示。

（2）选择"标注/线性"命令，执行线性标注命令，在命令行提示"指定第一条尺寸界线原点或 <选择对象>:"后捕捉底端水平直线右端端点，指定第一条尺寸界线原点，如图 8-55 所示。

（3）在命令行提示"指定第二条尺寸界线原点:"后捕捉水平直线右端端点，指定第二条尺寸界线原点，如图 8-56 所示。

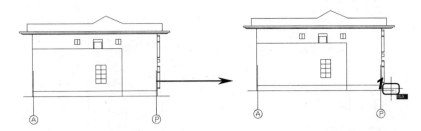

图 8-54　打开"立面图.dwg"图形文件　　　图 8-55　指定第一条尺寸界线原点

（4）在命令行提示"指定尺寸线位置或 [多行文字(M)/文字(T)/角度(A)/水平(H)/垂直(V)/旋转(R)]:"后在右方拾取一点，指定尺寸线位置，如图 8-57 所示。

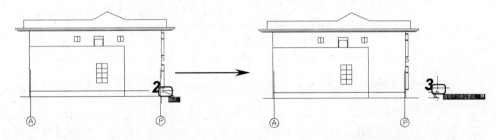

图 8-56　指定第二条尺寸界线原点　　　　图 8-57　指定尺寸线位置

（5）选择"标注/连续"命令，执行连续标注命令，在命令行提示"指定第二条尺寸界线原点或 [放弃(U)/选择(S)] <选择>:"后捕捉垂直直线的底端端点，指定第二条尺寸界线原点，如图 8-58 所示。

（6）在命令行提示"指定第二条尺寸界线原点或 [放弃(U)/选择(S)] <选择>:"后捕捉垂直直线的顶端端点，指定第二条尺寸界线原点，如图 8-59 所示。

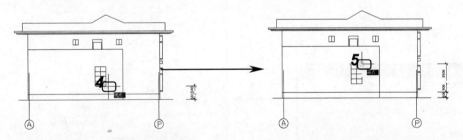

图 8-58　指定第二条尺寸界线原点　　　　图 8-59　指定第二条尺寸界线原点

（7）使用相同的方法，对其余尺寸进行标注。

8.3　上机及项目实训

8.3.1　创建"室内装饰"标注样式

利用本章所学知识，创建名为"室内装饰"的尺寸标注样式，并对标注样式进行相应的设置，如图 8-60 所示（立体化教学:\源文件\第 8 章\室内装饰.dwg）。

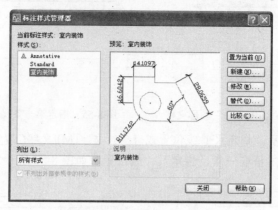

图 8-60　室内装饰标注样式

操作步骤如下：

（1）新建"室内装饰.dwg"图形文件，选择"格式/标注样式"命令，打开"标注样式管理器"对话框。

（2）单击 新建(N)... 按钮，打开"创建新标注样式"对话框，创建"室内装饰"标注样式，如图 8-61 所示。

（3）单击 继续 按钮，打开"新建标注样式：室内装饰"对话框，选择"线"选项卡，对"尺寸线"和"尺寸界线"栏进行设置，参数设置如图 8-62 所示。

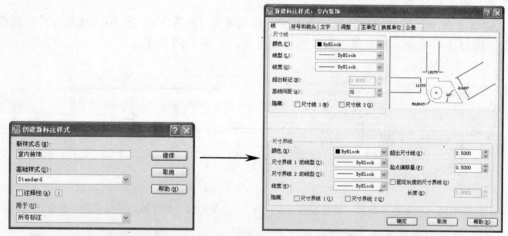

图 8-61　创建新标注样式　　　　　　图 8-62　设置标注尺寸线

（4）选择"符号和箭头"选项卡，在"箭头"栏中设置尺寸标注的箭头样式及大小，在"圆心标记"栏中设置圆心标记类型及大小，参数设置如图 8-63 所示。

（5）选择"文字"选项卡，在"文字外观"栏、"文字位置"栏和"文字对齐"栏中设置文字样式，如图 8-64 所示。单击 确定 按钮返回"标注样式管理器"对话框，完成"室内装饰"标注样式的设置。

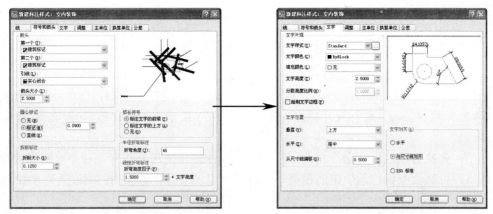

图 8-63　设置标注箭头　　　　　　　　图 8-64　设置标注文字

8.3.2　标注卫生间

本次实训将利用尺寸标注功能,将如图 8-65 所示的"卫生间.dwg"图形文件(立体化教学:\实例素材\第 8 章\卫生间.dwg)进行尺寸标注,效果如图 8-66 所示(立体化教学:\源文件\第 8 章\卫生间.dwg)。

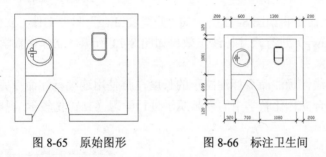

图 8-65　原始图形　　　　　　图 8-66　标注卫生间

本练习可结合立体化教学中的视频演示进行学习(立体化教学:\视频演示\第 8 章\标注卫生间.swf)。主要操作步骤如下:

(1)打开"卫生间.dwg"图形文件,使用线性标注命令,将图形进行线性标注,如图 8-67 所示。

(2)执行连续标注命令,将水平方向进行连续尺寸标注,如图 8-68 所示。

(3)执行线性标注和连续标注命令,对垂直方向的尺寸进行标注,如图 8-69 所示,并使用相同的方法,完成其余图形标注。

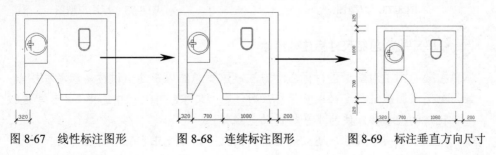

图 8-67　线性标注图形　　　　图 8-68　连续标注图形　　　　图 8-69　标注垂直方向尺寸

8.4 练习与提高

（1）使用尺寸标注命令，将如图 8-70 所示的"栏杆.dwg"图形文件（立体化教学:\实例素材\第 8 章\栏杆.dwg）进行尺寸标注，效果如图 8-71 所示（立体化教学:\源文件\第 8 章\栏杆.dwg）。

提示：先执行线性标注命令对图形进行长度标注，再使用基线标注命令对图形进行标注。本练习可结合立体化教学中的视频演示进行学习（立体化教学:\视频演示\第 8 章\标注栏杆.swf）。

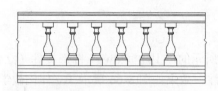

图 8-70 栏杆原始图形

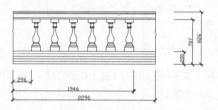

图 8-71 标注栏杆图形

（2）使用标注命令将如图 8-72 所示的"户型图.dwg"图形文件（立体化教学:\实例素材\第 8 章\户型图.dwg）进行尺寸标注，效果如图 8-73 所示（立体化教学:\源文件\第 8 章\户型图.dwg）。

提示：先执行线性标注命令标注图形的长度，再使用连续标注命令完成户型图尺寸的标注。本练习可结合立体化教学中的视频演示进行学习（立体化教学:\视频演示\第 8 章\标注户型图.swf）。

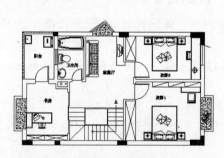

图 8-72 户型图

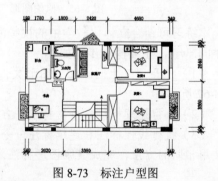

图 8-73 标注户型图

 总结尺寸标注的经验

本章主要介绍了对图形进行标注的方法，这里总结以下几点供读者参考和探索：

➥ 对圆或圆弧进行半径或直径标注时，在"文字对齐"栏中选中 ⊙水平 单选按钮，标注的尺寸标注便为水平转折的直径标注。

➥ 设置了箭头样式后，还应设置箭头的大小，才能正常显示标注箭头。

第9章　绘制建筑平面图

学习目标

☑ 使用构造线、偏移等命令绘制轴网
☑ 使用多线、多线编辑等命令绘制墙线
☑ 使用各种编辑、文字和尺寸标注命令绘制住宅平面图
☑ 使用多线、直线、阵列、文字及尺寸标注命令绘制住宅楼一层建筑平面图

目标任务&项目案例

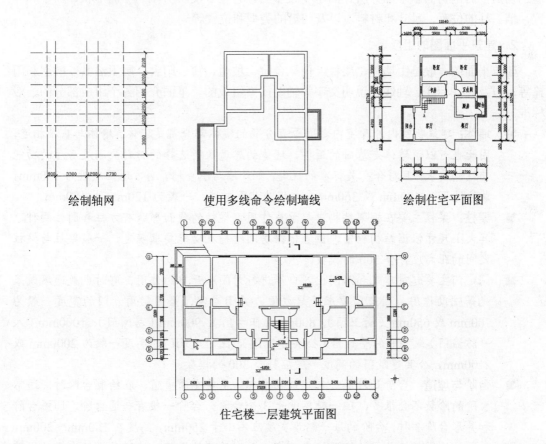

绘制轴网　　　　　　使用多线命令绘制墙线　　　　绘制住宅平面图

住宅楼一层建筑平面图

　　绘制建筑平面图时，首先应绘制轴线，再使用多线等绘图及编辑命令，完成平面图的绘制，最后对图形进行文字及尺寸标注。本章将详细介绍建筑平面图的绘制方法及相关技巧。

9.1 建筑平面图基础知识

对于单体建筑设计而言，一栋建筑设计的好坏取决于建筑的平面设计。建筑平面图是反映建筑内部使用功能、建筑内外空间关系、交通联系、建筑设备、室内装饰布置、空间流线组织及建筑结构形式等最直观的手段。

9.1.1 建筑平面图

建筑平面图用于表示建筑物在水平方向房屋各部分的组合关系。在绘制建筑平面图时，需要结合建筑剖面图和立面图进行分析绘制。

1．建筑平面图的生成

建筑平面图是建筑施工图的基本图样，它是假想用一水平的剖切面沿门窗洞位置将房屋剖切后，对剖切面以下部分所作的水平投影图。它用于反映房屋的平面形状、大小和布置，墙、柱的位置、尺寸和材料，以及门窗的类型和位置等。

2．建筑平面图的组成

建筑平面图一般是由墙体、梁柱、门、台阶、坡道、窗、阳台、厨卫洁具、散水和雨篷等，以及尺寸标注、轴线、说明文字等辅助图素组成的。下面介绍各个组成部分的一般标准。

- **墙体**：建筑物室内外及室内之间垂直分隔的实体部分都是墙体。墙体与基础相连，因此也可以说墙体是基础的延伸，墙体的厚度及所选择的材料应满足房屋的功能与结构要求，且符合有关标准的规定，如外墙与承重墙，南方地区一般为 240mm，北方地区为 480mm 或 360mm，内墙为非承重墙，一般为 120mm 或 180mm。

- **梁柱**：梁柱主要在框架结构中起承重作用。梁柱的截面形状有方柱和圆柱两种，其大小尺寸依据结构确定，位置根据房间结构及功能要求确定，一般梁柱与梁柱之间的距离应符合 300 的模数。

- **门**：门主要起对建筑和房间出入口等进行封闭和开启的作用，有时也兼通风或采光等辅助作用。因此门要求开启方便、关闭紧密、坚固耐用。门的宽度一般为 700mm 或 650mm（厨卫门）、800mm（阳台门）、900mm（房间门）、1000mm（入户防盗门）或 300 的整数倍（公共建筑门），民用建筑门的高度一般为 2000mm 或 2100mm，公共建筑门的高度一般应符合 300 的模数。

- **台阶与坡道**：台阶是外界进入建筑物内部的主要交通要道，在绘制台阶时，通常台阶的阶数不会很多，但一般不少于 3 个台阶。台阶一般有普通台阶、圆弧台阶和异形台阶 3 种。台阶的每一踏步宽度应不小于 250mm，高度在 150mm～200mm 之间。坡道的坡长、坡宽及坡度都有一系列的建筑规范，坡道的设计在满足规范规定的前提下，还要综合考虑建筑的功能和视觉景观的需要。

- **窗**：窗是建筑围护结构中的一种部件，它除起到分隔、保温、隔声、防水、防火等作用外，主要的功能是采光、通风和眺望等。窗的大小尺寸一般应根据采光通风要求、结构要求和建筑立面造型要求等因素决定。在绘图时，一般窗户的厚度与外墙的厚度相同，墙遇窗时，墙线应断开（高侧窗除外）。窗的宽度和高度一般应为 300 的整数倍，离地高度一般为 900mm，落地窗内侧应有栏杆。

- ➥ **阳台**：阳台是楼房建筑中各层房间用来与室外接触的小平台。由于阳台外露，为防止雨水从阳台进入室内，设计时要求阳台标高低于室内地面 20mm～60mm，并在阳台一侧栏杆下设排水孔。阳台在平面图上用细线表示，长度依设定或房间宽度决定，宽度一般应大于 1100mm，且一般为 300 的整数倍，阳台栏杆或栏板宽 120mm，高 1200mm 左右。

- ➥ **厨卫洁具**：厨卫洁具的设计布置也是建筑设计中非常重要的一项内容。通常在设计厨房、卫生间之前，先将厨卫洁具定义成专门的图块，在需要对厨房、卫生间进行布局时，将图块插入到房间中即可。

- ➥ **散水和雨篷**：散水用于排除建筑物周围的雨水，它与建筑物之间的宽度一般不超过 800mm，散水的设计一般是在建筑的整体设计完成之后进行的；雨篷是建筑物入口处位于外门上部用以遮挡雨水、保护外门免受雨水侵害的水平构件，多采用钢筋混凝土悬臂板，其悬挑长度一般为 1m～1.5m，主要根据其下的台阶或建筑布局确定。

3. 绘制建筑平面图的注意事项

在绘制建筑平面图的过程中，应注意如下几点。

- ➥ **剖切生成正确**：在前面也已经提到过，建筑平面图实际上仍然是剖面图，与建筑剖面图不同的是，它在剖切方向上为水平剖切，因此，用户在绘制建筑平面图时，首先要找准建筑物的剖切位置及方向，并想清楚哪些是剖到的，哪些是看到的，哪些是看不到也未剖到但需要表示的，这样才能准确地表达出建筑物的平面形式。

- ➥ **线型正确**：各个设施所使用的线型应根据规定选择，如墙线的线型应为连续中粗线，轴网的线型应为中心细线等。用户在创建绘图图层时就应该注意线型的设置。

- ➥ **只管当前层，不管其他层**：在绘制建筑物各层平面图时，只需按照剖切方向由上垂直向下看，所能够观察到的物体才属于平面图中的内容，但应注意，某些建筑物并不规则，因此在绘制各层平面图时，应把握准各层平面图所包含的内容。

- ➥ **尺寸正确**：在绘制建筑平面图时，应注意各个设施的尺寸规格要准确，如楼梯踏步一般宽 300mm、高 150mm 左右；住宅中的卧室、起居室等生活用房间，门的宽度常用 900mm，厕所、浴室的门宽度只需 650mm～800mm，阳台的门宽度为 800mm 即可。要掌握这些设施的尺寸规格，用户还需参考相关建筑设计标准书籍。

9.1.2　建筑平面图设计流程

建筑平面图是立面图、剖面图及三维模型和透视图的基础，其设计流程可分为方案设计、初步设计及施工图设计 3 个阶段。下面分别进行介绍。

- ➥ **方案设计阶段**：方案设计阶段表达的内容比较简单，主要是柱网、墙体、门窗、阳台、楼梯、雨篷、踏步和散水等建筑部件，确定各部件的初步尺寸和形状。这些尺寸可以是模糊的概数，柱网可以用点表示，墙体可以画单线，门窗可以留空不画或简单表示，楼梯可以简单示意，其他次要部分的部件可以不画，留在初步设计阶段绘制。如图 9-1 所示即为某建筑方案设计阶段的平面图。

➤ **初步设计阶段**：初步设计阶段的建筑平面设计是以方案设计阶段的平面图、建筑环境及总体初步方案造型为根据，对单体建筑的具体化。与方案设计阶段的平面图相比，初步设计阶段中建筑平面设计的尺寸应该基本准确，可以只标注两道尺寸，即轴线尺寸和轴线总尺寸。柱网需要用相应比较准确的形状表示，墙体须画双线，门窗必须用标准的门窗形式表示，楼梯必须基本绘制准确，其他次要部件也必须准确表达。如图 9-2 所示即为某建筑初步设计阶段的平面图。

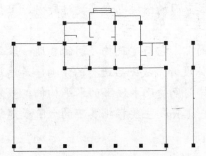

图 9-1　方案设计阶段的平面图

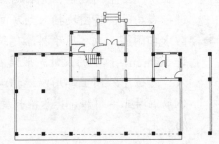

图 9-2　初步设计阶段的平面图

➤ **施工图设计阶段**：施工图设计阶段是指在方案设计阶段及初步设计阶段的基础上确定柱网、墙体、门窗、阳台、楼梯、雨篷、踏步、散水等建筑部件的准确形状、尺寸、材料、色彩及施工方法。建筑平面图设计只是停留在可行性研究后的基础上，它是把建筑生产的设想反映到图纸上，还不能把它用于建筑施工。要把设计方案图付诸实践，就必须进行建筑施工图设计。建筑施工图必须表明建筑各部分的构造做法、材料、尺寸、细部节点，文本说明也要十分详尽，注明建筑所采用的标准图集号或做法。如图 9-3 所示即为某建筑施工图设计阶段的平面图。

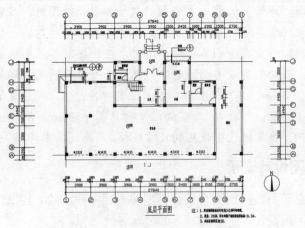

图 9-3　施工图设计阶段的平面图

9.2　建筑平面图的绘制

绘制建筑平面图的一般方法是：根据要绘制图形的方案设计对绘图环境进行设置，然后确定柱网，再绘制墙体、门窗、阳台、楼梯、雨篷、踏步、散水和设备等，最后标注初步尺寸和必要的说明文字等。

9.2.1　绘制轴网轴线

建筑平面图的绘制一般从定位轴线开始。建筑的轴线主要用于确定建筑的结构体系，是建筑定位最根本的依据，也是建筑体系的决定因素。建筑施工的每一个部件都是以轴线为基准定位的，确定了轴线，也就确定了建筑的承重体系和非承重体系，确定了建筑的开间及进深，确定了楼板、柱网、墙体的布置形式。

因此，轴线一般以柱网或主要墙体为基准布置。绘制轴线时，一般使用构造线命令绘制出一条轴线，再使用偏移命令偏移复制出其余轴线，而且为了方便定位还需为每条轴线编号，即确定轴号。轴号位于轴圈的中央。在编号时，应从水平方向由左至右分别取 1，2，3……数字作为水平方向轴号；在垂直方向由下至上分别取 A，B，C……字母作为垂直方向轴号。

轴网按平面形式可分为正交正放轴网（如图 9-4 所示）、正交斜放轴网（如图 9-5 所示）、斜交轴网（如图 9-6 所示）和圆弧轴网（如图 9-7 所示）4 种类型。

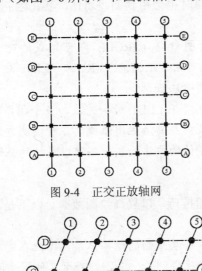

图 9-4　正交正放轴网

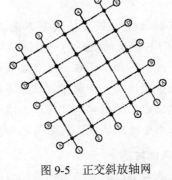

图 9-5　正交斜放轴网

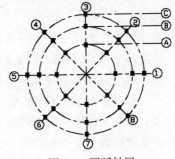

图 9-6　斜交轴网

图 9-7　圆弧轴网

9.2.2 绘制墙体

建筑空间的划分绝大部分是用墙体来组织的，在砖混结构体系中，墙体更是承重体系。在高层建筑中，剪力墙不但要承重，而且还要抵抗水平推力。墙体设计是根据平面功能和轴网来布置的，它的主要任务是对总体设计的单体模型外轮廓进行调整和具体化，绘制出建筑的外围护墙，补充绘制内部墙体。

墙体按照外形可分为直线墙、曲线墙和不规则的扭曲组合墙体。下面详细介绍直线墙和曲线墙的绘制方法，以及绘制墙体的技巧。

1. 绘制直线墙

在建筑设计中直线墙是使用较多的墙体，其绘制方法比较简单，用基本的二维绘图和编辑命令即可完成。在绘制时需注意如下 3 点：

- 建筑设计以 100 为基本模数，建筑的结构体系模数一般为 300，因此可设定绘图栅格间距和捕捉模数为 300，水平和垂直墙可在正交状态下以模数在轴网或网点上定位。
- 进行墙体设计时，只考虑墙体本身是不够的，还应考虑门窗、阳台、楼梯及结构布置等相关因素，为细部设计打下基础。
- 斜墙线可在已知墙线两端点的情况下，用目标捕捉完成，也可使用 ROTATE 命令旋转水平或垂直墙完成。若已知墙线端点坐标，则可用极坐标和相对坐标定位。

2. 绘制曲线墙

在建筑设计中，为了功能和造型的需要，有时也会用到曲线墙体，其在绘制时需注意如下 3 点：

- 完整的圆墙一般直接用基本的二维绘图命令 CIRCLE 即可完成。对于可以用 CIRCLE 定义的规则的一段圆弧墙，则可用 CIRCLE、ARC 或 PLINE 命令的"圆弧"选项绘制，通常用三点法或两点圆心法绘制。
- 由两条直线与一条圆弧相切组成的墙可用 FILLET 命令完成，多个圆弧墙组成的曲线墙应多运用对象捕捉模式准确定位，并灵活运用弧线的多种绘制方式。
- 可采用绘图辅助线，或采用已知墙线定位的方法绘制一些难以定位的弧线墙。

3. 绘制墙体技巧

在绘制建筑平面图时，应灵活运用各种绘图技巧，以提高绘图效率。以下是总结的一些技巧，供用户参考：

- 在建筑设计中，上一层平面总是基于下一层平面的结构体系，因此在完成一层平面图的绘制后，可以通过复制并进行修改得到二、三、四乃至其他层平面图。
- 直接用绘图命令来绘制墙体的方法在墙线有规律地重复出现时显得复杂且效率低下，此时可以利用 AutoCAD 中的图素复制工具如 COPY（复制）、ARRAY（阵列）、MIRROR（镜像）和 OFFSET（偏移）等方便快速地复制大量有规律排列的墙线。
- 要在平面图中绘制出门窗，只要知道门窗与墙线间的距离后，用 OFFSET（偏移）命令将墙线偏移，再修剪掉多余的墙线即可形成门窗洞口。

9.2.3 绘制门窗

在方案设计阶段，门窗可能只需要标明位置或洞口，进入建筑初步设计阶段，在绘制完墙线后，需要将门窗仔细绘制出来。门的宽度、高度及门的用材与形式设计是根据空间的使用功能、人流量、防火疏散要求确定的；窗的大小及种类是根据建筑房间的采光系数、空间的使用功能要求及建筑造型要求确定的。门窗的种类和绘制方法分别如下。

- **门**：按照 GBJ104-87《建筑制图标准》，可以将门分为 14 种，即单扇门、双扇门、对开折叠门、墙内双扇推拉门、单扇双面弹簧门、双扇双面弹簧门、墙外单扇推拉门、墙外双扇推拉门、单扇内外开门（包括平开或单面弹簧）、双扇内外双层门（包括平开或单面弹簧）、转门、折叠上翻门、卷门和提升门。虽然各种门的形状大小不同，但一般都可以使用直线、矩形、圆弧等命令进行绘制。
- **窗**：窗共有 11 种，即单层固定窗、单层外开上悬窗、单层中悬窗、单层内开下悬窗、单层外开平窗、立转窗、单层内开平窗、单层内外开平开窗、左右推拉窗、上推窗和百叶窗，一般使用直线、矩形等命令即可绘制。

9.2.4 绘制交通设计

在建筑设计中，交通设计分为平面交通设计和垂直交通设计。平面交通设计是指建筑水平方向的空间联系和通道设计（如门厅、过道、走廊等），垂直交通设计是指建筑竖直方向的空间联系和通道设计（如楼梯、电梯、自动扶梯、升降机、坡道、踏步等）。

1. 绘制楼梯

楼梯设计是建筑构造设计的重点和难点，有一整套的计算公式和设计规范。根据楼梯的形状可将楼梯分为如下几种。

- **单跑楼梯**：绘制单跑楼梯时，应以层高及使用性质大致确定楼梯的开间和进深，再初步假定踏步高和踏步宽，并计算出踏步数、梯段总长、楼梯井宽度、梯段宽度和休息平台宽度等。绘制时，应使用直线命令绘制其中的一个楼梯踏步直线，再使用阵列命令阵列复制出其余楼梯踏步直线。如图 9-8 所示即为某建筑的单跑楼梯。
- **双跑及多跑楼梯**：由于建筑空间的有限性，大量民用建筑采用的是双跑及多跑楼梯。其绘制方法与单跑楼梯相似，在完成一半楼梯的绘制后，可以使用镜像命令完成另一半楼梯图形的绘制。如图 9-9 所示即为某建筑的双跑楼梯。

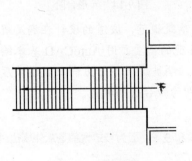

图 9-8 单跑楼梯

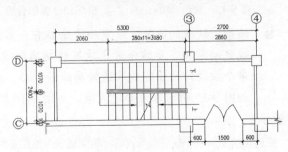

图 9-9 双跑楼梯

➡ **弧形楼梯**：弧形梯（含旋转楼梯）主要用于非疏散楼梯，如建筑室内大厅，起到装点空间、引导人流等作用。弧形楼梯的绘制方法与直线形楼梯基本相同，可以先完成一个楼梯踏步的绘制，再使用环形阵列命令完成其余楼梯踏步的绘制。如图 9-10 所示即为弧形楼梯。

➡ **异形楼梯**：异形楼梯是指梯段由一段或几段直线形楼梯段以及一段或几段弧形楼梯段组合而成的曲折多跑楼梯。

2. 绘制电梯

电梯可以按照不同划分标准分为许多种类，如可分为载客电梯和货运电梯等，但在建筑设计中，只需制定出电梯在建筑中的平面位置，如表达清楚轿箱、电梯门、平衡锤及电梯大小规格等，然后使用矩形命令并结合直线命令绘制电梯轮廓即可。如图 9-11 所示即为建筑设计中电梯平面的表示图样。

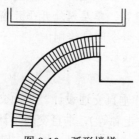
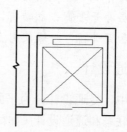

图 9-10　弧形楼梯　　　　　　　　　　图 9-11　电梯平面图样

3. 绘制台阶及坡道

台阶是指为处理楼面或地面的高差而设置的踏步；坡道常用于在有车、货物上下或满足残疾人特殊通行要求时设计。它们的设计及绘制方法如下。

➡ **台阶**：台阶的阶数一般不会很多，但不宜少于 3 步，但也有较多踏步的。踏步的设计应根据空间和实际需要进行。台阶主要有普通台阶（如图 9-12 所示）、弧形台阶（如图 9-13 所示）和异形台阶（如图 9-14 所示）3 类。

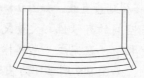
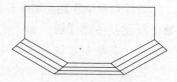

图 9-12　普通台阶　　　　图 9-13　弧形台阶　　　　图 9-14　异形台阶

➡ **坡道**：坡道的坡长、坡宽和坡度都有一系列的建筑规范，坡道的设计在满足规范规定的前提下要综合考虑建筑的功能和视觉景观的需要。用 AutoCAD 基本绘图命令按设计尺寸完成坡道轮廓线绘制后，还应注明坡道上下行方向及坡道坡度。如图 9-15 所示即为普通坡道，如图 9-16 所示即为带台阶的坡道。

◀》**提示：**

> 在建筑绘图中，一般应在双线墙绘制完成后再绘制室外台阶和坡道。因为坡道大都是从外墙边线开始计算其宽度的，所以它们与双线墙墙体宽度有关。

图 9-15 普通坡道   图 9-16 带台阶的坡道

9.2.5 绘制室内设施

为表达符合人的行为心理的建筑设计空间组织，表现房间的使用性质、人流线路的清晰性和空间使用的合理性，在建筑平面图方案初步设计阶段，还要进行常用家具和设备的设计与布置。

一般家具和设备均有规格尺寸，所以可以事先把常用家具（如桌、椅、床、沙发、柜、书架、茶几、花瓶等）和设备（如冰箱、洗衣机、电视机、洗手盆、拖布池、污水池、灶台、炉具、碗框、操作台、坐便器、浴盆等）制作成图块文件进行存放，在使用时调用适合的图块，并进行相应的调整即可。如图 9-17 所示即为某户型图室内布置图。

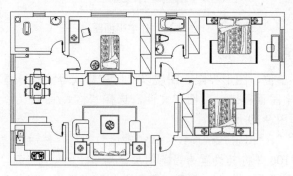

图 9-17 绘制室内设施

9.2.6 绘制其他设施

对于建筑中的其他附属构件，如阳台、雨篷、散水、花台、室外环境和布置等，由于其设计与墙体的厚度有一定关系，并且都是从外墙边线开始计算其构件宽度的，所以可在完成方案设计的主要部分——平面功能分析、轴线、柱网、墙体、交通联系的设计后，在初步设计中进一步设计。如果外墙宽度已明确，在方案设计阶段绘制这些构件时应考虑其外墙宽度。

9.3 上机及项目实训

9.3.1 绘制住宅平面图

本次实训将利用本章所讲建筑平面图的基础知识，以及前几章介绍的绘图及编辑命令，完成某住宅平面图的绘制，效果如图 9-18 所示（立体化教学:\源文件\第 9 章\住宅平面图.dwg）。

绘制该平面图形时，首先应对绘图环境进行设置，如绘图单位、图形界限、图层以及标注样式等，再使用构造线、多线、图块等命令，完成住宅平面图的绘制。

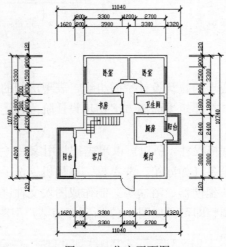

图 9-18　住宅平面图

1．设置绘图环境

为图形设置图形单位、图形界限、图层以及标注样式等绘图环境。操作步骤如下：

（1）新建"住宅平面图.dwg"图形文件，选择"格式/图层"命令，打开"图层特性管理器"对话框，如图 9-19 所示。

（2）创建"标注"、"门窗"、"墙线"和"轴线"图层，然后将"轴线"图层的线型设置为 ACAD_IS008W100 并将其设置为当前图层，单击 确定 按钮，完成图层设置。

（3）选择"格式/单位"命令，打开"图形单位"对话框，将长度"类型"设置为"小数"，"精度"设置为 0，单击 确定 按钮，如图 9-20 所示，完成图形单位的设置。

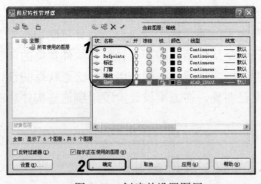

图 9-19　创建并设置图层

图 9-20　设置图形单位

（4）选择"格式/图形界限"命令，设置图形界限的左下角的端点为（0,0），右上角的端点为（42000,29700）。

（5）选择"格式/标注样式"命令，打开"标注样式管理器"对话框，单击 新建(N)... 按钮创建"建筑标注"标注样式，再单击 继续 按钮，打开"新建标注样式：建筑标注"对话框，选择"线"选项卡，在"尺寸线"和"尺寸界线"栏中设置尺寸标注的线条样式，具体参数设置如图 9-21 所示。

（6）选择"符号和箭头"选项卡，在"箭头"栏中设置标注样式的箭头样式和大小，具体参数设置如图 9-22 所示。

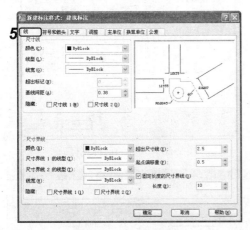

图 9-21　设置标注线条

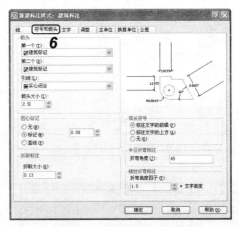

图 9-22　设置标注符号和箭头

（7）选择"文字"选项卡，设置标注文字的外观、文字位置和文字对齐方式等，具体参数设置如图 9-23 所示。

（8）选择"调整"选项卡，将"全局比例因子"设置为 150，如图 9-24 所示。

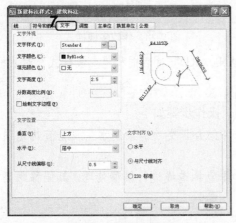

图 9-23　设置标注文字

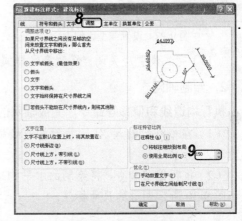

图 9-24　设置标注比例

（9）选择"主单位"选项卡，在"线性标注"栏中设置"精度"为 0，如图 9-25 所示。

（10）单击 确定 按钮返回"标注样式管理器"对话框，将"建筑标注"标注样式设置为当前标注样式，并关闭对话框，如图 9-26 所示。

（11）选择"格式/线型"命令，打开"线型管理器"对话框，单击 显示细节(D) 按钮，显示线型的详细信息，将"全局比例因子"选项设置为 100，如图 9-27 所示。

（12）选择"格式/多线样式"命令，打开"多线样式"对话框，单击 修改(M)... 按钮，打开"修改多线样式：STANDARD"对话框，在"封口"栏的"起点"和"端点"选项中选中"直线"对应的复选框，如图 9-28 所示。

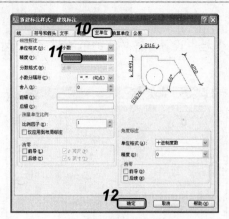

图 9-25　设置标注单位

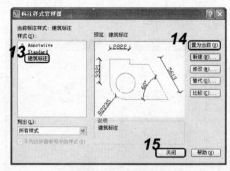

图 9-26　设置当前标注样式

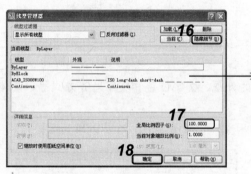

图 9-27　设置线型比例

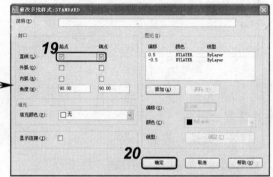

图 9-28　修改多线样式

（13）完成设置后关闭"修改多线样式：STANDARD"对话框和"多线样式"对话框。

2．绘制轴网

执行构造线和偏移等命令，完成轴网的绘制。操作步骤如下：

（1）在命令行输入 XL，执行构造线命令，并结合正交功能绘制水平及垂直构造线，如图 9-29 所示。

（2）执行偏移命令，将绘制的水平构造线和垂直构造线进行偏移处理，其偏移距离参见如图 9-30 所示图形的尺寸标注。

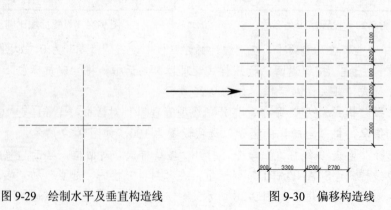

图 9-29　绘制水平及垂直构造线

图 9-30　偏移构造线

3．绘制墙线

执行多线、多线编辑、多段线，以及偏移等命令，完成住宅平面图的墙线及阳台轮廓的绘制。操作步骤如下：

（1）将当前图层切换为"墙线"图层，在命令行输入 ML，执行多线命令，将多线的"比例"设置为 240，"对齐"方式设置为"无"，在命令行提示"指定起点或 [对正(J)/比例(S)/样式(ST)]："后捕捉左下角构造线的交点，指定多线的起点，如图 9-31 所示。

（2）在命令行提示"指定下一点："后捕捉右下角构造线的交点，指定多线的下一点位置，如图 9-32 所示。

（3）在命令行提示后依次捕捉构造线的其他交点，完成墙线轮廓的绘制，如图 9-33 所示。

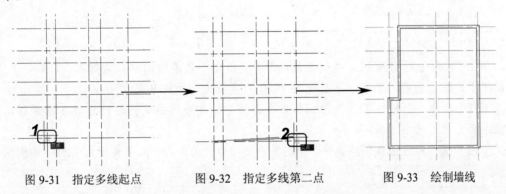

图 9-31　指定多线起点　　　图 9-32　指定多线第二点　　　图 9-33　绘制墙线

（4）在命令行输入 ML，再次执行多线命令，以相同的方法分别绘制如图 9-34 所示的多线。

（5）在命令行输入 ML，继续执行多线命令，将多线的比例设置为 120，并以底端多线的中点为起点，绘制一条垂直多线，如图 9-35 所示。

（6）选择"修改/对象/多线"命令，执行多线编辑命令，打开"多线编辑工具"对话框，如图 9-36 所示。

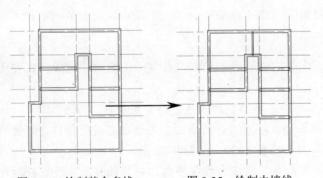

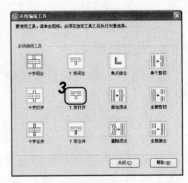

图 9-34　绘制其余多线　　　图 9-35　绘制内墙线　　　图 9-36　"多线编辑工具"对话框

（7）单击 按钮，返回绘图区，在命令行提示"选择第一条多线："后选择中间一条多线，指定要进行编辑的第一条多线，如图 9-37 所示。

（8）在命令行提示"选择第二条多线："后选择最左侧的一条多线，指定要进行编辑的第二条多线，如图 9-38 所示。

（9）使用相同的方法，选择其余要进行编辑的多线，完成多线的编辑，并关闭"轴线"图层，其效果如图 9-39 所示。

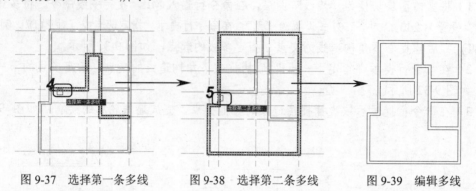

图 9-37　选择第一条多线　　　图 9-38　选择第二条多线　　　图 9-39　编辑多线

（10）在命令行输入 PL，执行多段线命令，以左下角多线的端点为起点，并结合正交、对象捕捉追踪等功能，绘制水平长度为 1500 的多段线，如图 9-40 所示。

（11）在命令行输入 O，执行偏移命令，将绘制的多段线向内连续进行 3 次偏移，其偏移距离为 80，如图 9-41 所示。

（12）执行多段线和偏移命令，绘制另一个阳台轮廓，其中水平长度为 1200，如图 9-42 所示。

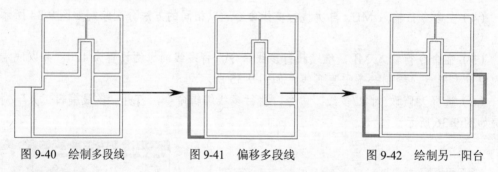

图 9-40　绘制多段线　　　图 9-41　偏移多段线　　　图 9-42　绘制另一阳台

4．绘制门窗

使用分解、偏移、修剪等命令，完成门窗墙线的绘制，并使用图块功能完成门、窗图形的绘制。操作步骤如下：

（1）在命令行输入 X，执行分解命令，将绘制的多线进行分解处理。

（2）在命令行输入 O，执行偏移命令，将左端分解的垂直多线向右进行偏移，其偏移距离为 4200，并将偏移的垂直多线再向右偏移 1200，如图 9-43 所示。

（3）在命令行输入 TR，执行修剪命令，将多余线条修剪，并将偏移的多线进行延伸处理，如图 9-44 所示。

（4）执行偏移、延伸、修剪等命令，完成其余门框线的绘制，如图 9-45 所示。

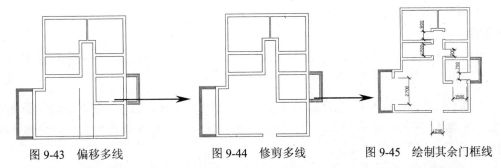

图 9-43　偏移多线　　　图 9-44　修剪多线　　　图 9-45　绘制其余门框线

（5）在命令行输入 I，执行插入命令，打开"插入"对话框，如图 9-46 所示。

（6）单击 浏览(B)... 按钮，打开"选择图形文件"对话框，如图 9-47 所示。

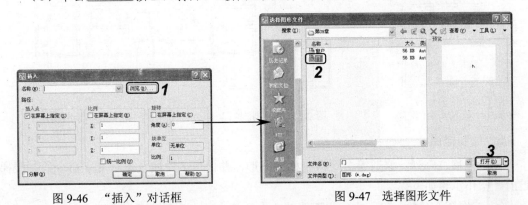

图 9-46　"插入"对话框　　　　　图 9-47　选择图形文件

（7）选择"门.dwg"图块文件（立体化教学:\实例素材\第 9 章\门.dwg），单击 打开(O) 按钮，返回"插入"对话框，在"比例"栏中选中 统一比例(U) 复选框，在 X 文本框中输入"1.2"，在"旋转"栏的"角度"文本框中输入"180"，如图 9-48 所示。

（8）单击 确定 按钮，返回绘图区，在命令行提示"指定插入点或 [基点(B)/比例(S)/旋转(R)]:"后捕捉垂直墙线的中点，指定图块的插入点，如图 9-49 所示。

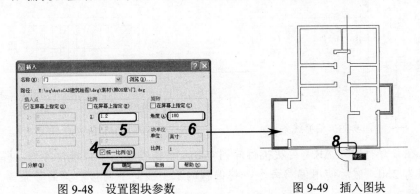

图 9-48　设置图块参数　　　　图 9-49　插入图块

（9）使用相同的方法，插入其余门图块，并使用镜像等命令完成门图形的绘制，如图 9-50 所示。

（10）在命令行输入 I，执行插入命令，插入"推拉门.dwg"图块文件（立体化教学:\实例素材\第9章\推拉门.dwg），如图9-51所示。

🔊提示：

> 插入"推拉门.dwg"图块文件时，应根据门框线的尺寸标注来设置图块的比例，其中宽度为1500的推拉门，X选项的比例为1.5，Y和Z选项的比例为1。

（11）在命令行输入I，执行插入命令，使用相同的方法，插入"窗户.dwg"图块文件（立体化教学:\实例素材\第9章\窗户.dwg），插入点为分解后多线的中点，图块比例参见如图9-52所示图形的尺寸标注。

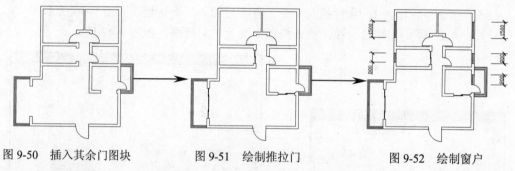

图9-50 插入其余门图块　　　　图9-51 绘制推拉门　　　　图9-52 绘制窗户

5. 绘制楼梯

使用偏移、阵列、修剪等命令绘制楼梯图形，并使用多段线及单行文字命令绘制楼梯走向。操作步骤如下：

（1）在命令行输入Z，执行视图缩放命令，将左下方图形进行放大显示。

（2）在命令行输入O，执行偏移命令，将分解后的垂直多线和水平多线进行偏移，其偏移距离为700，如图9-53所示。

（3）在命令行输入AR，执行阵列命令，将向右偏移的垂直线进行阵列操作，其中阵列的列数为10，列偏移为250，如图9-54所示。

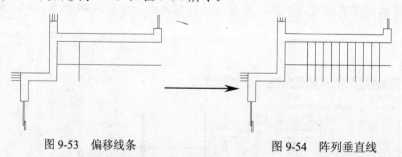

图9-53 偏移线条　　　　　　图9-54 阵列垂直线

（4）在命令行输入AR，再次执行阵列命令，将偏移的水平线进行阵列，阵列行数为4，行偏移为250，然后使用偏移命令，将偏移的水平线向下偏移，其偏移距离为50，如图9-55所示。

（5）在命令行输入TR，执行修剪命令，将偏移及阵列的图形进行修剪处理，如图9-56所示。

（6）在命令行输入PL，执行多段线命令，绘制楼梯走向，如图9-57所示。

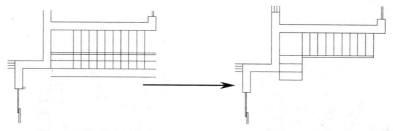

图 9-55　阵列水平线　　　　　　　图 9-56　修剪图形

（7）在命令行输入 TEXT，执行单行文字命令，标注楼梯走向，如图 9-58 所示。

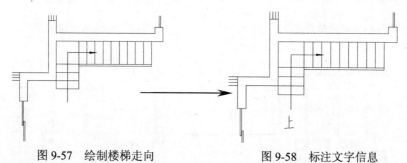

图 9-57　绘制楼梯走向　　　　　　图 9-58　标注文字信息

6. 标注图形

使用文字标注和尺寸标注命令，将图形进行文字及尺寸标注。操作步骤如下：

（1）在命令行输入 TEXT，执行单行文字命令，在图形中对客厅进行文字说明，如图 9-59 所示。

（2）在命令行输入 CO，执行复制命令，将绘制的单行文字进行复制，如图 9-60 所示。

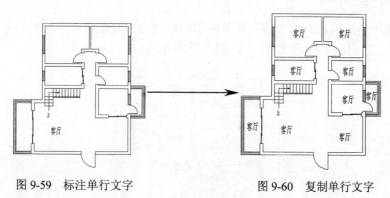

图 9-59　标注单行文字　　　　　　图 9-60　复制单行文字

（3）双击复制的单行文字，将单行文字进行更改，如图 9-61 所示。

（4）执行线性标注和连续标注命令，将图形进行第一道详细的尺寸标注，如图 9-62 所示。

（5）执行线性标注和连续标注命令，标注建筑平面图的第二道尺寸标注，如图 9-63 所示。

（6）执行线性标注命令，将图形进行第三道总长度的标注，如图 9-64 所示。

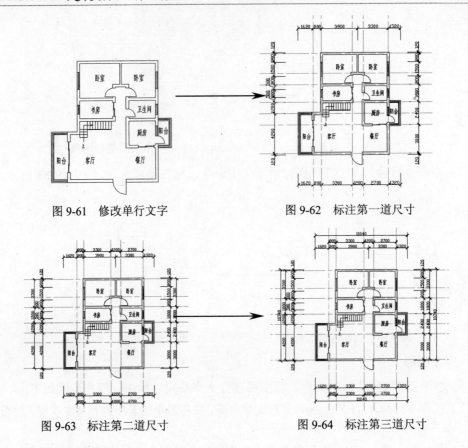

图 9-61　修改单行文字　　　　　　图 9-62　标注第一道尺寸

图 9-63　标注第二道尺寸　　　　　　图 9-64　标注第三道尺寸

9.3.2　绘制户型图

结合本章所学知识，并结合前面章节所学的各种绘图及编辑命令绘制户型图，效果如图 9-65 所示（立体化教学:\源文件\第 9 章\户型图.dwg）。

图 9-65　户型图

本练习可结合立体化教学中的视频演示进行学习（立体化教学:\视频演示\第 9 章\绘制户型图.swf）。主要操作步骤如下：

（1）新建"户型图.dwg"图形文件，执行构造线命令，绘制水平及垂直辅助线，并使用偏移命令和尺寸标注命令完成轴网的绘制，如图 9-66 所示。

　　（2）执行多线命令，以轴网为基准，绘制如图 9-67 所示的墙线。

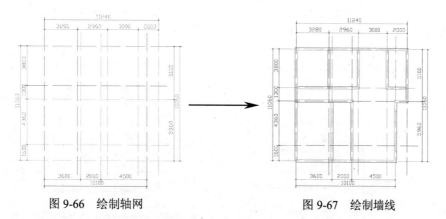

图 9-66　绘制轴网　　　　　　　　　　　　图 9-67　绘制墙线

　　（3）使用分解、偏移以及修剪命令，对多线进行编辑，完成门框的绘制，如图 9-68 所示。

　　（4）执行单行文字命令，对图形进行文字说明，并使用直线、修剪等命令完成台阶的绘制，如图 9-69 所示。

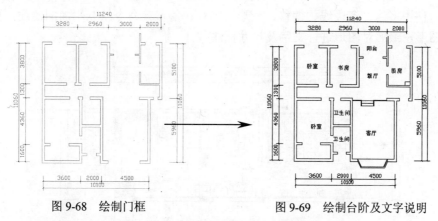

图 9-68　绘制门框　　　　　　　　　　　图 9-69　绘制台阶及文字说明

　　（5）使用矩形、分解等命令，完成窗户图形的绘制。

9.4　练习与提高

　　（1）使用构造线、多线、矩形、单行文字、尺寸标注等命令，完成办公楼地下层平面图的绘制，如图 9-70 所示（立体化教学:\源文件\第 9 章\办公楼地下层平面图.dwg）。

　　提示：创建图层，并使用多线、矩形、直线、阵列等命令绘制办公楼地下层平面图轮廓，再使用文字标注命令和尺寸标注命令对图形进行标注。

　　（2）使用多线、直线、圆弧、复制、镜像等命令，完成某住宅楼一层建筑平面图的绘制，效果如图 9-71 所示（立体化教学:\源文件\第 9 章\绘制某住宅楼一层建筑平面图.dwg）。

提示：首先使用构造线命令绘制轴线，再使用多线命令绘制墙线，门窗与楼梯可通过插入外部图块（立体化教学:\实例素材\第 9 章\门窗图块.dwg、楼梯.dwg）的方法进行绘制，最后对图形标注。本练习可结合立体化教学中的视频演示进行学习（立体化教学:\视频演示\第 9 章\住宅楼一层建筑平面图.swf）。

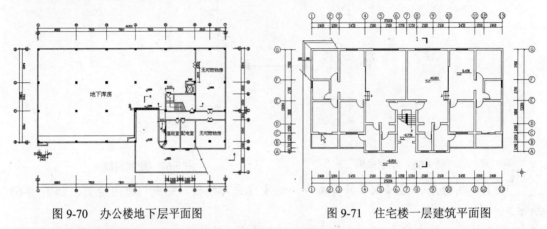

图 9-70　办公楼地下层平面图　　　　　图 9-71　住宅楼一层建筑平面图

（3）使用构造线、多线、多段线、偏移、图案填充等命令，绘制如图 9-72 所示的装饰平面图（立体化教学:\源文件\第 9 章\装饰平面图.dwg）。

提示：使用多线、多段线、偏移、矩形、阵列、偏移等命令绘制平面图墙线，再绘制室内装饰图形，最后对图形进行文字及尺寸标注。

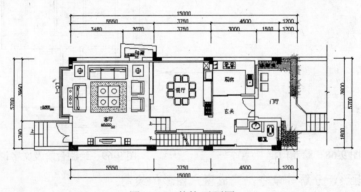

图 9-72　装饰平面图

 **总结 AutoCAD 中绘制建筑平面图的方法**

　　本章主要介绍了使用 AutoCAD 绘制建筑平面图的方法，这里总结以下几点供读者参考和探索：

- ➲ 绘制对称平面图时，可以先绘制平面图的一半，再使用镜像命令镜像复制出另一半图形。

- ➲ 绘制平面图内部图形时，可以先将家具等图形定义为图块，在绘制时直接使用插入命令将图块插入到平面图中。

第 10 章　绘制建筑立面图

学习目标

- ☑ 使用构造线、偏移、修剪等命令绘制建筑立面图轮廓
- ☑ 使用偏移、多段线、修剪等命令绘制立面图窗户图形
- ☑ 使用图块、偏移、修剪以及尺寸标注等命令绘制建筑立面图
- ☑ 使用构造线、偏移、图案填充、尺寸标注等命令绘制别墅立面图
- ☑ 使用构造线、偏移、修剪、镜像、阵列等命令绘制住宅楼立面图

目标任务&项目案例

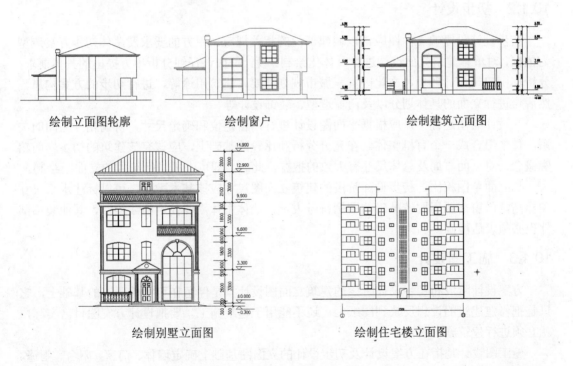

绘制立面图轮廓　　　　　绘制窗户　　　　　绘制建筑立面图

绘制别墅立面图　　　　　绘制住宅楼立面图

　　绘制立面图时，首先应绘制立面图轮廓，再使用图块、复制、阵列等命令完成窗户、门、栏杆等图形的绘制，最后使用尺寸标注命令对图形进行尺寸标注，以及书写图形的标高等。本章将详细介绍绘制建筑立面图的方法，以及对立面图进行标高、尺寸标注等相关操作的方法。

10.1 建筑立面图基础知识

建筑立面图是反映建筑设计方案、门窗立面位置、样式与朝向、室外装饰造型及建筑结构样式等最直观的手段，它是三维模型和透视图的基础。一栋建筑的外观美观与否，取决于建筑的立面设计。根据观察方向的不同可以有几个方向的立面图，而立面图的绘制是建立在建筑平面图的基础上的，它在宽度方向的尺寸应该与平面图中的相应组成边一致，高度方向的尺寸是根据每一层的建筑层高及建筑部件在空间的高度位置而确定的。

建筑立面图的设计流程也可分为方案设计、初步设计及施工图设计 3 个阶段。

10.1.1　方案设计

在方案设计阶段，立面图一般根据平面图的设计方案绘制，在完成草图后，再到电脑上绘制。此阶段立面图表达的内容比较简单，主要是墙体、门窗、阳台、雨篷、踏步和散水等建筑部件的大体形式和位置，确定各部件的初步尺寸，这些尺寸可以不必精确。

10.1.2　初步设计

初步设计阶段的立面图应该以城建部门的相关规定、甲方的要求及总体初步方案造型为依据，对单体建筑立面设计进行具体化绘制。设计师应该仔细分析甲方提出的具体要求，分析周围建筑设计环境、文化因素、城市规划需要、建筑用途等，进行初步的方案构思，然后再进行立面的具体划分以及门窗造型、装饰设计等。

在设计绘图过程中，应根据平面图设计进行门窗定位和确定尺寸，协调相互之间的关系，使之组合成一个有机整体。在充分分析和比较的基础上，应该有该建筑的初步立面轮廓概念，对立面布局及总体尺寸有大致的把握。此时，即可上机进行细致的立面图绘制。

与立面草图相比，初步设计阶段的建筑立面图尺寸应该基本准确，可以标注水平尺寸和标高，门窗需要用比较准确的图例符号表示，墙体主体需要使用粗线绘制，其他装饰部件也必须表达准确。

10.1.3　施工图设计

方案设计阶段和初步设计阶段的建筑立面图设计只是停留在可行性研究的基础上，它只是把修建建筑的设想反映到图纸上，还不能用于建筑施工。要把设计方案图付诸实际，就必须进行建筑施工图设计。

施工图设计是指在方案设计及初步设计的立面图基础上确定墙体、门窗、阳台、雨篷、踏步、散水和女儿墙等建筑部件的准确形状、尺寸、材料、色彩及施工方法。建筑立面施工图必须表明建筑各部件的位置、构造做法、材料、尺寸和细部节点，同时，文本说明也要十分详尽，注明建筑所采用的标准图集号或做法。如图 10-1 所示即为某综合楼的正立面施工图。

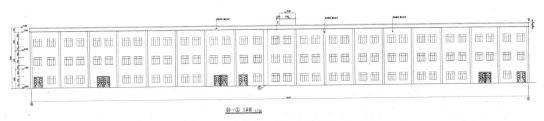

图 10-1　施工图设计阶段的立面图

10.2　建筑立面图的绘制

在绘制建筑立面图的过程中要有一定的顺序，但也没有统一规定。绘制时，如果立面图是根据平面图和设计草图来进行绘制，应该遵循以平面图决定立面图的原则，绝不能出现立面图相关尺寸与平面图不符的情况。但是，平面图中也有很多在绘制立面图时不需要的部分，其中作为生成立面图基础的平面图中需保留的构件有外墙、台阶、雨篷、阳台、室外楼梯、外墙上的门窗、花台、散水等。

10.2.1　立面图的基本绘制方法

用 AutoCAD 绘制建筑立面图有两种基本的方法，即各向独立法和模型投影法。

1．使用各向独立法绘制立面图

各向独立法是采用直接调用平面图，关闭不需要的图层，删去一些不必要的图素，然后根据平面图中某方向的外墙、外门窗等位置和尺寸，按照"长相等、高平齐、宽对正"的原则，直接使用 AutoCAD 绘图命令绘制某方向的建筑立面投影图，因此使用此方法绘制立面图前必须先绘制建筑平面图。

2．使用模型投影法绘制立面图

模型投影法是利用 AutoCAD 建模准确和消隐迅速的功能，首先建立建筑的三维模型（可以是建筑物外观三维面模型，也可以是实体模型），然后选择不同视点观察模型并进行消隐处理，得到不同方向的建筑立面图。这种方法的优点是它直接从三维模型上提取二维立面信息，一旦完成建模工作，就可以得到任意方向的建筑立面图。

10.2.2　绘图前的准备工作

在建筑设计中，平面图决定立面图，因此在绘制立面图前应调用建筑平面图中的图素作为绘图基础。建筑立面图并不需要反映建筑的内部墙、门窗、家具、设备、楼梯等构件，以及平面图中的文本标注，而且过多的标注和构件会影响用户进行三维图形的绘制和观察。

因此，在调用平面图素后，应将无关的图形删除或关闭所在层，其中需保留的构件有外墙、台阶、雨篷、阳台、室外楼梯、外墙上的门窗、花台和散水等。

10.2.3 绘制墙体立面图

准备好建筑立面图的图素后，就可以依据建筑的墙体尺寸和层高，生成墙体立面图，然后以平面图为基础绘制平面图中有起伏转折的部分墙体，并依据屋顶形式和女儿墙的高度生成屋顶立面图。在绘制墙体立面图时，应注意以下方法和技巧。

- **绘图环境**：可以单独为外墙设置绘图环境，打开轴线层和墙体层，设定栅格间距和光标捕捉模数为 100（因为建筑设计规范规定建筑立面的模数一般为 100mm），并打开捕捉功能和正交功能。
- **各层立面**：在立面图设计中，上一层立面总是基于下一层平面的外墙轮廓，因此在完成一层平面图的绘制后，可以通过复制后进行修改得到二、三、四层以及其他层立面图。
- **编辑墙线**：在用各种方法绘制出立面墙线后，还需要对其进行编辑，如墙线和其他轮廓线的接头、断开、延伸、删除、圆角和移动等。

10.2.4 绘制门、窗立面图

门、窗立面图主要用于表现门窗的形式、尺寸和门窗离地面的高度。绘制时应注意以下几点：

- 门窗的大小、高度应符合建筑模数，如普通门高度为 2m，入口防盗门宽度为 1m，高窗底框高度应为 1.5m 以上，一般窗户底框高度应为 0.9m。
- 门的宽度、高度及门的立面形式设计是根据门平面的位置和尺寸、人流量要求而定的；窗的大小及种类是根据窗平面的位置和尺寸、房间的采光要求、使用功能要求及建筑造型要求确定的。

📢**提示：**

> 在使用 AutoCAD 绘制门、窗立面图时，应注意它与平面图中表现的门窗位置的对应关系，其水平方向上的位置应根据平面图来确定。

10.2.5 绘制其他部件立面图

绘制好墙体立面图和门、窗立面图后，则可依据台阶、雨篷、阳台、室外楼梯、花台、散水等建筑部件的具体平面位置和高度位置绘制其立面形状，依据方案设计阶段的装饰方案绘制特殊的装饰部件。在绘制这些部件时，需要注意的是这些部件在平面图上的位置和高度方向的位置。绘制的命令主要是一些平面的二维绘图命令和二维编辑命令。

10.3 上机及项目实训

10.3.1 绘制建筑立面图

本次实训将利用本章所学建筑立面图的基础知识，以及前几章介绍的绘图及编辑命令，

完成某建筑立面图的绘制，效果如图 10-2 所示（立体化教学:\源文件\第 10 章\建筑立面图.dwg）。

图 10-2 建筑立面图

绘制立面图时，如果在已有建筑平面图的基础上进行绘制，应先将平面图打开，再删除并修剪多余的图素，然后在平面图的基础上绘制建筑立面图，并使用绘图及编辑命令完成窗户、门、栏杆等图形的绘制，最后对图形进行尺寸标注等操作。

1. 绘制立面图轮廓

打开平面图，使用构造线、偏移、修剪等命令完成立面图轮廓的绘制。操作步骤如下：

（1）打开"建筑平面图.dwg"图形文件（立体化教学:\实例素材\第 10 章\建筑平面图.dwg），如图 10-3 所示。

（2）在命令行输入 XL，执行构造线命令，选择"水平"选项，在平面图中绘制一条水平构造线，如图 10-4 所示。

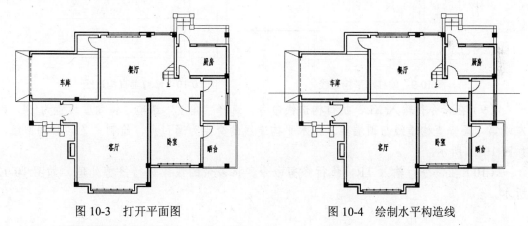

图 10-3 打开平面图　　　　　　　　图 10-4 绘制水平构造线

（3）执行修剪、删除命令，将水平构造线上方多余的图形对象进行修剪及删除处理，如图 10-5 所示。

（4）在命令行输入 XL，执行构造线命令，在平面图上方再绘制一条水平构造线，如图 10-6 所示。

（5）在命令行输入 XL，执行构造线命令，选择"垂直"选项，在命令行提示"指定通过点:"后捕捉水平直线与垂直线的交点，指定构造线通过的点，如图 10-7 所示。

（6）使用相同的方法，绘制其余垂直构造线，如图 10-8 所示。

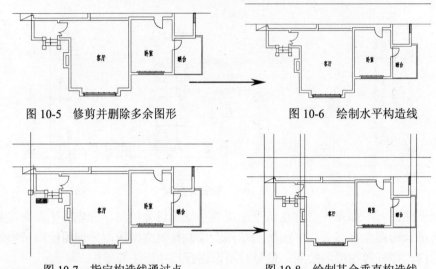

图 10-5　修剪并删除多余图形　　　　图 10-6　绘制水平构造线

图 10-7　指定构造线通过点　　　　图 10-8　绘制其余垂直构造线

（7）在命令行输入 O，执行偏移命令，将水平构造线依次向上进行偏移，其偏移距离分别为 600、3600 和 3300，如图 10-9 所示。

（8）在命令行输入 TR，执行修剪命令，以底端水平构造线为修剪边界，将垂直构造线进行修剪处理，如图 10-10 所示。

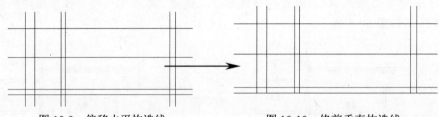

图 10-9　偏移水平构造线　　　　图 10-10　修剪垂直构造线

（9）在命令行输入 XL，执行构造线命令，选择"角度"选项，将角度设置为 24，以左端第二条垂直构造线与顶端第二条水平构造线的交点为通过点，绘制一条倾斜构造线，如图 10-11 所示。

（10）在命令行输入 TR，执行修剪命令，将多余的线条进行修剪处理，如图 10-12 所示。

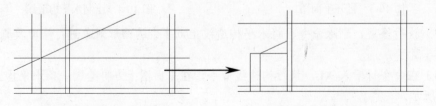

图 10-11　绘制倾斜构造线　　　　图 10-12　修剪多余线条

（11）在命令行输入 O，执行偏移命令，将修剪后的水平线依次向下进行偏移，其偏移距离分别为 150、100 和 80，如图 10-13 所示。

（12）在命令行输入 O，执行偏移命令，将左端垂直线依次向右进行偏移，其偏移距离分别为 250 和 120，如图 10-14 所示。

（13）在命令行输入 TR，执行修剪命令，将偏移后的水平线及垂直线进行修剪处理，如图 10-15 所示。

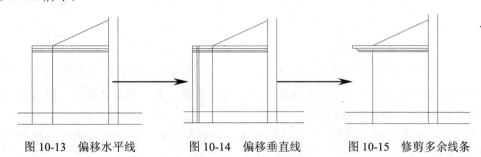

图 10-13　偏移水平线　　　　图 10-14　偏移垂直线　　　　图 10-15　修剪多余线条

（14）在命令行输入 O，执行偏移命令，将左端第二条修剪的构造线向左偏移 450，将右端修剪后的垂直构造线向右偏移 600，如图 10-16 所示。

（15）在命令行输入 O，将顶端水平构造线向下进行偏移，其偏移距离分别为 150、100 和 80，并使用修剪命令将偏移的水平及垂直线进行修剪，效果如图 10-17 所示。

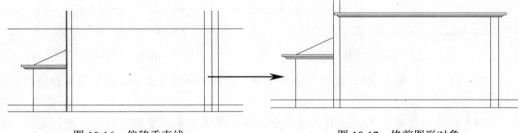

图 10-16　偏移垂直线　　　　　　　　图 10-17　修剪图形对象

（16）在命令行输入 O，执行偏移命令，将底端第二条水平构造线向上进行偏移，其偏移距离为 7800，如图 10-18 所示。

（17）在命令行输入 O，执行偏移命令，将水平构造线依次向下进行偏移，其偏移距离为 100 和 500，将两条垂直线分别向两端进行偏移，其偏移距离为 100，如图 10-19 所示。

（18）在命令行输入 TR，执行修剪命令，将偏移线条进行修剪处理，如图 10-20 所示。

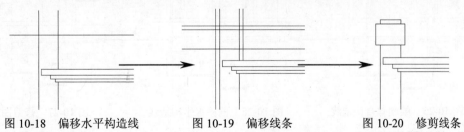

图 10-18　偏移水平构造线　　　图 10-19　偏移线条　　　图 10-20　修剪线条

（19）在命令行输入 XL，执行构造线命令，绘制角度为 18° 的倾斜构造线，通过的点距离水平直线 X 轴的正方向 300，如图 10-21 所示。

（20）在命令行输入 XL，再次执行构造线命令，绘制角度为-21°的倾斜构造线，通过的点距离水平直线 X 轴的负方向 540，如图 10-22 所示。

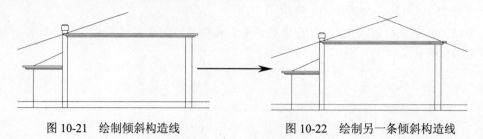

图 10-21　绘制倾斜构造线　　　　　　　图 10-22　绘制另一条倾斜构造线

（21）在命令行输入 O，执行偏移命令，将底端第二条水平构造线向上进行偏移，其偏移距离为 8700，如图 10-23 所示。

（22）在命令行输入 TR，执行修剪命令，将绘制和偏移的构造线进行修剪处理，如图 10-24 所示。

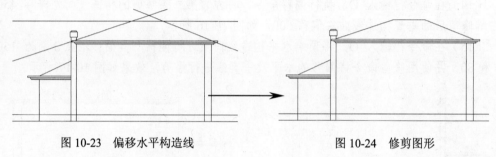

图 10-23　偏移水平构造线　　　　　　　　图 10-24　修剪图形

（23）在命令行输入 XL，执行构造线命令，选择"垂直"选项，绘制垂直构造线，如图 10-25 所示。

（24）在命令行输入 O，执行偏移命令，将底端第二条水平构造线向上进行偏移，其偏移距离为 3000，如图 10-26 所示。

（25）在命令行输入 TR，执行修剪命令，将绘制的垂直构造线和水平构造线进行修剪处理，完成立面图轮廓的绘制，如图 10-27 所示。

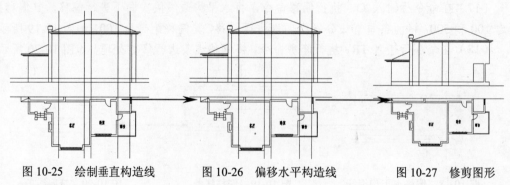

图 10-25　绘制垂直构造线　　　　图 10-26　偏移水平构造线　　　　图 10-27　修剪图形

2. 绘制窗户

使用偏移、多段线、偏移、阵列以及修剪等命令，完成窗户立面图的绘制。操作步骤如下：

（1）在命令行输入 XL，执行构造线命令，选择"垂直"选项，以窗户端点为通过点，绘制两条垂直构造线，如图 10-28 所示。

（2）在命令行输入 O，执行偏移命令，将底端水平构造线向上进行偏移，其偏移距离为 150、870 和 6300，如图 10-29 所示。

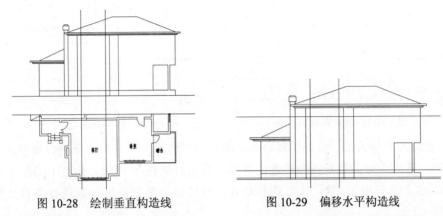

图 10-28 绘制垂直构造线　　　　　　图 10-29 偏移水平构造线

（3）在命令行输入 TR，执行修剪命令，将绘制和偏移的构造线进行修剪处理，如图 10-30 所示。

（4）在命令行输入 O，执行偏移命令，将客厅窗户顶端水平线向下进行偏移，其偏移距离为 800，将垂直线向内进行偏移，其偏移距离为 100，如图 10-31 所示。

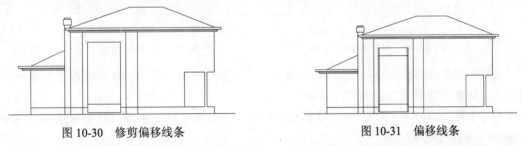

图 10-30 修剪偏移线条　　　　　　图 10-31 偏移线条

（5）在命令行输入 A，执行圆弧命令，以客厅窗户两条向内偏移垂直线与偏移水平线的交点为端点，通过点为顶端水平线中点绘制一条圆弧，如图 10-32 所示。

（6）执行修剪以及删除命令，将多余线条进行修剪和删除，如图 10-33 所示。

图 10-32 绘制圆弧　　　　　　图 10-33 修剪及删除多余线条

（7）在命令行输入 O，执行偏移命令，将圆弧和线条向内进行偏移，其偏移距离为 100，并使用修剪命令将其进行修剪处理，如图 10-34 所示。

（8）在命令行输入 AR，执行阵列命令，将底端水平线进行阵列复制，其中阵列的行数为 6，行偏移为 900，如图 10-35 所示。

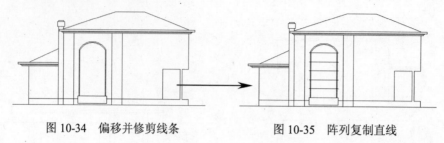

图 10-34　偏移并修剪线条　　　　　图 10-35　阵列复制直线

（9）在命令行输入 O，执行偏移命令，将阵列后的水平线分别向上进行偏移，其偏移距离为 100，将左端两条垂直线向右进行复制，其相对距离为 1350，如图 10-36 所示。

（10）在命令行输入 TR，执行修剪命令，将偏移和复制后的线条进行修剪处理，如图 10-37 所示。

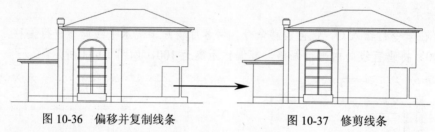

图 10-36　偏移并复制线条　　　　　图 10-37　修剪线条

（11）在命令行输入 XL，执行构造线命令，选择"垂直"选项，以平面图窗户端点为通过点，绘制垂直构造线，如图 10-38 所示。

（12）在命令行输入 O，执行偏移命令，将水平线向上进行偏移，其偏移距离为 500 和 2900，如图 10-39 所示。

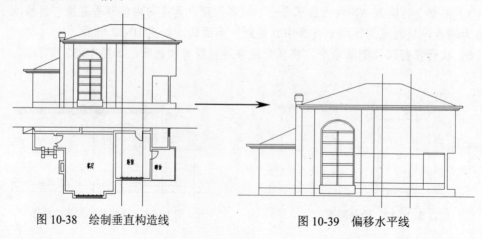

图 10-38　绘制垂直构造线　　　　　图 10-39　偏移水平线

（13）在命令行输入 TR，执行修剪命令，将绘制的垂直构造线和偏移的水平线进行修剪处理，并使用 PE 命令，将修剪的直线合并为一条多段线，如图 10-40 所示。

（14）在命令行输入 O，执行偏移命令，将合并后的多段线向内进行偏移，其偏移距离为 120 和 65，如图 10-41 所示。

📢提示：

此处也可以不用合并修剪后的线条，可以先使用偏移命令将图形向内进行偏移，再使用修剪命令将多余的线条进行修剪处理。

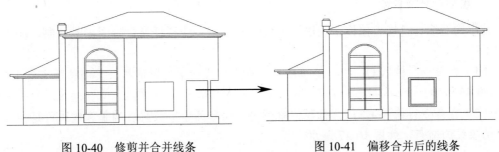

　　　图 10-40　修剪并合并线条　　　　　　　　图 10-41　偏移合并后的线条

（15）在命令行输入 X，执行分解命令，将偏移的最后一条合并线进行分解处理，并使用偏移命令将两条垂直线向内进行偏移，其偏移距离为 600，最后将偏移后的垂直线向内进行偏移，其偏移距离为 50，如图 10-42 所示。

（16）在命令行输入 O，执行偏移命令，将顶端水平线向下进行连续 3 次偏移，其偏移距离为 500，并将上方两条偏移水平线向上偏移 50，将底端一条偏移水平线向下偏移 50，如图 10-43 所示。

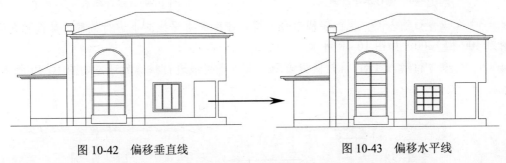

　　　图 10-42　偏移垂直线　　　　　　　　　图 10-43　偏移水平线

（17）在命令行输入 TR，执行修剪命令，将偏移的水平线进行修剪处理，其修剪边界为垂直线，如图 10-44 所示。

（18）在命令行输入 CO，执行复制命令，将绘制的窗户图形向上进行复制操作，其复制的相对距离为 3600，完成立面图窗户的绘制，如图 10-45 所示。

📢提示：

对于两层、三层的立面图的相同窗户可以使用复制命令进行操作，如果对于多层、高层建筑标准层的窗户图形，可以使用阵列命令来阵列复制窗户立面图形。

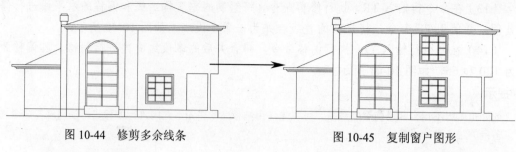

图 10-44　修剪多余线条　　　　　　　　图 10-45　复制窗户图形

3．绘制栏杆及台阶

使用构造线、直线、偏移、圆以及图块等命令，完成栏杆及台阶图形的绘制。操作步骤如下：

（1）在命令行输入 O，执行偏移命令，将水平线向上进行偏移，其偏移距离为 1100，如图 10-46 所示。

（2）在命令行输入 EX，执行延伸命令，将偏移的水平线与右端垂直线进行延伸，延伸至两条线的交点，如图 10-47 所示。

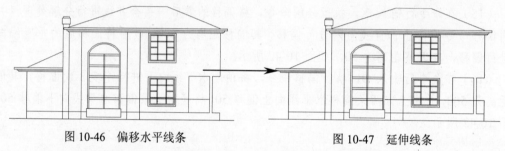

图 10-46　偏移水平线条　　　　　　　　图 10-47　延伸线条

（3）在命令行输入 O，执行偏移命令，将延伸后的水平线向下进行偏移，其偏移距离分别为 100 和 1000，如图 10-48 所示。

（4）在命令行输入 TR，执行修剪命令，将水平直线进行修剪处理，如图 10-49 所示。

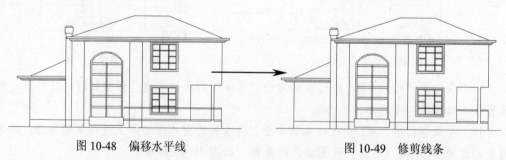

图 10-48　偏移水平线　　　　　　　　图 10-49　修剪线条

（5）在命令行输入 I，执行插入命令，打开"插入"对话框，如图 10-50 所示。

（6）单击 浏览(B)... 按钮，打开"选择图形文件"对话框，如图 10-51 所示。

（7）选择"栏杆.dwg"图块文件（立体化教学:\实例素材\第 10 章\栏杆.dwg），单击 打开(O) 按钮，返回"插入"对话框，单击 确定 按钮，返回绘图区，在命令行提示"指

定插入点或 [基点(B)/比例(S)/X/Y/Z/旋转(R)]:"后捕捉垂直线端点的对象捕捉追踪线,并输入"150",指定图块的插入位置,如图 10-52 所示。

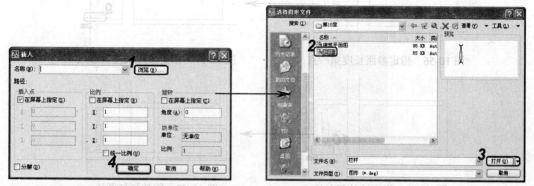

图 10-50 "插入"对话框   图 10-51 "选择图形文件"对话框

(8)插入"栏杆.dwg"图块文件后的效果如图 10-53 所示。

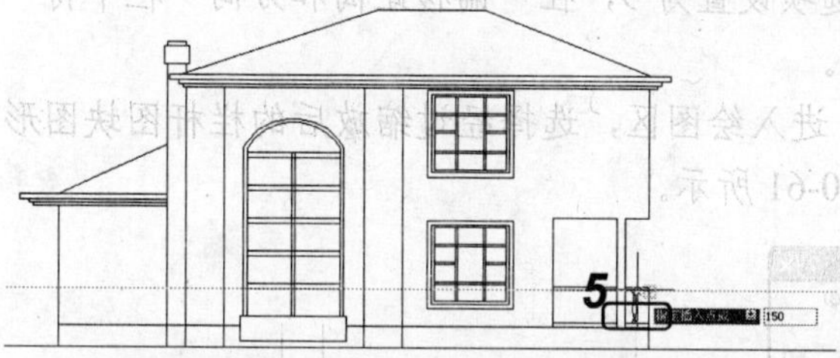

图 10-52 指定图块插入位置    图 10-53 插入栏杆图块

(9)在命令行输入 SC,执行缩放命令,选择插入的图块,并在命令行提示"指定基点:"后捕捉直线的端点,指定缩放基点,如图 10-54 所示。

(10)在命令行提示"指定比例因子或 [复制(C)/参照(R)] <1.0000>:"后输入"R",选择"参照"选项,如图 10-55 所示。

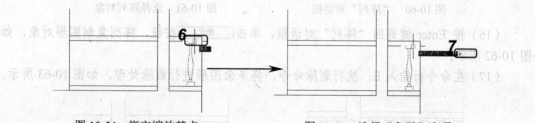

图 10-54 指定缩放基点   图 10-55 选择"参照"选项

(11)在命令行提示"指定参照长度 <1.0000>:"后捕捉直线的端点,指定缩放时参照长度的第一点,如图 10-56 所示。

(12)在命令行提示"指定第二点:"后捕捉垂直线底端端点,指定参照长度的第二点,如图 10-57 所示。

(13)在命令行提示"指定新的长度或 [点(P)] <1.0000>:"后捕捉水平线的垂足点,指定缩放的新长度,如图 10-58 所示,缩放后的效果如图 10-59 所示。

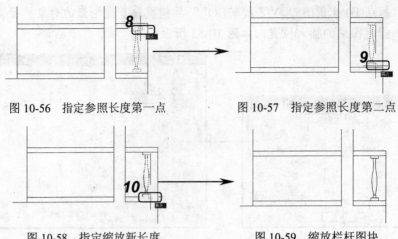

图 10-56　指定参照长度第一点　　　　　图 10-57　指定参照长度第二点

图 10-58　指定缩放新长度　　　　　　　图 10-59　缩放栏杆图块

（14）在命令行输入 AR，执行阵列命令，打开"阵列"对话框，选中 ⊙矩形阵列(R) 单选按钮，将"行"选项设置为 1，"列"选项设置为 9，在"偏移距离和方向"栏中将"列偏移"选项设置为−300，如图 10-60 所示。

（15）单击"选择对象"按钮 ，进入绘图区，选择经过缩放后的栏杆图块图形，指定要进行阵列操作的图形对象，如图 10-61 所示。

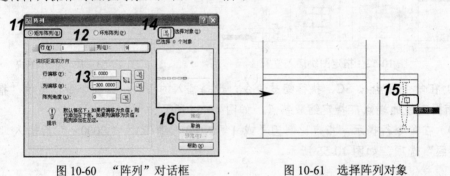

图 10-60　"阵列"对话框　　　　　　　　图 10-61　选择阵列对象

（16）按 Enter 键返回"阵列"对话框，单击 确定 按钮，阵列复制图形对象，如图 10-62 所示。

（17）在命令行输入 E，执行删除命令，将多余图形进行删除处理，如图 10-63 所示。

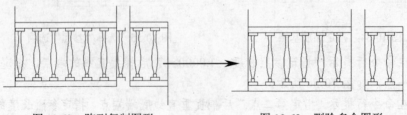

图 10-62　阵列复制图形　　　　　　　　图 10-63　删除多余图形

（18）在命令行输入 XL，执行构造线命令，绘制垂直构造线，通过点为平面图中垂直线的端点，如图 10-64 所示。

（19）在命令行输入 AR，执行阵列命令，打开"阵列"对话框，选中 矩形阵列(R) 单选按钮，将"行"选项设置为 4，"列"选项设置为 1，在"偏移距离和方向"栏中将"行偏移"选项设置为-150，如图 10-65 所示。

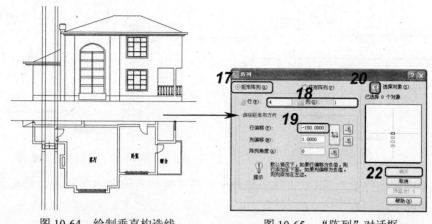

图 10-64　绘制垂直构造线　　　　　　图 10-65　"阵列"对话框

（20）单击"选择对象"按钮圈，进入绘图区，选择水平直线，指定要进行阵列操作的图形对象，如图 10-66 所示。

（21）按 Enter 键返回"阵列"对话框，单击 确定 按钮，阵列复制图形对象，如图 10-67 所示。

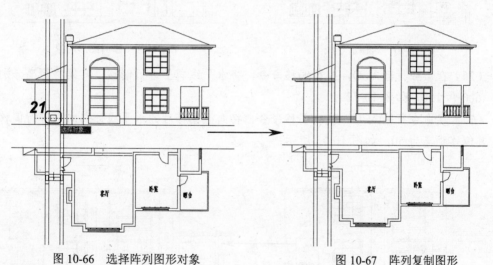

图 10-66　选择阵列图形对象　　　　　　图 10-67　阵列复制图形

（22）在命令行输入 TR，执行修剪命令，将绘制的垂直构造线和阵列复制的水平线进行修剪处理，如图 10-68 所示。

（23）在命令行输入 XL，执行构造线命令，选择"垂直"选项，绘制垂直构造线，如图 10-69 所示。

（24）在命令行输入 O，执行偏移命令，将水平线向上进行偏移，其偏移距离为 2800，如图 10-70 所示。

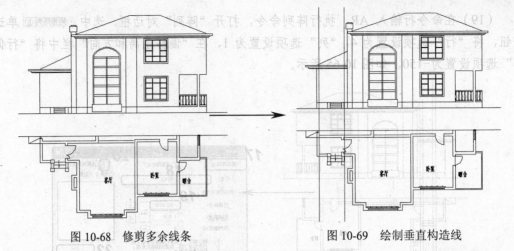

图 10-68　修剪多余线条　　　　　　　　图 10-69　绘制垂直构造线

（25）在命令行输入 TR，执行修剪命令，将垂直构造线和水平线进行修剪处理，如图 10-71 所示。

图 10-70　偏移水平线　　　　　　　　　图 10-71　修剪图形对象

（26）在命令行输入 O，执行偏移命令，将水平线向上进行偏移，其偏移距离分别为 900、600 和 150，如图 10-72 所示。

（27）在命令行输入 O，执行偏移命令，将向上偏移后的水平线分别向下进行偏移操作，其偏移距离为 50，如图 10-73 所示。

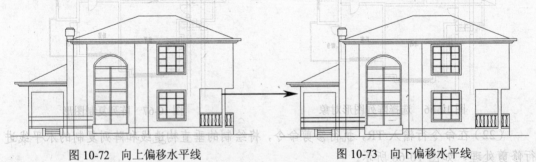

图 10-72　向上偏移水平线　　　　　　　图 10-73　向下偏移水平线

（28）在命令行输入 O，执行偏移命令，将台阶垂直线向内进行偏移，其偏移距离为 60，如图 10-74 所示。

（29）在命令行输入 EX，执行延伸命令，将偏移的垂直线向上进行延伸处理，延伸边界为向上偏移的水平线，如图 10-75 所示。

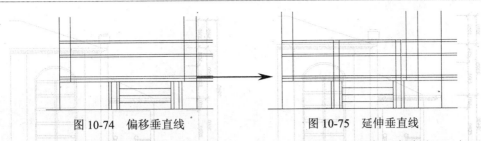

图 10-74　偏移垂直线　　　　　　　图 10-75　延伸垂直线

（30）在命令行输入 TR，执行修剪命令，将水平线和垂直线进行修剪处理，如图 10-76 所示。

（31）在命令行输入 C，执行圆命令，在距离垂直线顶端端点-60 的位置，以"两点"方式绘制直径为 240 的圆，并将圆向右进行复制，完成立面图栏杆和台阶的绘制，如图 10-77 所示。

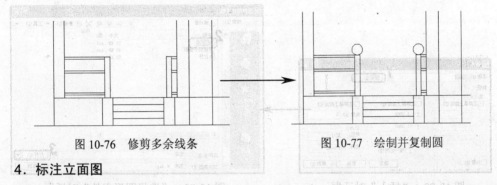

图 10-76　修剪多余线条　　　　　　图 10-77　绘制并复制圆

4．标注立面图

使用线性标注、连续标注，以及图块命令，对立面图形进行尺寸标注，并对图形进行标高说明。操作步骤如下：

（1）使用线性标注命令，对图形的高度进行线性尺寸标注，如图 10-78 所示。

（2）使用连续标注命令，对图形重要的尺寸进行连续线性标注，如图 10-79 所示。

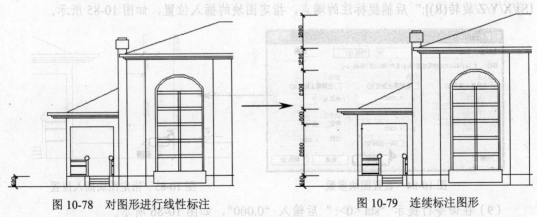

图 10-78　对图形进行线性标注　　　　图 10-79　连续标注图形

（3）使用线性标注和连续标注命令，将图形进行第二道尺寸标注，如图 10-80 所示。

（4）使用线性标注命令，对图形进行第三道尺寸标注，即对图形的总高度进行标注，如图 10-81 所示。

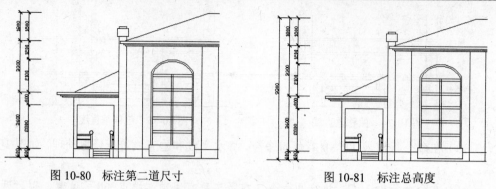

图 10-80　标注第二道尺寸　　　　　　　图 10-81　标注总高度

（5）在命令行输入 I，执行插入命令，打开"插入"对话框，如图 10-82 所示。

（6）单击 浏览(B)... 按钮，打开"选择图形文件"对话框，如图 10-83 所示。

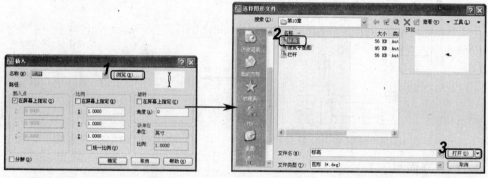

图 10-82　"插入"对话框　　　　　　　图 10-83　"选择图形文件"对话框

（7）选择"标高.dwg"图块文件（立体化教学:\实例素材\第 10 章\标高.dwg），单击 打开(O) 按钮，返回"插入"对话框，如图 10-84 所示。

（8）单击 确定 按钮，返回绘图区，在命令行提示"指定插入点或 [基点(B)/比例(S)/X/Y/Z/旋转(R)]:"后捕捉标注的端点，指定图块的插入位置，如图 10-85 所示。

图 10-84　设置图块参数　　　　　　　图 10-85　指定图块插入位置

（9）在命令行提示"sta <0>:"后输入"0.000"，如图 10-86 所示。

（10）将"标高.dwg"图块插入到图形当中，并设置文字内容，效果如图 10-87 所示。

（11）在命令行输入 CO，执行复制命令，将插入的图块向上进行复制操作，如图 10-88 所示。

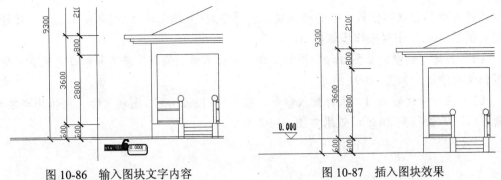

| 图 10-86　输入图块文字内容 | 图 10-87　插入图块效果 |

（12）双击复制的图块，对图块属性文字进行更改，效果如图 10-89 所示。

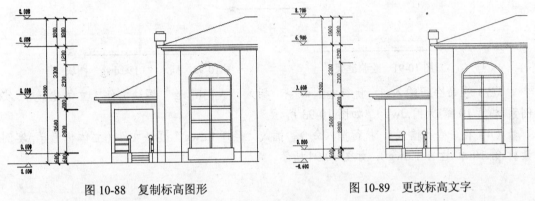

| 图 10-88　复制标高图形 | 图 10-89　更改标高文字 |

（13）执行线性标注、连续标注命令对另一侧进行尺寸标注，并对图形进行标高说明，完成立面图的绘制。

10.3.2　绘制别墅立面图

利用本章所学知识，并结合前几章所介绍的各种绘图及编辑命令，完成某别墅立面图形的绘制，效果如图 10-90 所示（立体化教学:\源文件\第 10 章\别墅立面图.dwg）。

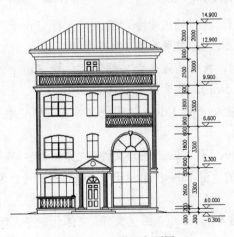

图 10-90　别墅立面图

本练习可结合立体化教学中的视频演示进行学习（立体化教学:\视频演示\第 10 章\绘制别墅立面图.swf）。主要操作步骤如下：

（1）新建"别墅立面图.dwg"图形文件，执行直线、偏移、修剪等命令，完成别墅立面图框架的绘制，如图 10-91 所示。

（2）在命令行输入 I，执行插入命令，插入"门头.dwg"图块文件（立体化教学:\实例素材\第 10 章\门头.dwg），效果如图 10-92 所示。

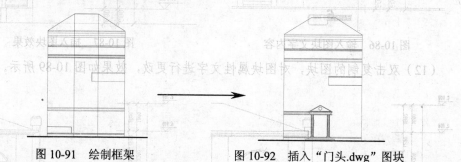

图 10-91　绘制框架　　　　　　　　　　　图 10-92　插入"门头.dwg"图块

（3）在命令行输入 I，执行插入命令，插入"大门.dwg"图块文件（立体化教学:\实例素材\第 10 章\大门.dwg），如图 10-93 所示。

（4）在命令行输入 I，执行插入命令，插入"栏杆 1.dwg"图块文件（立体化教学:\实例素材\第 10 章\栏杆 1.dwg），如图 10-94 所示。

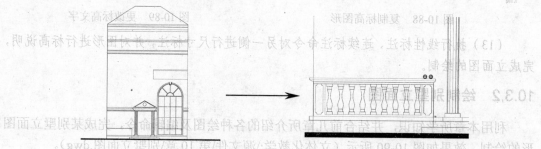

图 10-93　插入"大门.dwg"图块　　　　　　　图 10-94　插入"栏杆 1.dwg"图块

（5）在命令行输入 I，执行插入命令，插入"栏杆 2.dwg"图块文件（立体化教学:\实例素材\第 10 章\栏杆 2.dwg），效果如图 10-95 所示。

（6）在命令行输入 I，执行插入命令，插入"栏杆 3.dwg"图块文件（立体化教学:\实例素材\第 10 章\栏杆 3.dwg），效果如图 10-96 所示。

（7）使用插入命令插入"窗 1.dwg"图块文件（立体化教学:\实例素材\第 10 章\窗 1.dwg），如图 10-97 所示。

（8）使用插入命令插入"窗 2.dwg"图块文件（立体化教学:\实例素材\第 10 章\窗 2.dwg），并使用复制命令，将插入的"窗 1.dwg"和"窗 2.dwg"图块进行复制，其相对距离为 3300，如图 10-98 所示。

（9）使用插入命令插入"门.dwg"图块文件（立体化教学:\实例素材\第 10 章\门.dwg），如图 10-99 所示。

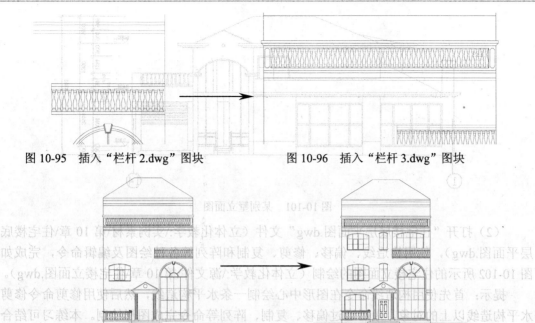

图 10-95　插入"栏杆 2.dwg"图块　　　　图 10-96　插入"栏杆 3.dwg"图块

图 10-97　插入"窗 1.dwg"图块　　　　　图 10-98　复制图块

（10）执行修剪命令，将栏杆遮挡的门图形进行修剪处理，效果如图 10-100 所示。

图 10-99　插入"门.dwg"图块　　　　　　图 10-100　修剪不可见图形

（11）执行插入命令，插入"柱子.dwg"图块文件（立体化教学:\实例素材\第 10 章\柱子.dwg），再使用复制命令将其进行复制，并使用圆弧、图案填充等命令，对细部进行编辑处理，完成别墅立面图形的绘制。

10.4　练习与提高

（1）使用构造线、偏移、修剪等各种绘图及编辑命令，绘制如图 10-101 所示的某别墅立面图（立体化教学:\源文件\第 10 章\某别墅立面图.dwg）。

提示：首先应使用构造线命令绘制立面辅助线，然后在辅助线的基础上使用偏移、修剪等命令绘制其轮廓，最后完成窗户、栏杆等图形的绘制。

图 10-101　某别墅立面图

（2）打开"住宅楼底层平面图.dwg"文件（立体化教学:\实例素材\第 10 章\住宅楼底层平面图.dwg），使用构造线、偏移、修剪、复制和阵列等各种绘图及编辑命令，完成如图 10-102 所示的住宅楼立面图的绘制（立体化教学:\源文件\第 10 章\住宅楼立面图.dwg）。

提示：首先使用构造线命令在图形中心绘制一条水平构造线，然后使用修剪命令修剪水平构造线以上的对象，最后通过偏移、复制、阵列等命令完成图形绘制。本练习可结合立体化教学中的视频演示进行学习（立体化教学:\视频演示\第 10 章\住宅楼立面图.swf）。

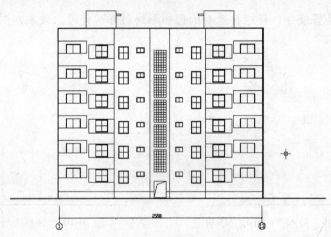

图 10-102　住宅楼立面图

 总结使用 AutoCAD 绘制建筑立面图的方法

　　本章主要介绍了使用 AutoCAD 绘制建筑立面图的方法，这里总结以下几点供读者参考和探索：

　　☜　绘制对称立面图时，可以先绘制立面图的一半，再使用镜像命令镜像复制另一半图形。

　　☜　绘制多层建筑图形，如住宅楼、办公楼、教学楼立面图时，在绘制其中一层标准层图形后，可以使用复制或阵列命令复制出其他层立面图。

第 11 章　绘制建筑剖面图

学习目标

☑ 使用构造线、直线、偏移、修剪、图案填充等命令绘制剖面图轮廓及门窗
☑ 使用样条曲线、偏移、修剪、尺寸标注等命令绘制台阶栏杆、标注剖面图
☑ 使用构造线、偏移、修剪、阵列等命令绘制办公楼剖面图
☑ 使用构造线、偏移、复制、圆弧、尺寸标注等命令绘制剖面图

目标任务&项目案例

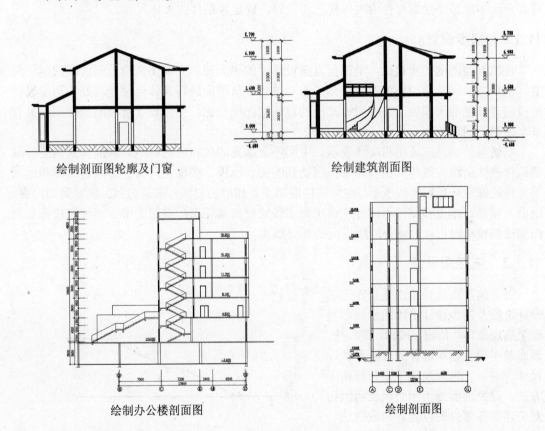

绘制剖面图轮廓及门窗

绘制建筑剖面图

绘制办公楼剖面图

绘制剖面图

　　绘制剖面图时，首先应绘制剖面图轮廓，再使用图块、复制、阵列等命令绘制门、窗、栏杆、台阶等图形，最后使用尺寸标注命令对图形进行尺寸标注等。本章将详细介绍绘制建筑剖面图的方法，以及对剖面图进行标高、尺寸标注等相关操作的方法。

11.1　建筑剖面图基础知识

建筑剖面图是反映建筑内外部空间关系和室内门窗、室内装饰部件、楼梯及室内特殊构造的有效手段，设计和绘制建筑剖面图的目的是表达建筑物内部空间及结构构造。建筑剖面图是假设剖切平面沿指定位置将建筑物剖成两部分，并沿剖视方向进行平行投影得到的平面图形。一般将剖面图的剖切位置设定在最能表达建筑空间构造，同时又是最简单的地方。

11.1.1　方案设计

建筑剖面图的方案设计，一般是建立在建筑平面图的设计方案基础上。处于方案设计阶段的剖面图表达的建筑构造比较简单，主要表达的内容包括剖切部分的墙体、门窗、楼梯、台阶和屋顶等建筑部件的大体样式和位置，确定各部件的大体尺寸。

11.1.2　初步设计

建筑剖面图的初步设计，是根据方案设计中的平面图和立面图来确定剖面图的剖切位置、剖切方向和需要剖切的对象，然后再对单体建筑剖面进行具体化设计。处于初步设计阶段的建筑剖面图和处于方案设计阶段的建筑剖面图相比，初步设计阶段的剖面图应具有基本准确的剖切轮廓和尺寸。

剖切到的墙体应该用粗实线表示，中间还应填充墙体相应的材质。未剖切到但能看到的墙体应该用细实线绘制出其轮廓；剖切到的梁、地板、楼梯、门窗、雨篷、地面和屋顶等部件轮廓应该用粗实线表示，中间同样应填充其相应的材质；未剖切到但能看到的门窗、地面、楼梯、雨篷和屋顶等部件应该用细实线绘制出其轮廓；剖切的梁、墙体和楼梯在剖面图比例较小时可以只将外轮廓以内的部分填实。

11.1.3　施工图设计

剖面施工图设计阶段是指在方案设计阶段及初步设计阶段的剖面图基础上确定墙体、门窗、楼梯、梁、柱、地面及屋顶等建筑部件的准确形状、尺寸、材料、色彩及施工工艺与施工方法。建筑剖面施工图必须表明剖切到的建筑各部件的位置、构造做法、材料、尺寸、细部节点、引用图集、制作标准等，文本说明及尺寸标注也要十分详尽。图 11-1 所示即为某建筑台阶的剖面施工图。

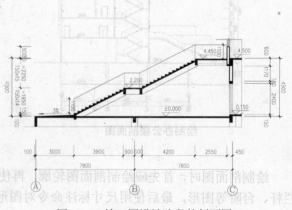

图 11-1　施工图设计阶段的剖面图

11.2　建筑剖面图的绘制

建筑剖面图中需要对多个建筑部件的剖面进行绘制，因此掌握建筑部件剖面的绘制方法和绘制顺序是提高绘制建筑施工图能力的重要方面之一。

11.2.1　建筑剖面图的绘制方法

在绘制建筑剖面图之前，应选择最能表达建筑空间结构关系的部位来绘制剖面图，一般应在主要楼梯部位剖切。可以采用如下两种方法绘制建筑剖面图。

1. 使用二维方法绘制剖面图

比较简便的绘制建筑剖面图的方法是用 AutoCAD 二维绘图的方法绘制。绘制剖面图的二维方法近似于用手工绘图的模式，其绘制只需要以建筑的平面图、立面图为基础，从底层开始向上逐层绘制墙体、地面、门窗、阳台、雨篷、楼面及梁柱等，相同的部分还可逐层向上阵列或复制，最后再进行编辑和修改，以节省时间，加快绘图速度。

2. 使用三维方法绘制剖面图

另一种比较简便的绘制剖面图的方法是以已生成的平面图为基础，依据立面图设计提供的层高、门窗等有关情况，将剖面图中剖切到或看到的部分保留，然后从剖切线位置将与剖视方向相反的部分剪去，并给剩余部分指定基高和厚度，得到剖面图三维模型的大体框架，然后以它为基础生成剖面图。

11.2.2　绘图前的准备工作

建筑设计中，平面图、立面图决定剖面图。作为剖面生成基础的平面图和立面图中需保留的构件有沿剖视方向剖切到的外墙、台阶、雨篷、阳台、楼梯、门窗、花台、散水及屋顶等。

若建筑物每层变化不大，可以选择一层或标准层平面作为生成剖面图的基础平面，但若建筑物的形体起伏变化较大，各层平面差别较大，如塔楼、楼顶层等就必须每层分开处理，分别利用各部分生成剖面，然后加以拼接调整完成整体剖面图。

11.2.3　墙体剖面设计

绘制墙体剖面图时，应以建筑平面图和立面图为基础，根据建筑外墙的尺寸和层高，生成外墙剖面图（一般要求外墙的轮廓线为粗实线，各层连接处不能断开），然后以平面图为基础绘制平面图中沿剖视方向未剖切到但能看到的部分墙体，最后依据立面图中的屋顶样式和女儿墙的高度，生成屋顶剖面。绘制墙体时可以以轴线和平面墙体轮廓为参考。

在墙体剖面设计中，上一层剖面的墙体基本上是基于下一层平面的外墙轮廓，因此在完成一层平面后，可以通过复制后进行修改得到其他层剖面。

11.2.4 门、窗剖面设计

在方案草图设计过程中，剖面门、窗可能只是一些标明的位置或洞口，进入建筑初步设计阶段，绘制完成剖面墙线后，就需要绘制门、窗的剖面图。绘制时可结合建筑立面图中的门窗形式、尺寸以及离地高度进行绘制。

在用 AutoCAD 绘制门窗时，最佳办法是事先根据不同种类的门、窗制作一些标准剖面门、窗块，在需要时根据实际尺寸指定比例缩放插入，或直接调用建筑专业图库的图形。

11.2.5 楼梯剖面设计

楼梯被剖切到的部分包括梯段、楼梯平台和楼梯栏杆等。绘图规范要求剖切到的梯段和楼梯平台等以粗实线表示，能看到但未被剖切到的梯段和楼梯栏杆等用细实线绘制。若绘图比例较大，则还应对剖切到的梯段和楼梯平台等赋予材质，并可以根据出图比例指定宽度。

在绘制踏步时，可以使用 LINE 或 PLINE 命令绘制出剖切到的踏步。其方法是先绘制一个踏步，然后使用 COPY 命令依次复制，最后形成整个剖切梯段。另外一种方法是在绘制完一个踏步后，用 ARRAY 命令进行矩形阵列，完成踏步剖切线的绘制，再用 PLINE 命令绘制出楼梯平台及踏步另一侧的下沿轮廓线，最后对其赋予材质。

11.2.6 其他建筑部件剖面设计

绘制好剖面墙体和门窗后，就可依据台阶、雨篷、阳台、楼梯、花台、散水等建筑部件的具体平面位置和高度位置绘制其立面形状，依据方案设计的装饰方案绘制特殊的装饰部件。在绘制这些部件时，需要注意的是这些部件在平面图上的位置和高度方向的位置。

11.3 上机及项目实训

11.3.1 绘制建筑剖面图

本次实训将利用本章所学建筑剖面图的基础知识，以及前几章介绍的绘图及编辑命令，完成建筑剖面图的绘制，效果如图 11-2 所示（立体化教学:\源文件\第 11 章\建筑剖面图.dwg）。绘制该剖面图时，首先应在平面图上进行编辑，然后在平面图的基础上完成剖面图的绘制。

1. 剖面图轮廓

打开"建筑平面图.dwg"图形文件，再使用构造线、直线、偏移、修剪等命令绘制建筑剖面图轮廓，操作步骤如下：

（1）打开"建筑平面图.dwg"图形文件（立体化教学:\实例素材\第 11 章\建筑平面图.dwg），如图 11-3 所示。

（2）在命令行输入 RO，执行旋转命令，将建筑平面图进行旋转，旋转角度为-90°，如图 11-4 所示。

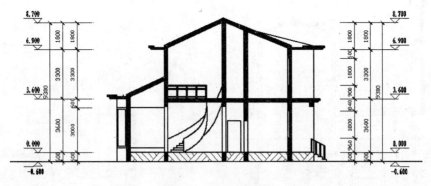

图 11-2　建筑剖面图

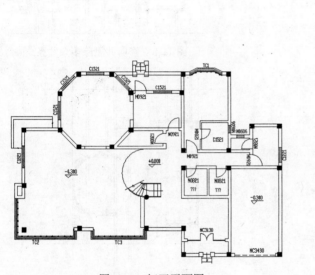

图 11-3　打开平面图

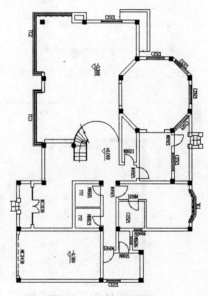

图 11-4　旋转平面图

（3）在命令行输入 XL，执行构造线命令，选择"水平"选项，在如图 11-5 所示的位置绘制一条水平构造线。

（4）在命令行输入 E，执行删除命令，将尺寸标注和水平构造线底端多余的线条删除，并使用修剪命令对多余的线条进行修剪处理，如图 11-6 所示。

（5）在命令行输入 XL，执行构造线命令，在平面图上方绘制一条水平构造线，如图 11-7 所示。

（6）在命令行输入 XL，执行构造线命令，选择"垂直"选项，以平面图中墙线端点为通过点，绘制垂直线，如图 11-8 所示。

（7）在命令行输入 O，执行偏移命令，将水平构造线依次向上进行偏移，其偏移距离为 600、3600、3300、1800，如图 11-9 所示。

（8）在命令行输入 L，执行直线命令，在命令行提示"指定第一点:"后捕捉垂直构造线与水平构造线的交点，指定直线的起点，如图 11-10 所示。

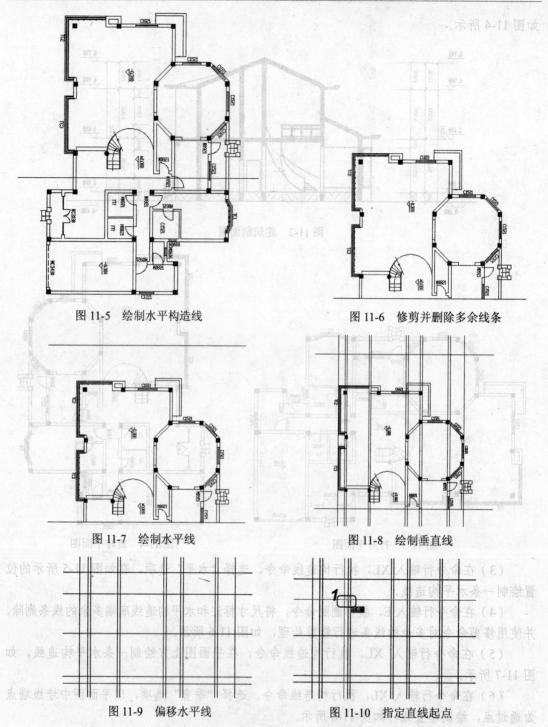

图 11-5　绘制水平构造线

图 11-6　修剪并删除多余线条

图 11-7　绘制水平线

图 11-8　绘制垂直线

图 11-9　偏移水平线

图 11-10　指定直线起点

（9）在命令行提示"指定下一点或 [放弃(U)]:"后捕捉水平构造线与垂直构造线的交点，指定直线的端点，如图 11-11 所示。

（10）在命令行输入 L，执行直线命令，以相同的方法绘制另外一条倾斜直线，如

图 11-12 所示。

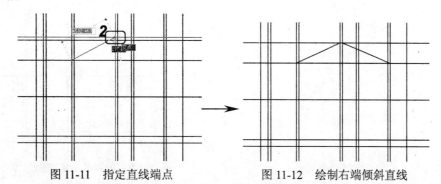

图 11-11　指定直线端点　　　　　　图 11-12　绘制右端倾斜直线

（11）在命令行输入 L，执行直线命令，绘制如图 11-13 所示的直线。

（12）在命令行输入 TR，执行修剪命令，将多余线条进行修剪处理，如图 11-14 所示。

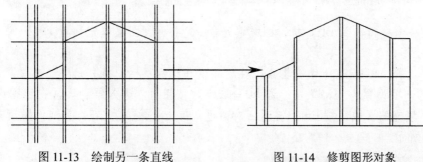

图 11-13　绘制另一条直线　　　　　　图 11-14　修剪图形对象

（13）在命令行输入 O，执行偏移命令，将绘制的直线及水平线进行偏移，其偏移距离为 240，如图 11-15 所示。

（14）执行直线命令，绘制屋顶细部图形，其中水平边距离垂直线的距离为 600，水平距离分别为 60、120，垂直高度分别为 60、60 和 120，并使用修剪命令对多余线条进行修剪处理，如图 11-16 所示。

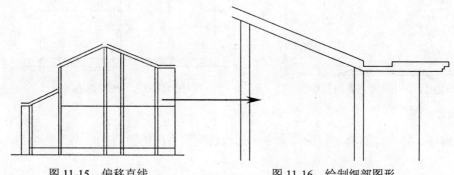

图 11-15　偏移直线　　　　　　图 11-16　绘制细部图形

（15）在命令行输入 L，执行直线命令，连接水平线中点与倾斜线中点间的连线，如图 11-17 所示。

（16）使用直线和修剪命令，对其余细部图形进行绘制，如图 11-18 所示。

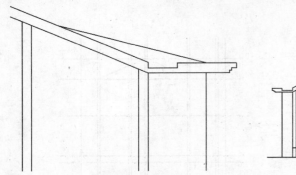

图 11-17　绘制连接直线

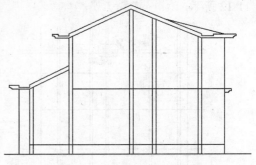

图 11-18　绘制其余细部图形

提示：

绘制其余细部图形时，可以在已经绘制细部图形的基础上，将图形进行复制、镜像，再使用拉伸等命令对其余细部图形进行处理。

（17）在命令行输入 BH，执行图案填充命令，打开"图案填充和渐变色"对话框，如图 11-19 所示。

（18）选择 AR-PARQ1 填充图案，在"角度和比例"栏中将"角度"选项设置为 45，将"比例"选项设置为 6，单击"添加:拾取点"按钮，进入绘图区，在绘图区中拾取要进行图案填充的区域，按 Enter 键返回对话框，单击 确定 按钮，完成图案填充操作，如图 11-20 所示。

图 11-19　设置图案填充参数

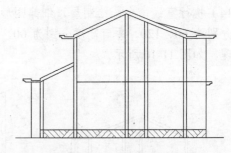

图 11-20　填充剖切图案

2．绘制门窗

使用偏移、修剪、复制、拉伸等命令，完成建筑剖面图的窗户和门图形的绘制。操作步骤如下：

（1）在命令行输入 O，执行偏移命令，将水平线依次向上进行偏移，其偏移距离为 900 和 1800，如图 11-21 所示。

（2）在命令行输入 O，执行偏移命令，将垂直线向内进行偏移，其偏移距离为 80，如图 11-22 所示。

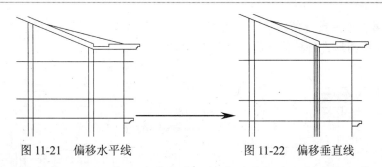

图 11-21 偏移水平线 图 11-22 偏移垂直线

（3）在命令行输入 TR，执行修剪命令，将偏移的水平线与垂直线进行修剪处理，如图 11-23 所示。

（4）在命令行输入 CO，执行复制命令，选择修剪后的水平及垂直线，指定复制对象，在命令行提示"指定基点或 [位移(D)/模式(O)] <位移>:"后捕捉水平直线左端端点，指定复制的基点，如图 11-24 所示。

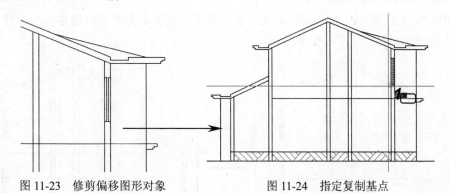

图 11-23 修剪偏移图形对象 图 11-24 指定复制基点

（5）在命令行提示"指定第二个点或 <使用第一个点作为位移>:"后捕捉倾斜直线右上角的端点，指定复制的第二点，如图 11-25 所示。

（6）在命令行提示"指定第二个点或 <使用第一个点作为位移>:"后捕捉水平线与垂直线交点的对象捕捉追踪线，并输入"960"，指定复制的第二点，如图 11-26 所示。

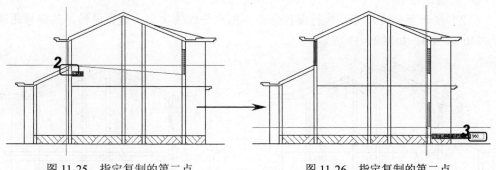

图 11-25 指定复制的第二点 图 11-26 指定复制的第二点

（7）在命令行输入 S，执行拉伸命令，在命令行提示"选择对象:"后，利用"窗交"方式选择要进行拉伸的图形对象，如图 11-27 所示。

（8）在绘图区中拾取一点，指定拉伸基点，打开正交功能，将鼠标向下移动，在命令行提示"指定第二个点或 <使用第一个点作为位移>:"后输入"300",指定拉伸距离,如图 11-28 所示。将图形进行拉伸后的效果如图 11-29 所示。

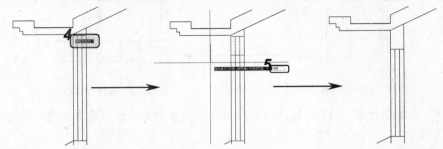

图 11-27 选择拉伸对象　　　图 11-28 输入拉伸距离　　　图 11-29 拉伸后的效果

(9) 在命令行输入 O,执行偏移命令,将底端第二条水平线向上进行偏移,其偏移距离为 2100,如图 11-30 所示。

(10) 在命令行输入 O,执行偏移命令,将垂直线依次向右进行偏移,其偏移距离分别为 120 和 900,如图 11-31 所示。

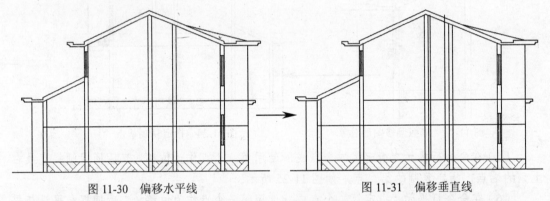

图 11-30 偏移水平线　　　　　　　　　　　　图 11-31 偏移垂直线

(11) 在命令行输入 TR,执行修剪命令,将偏移的水平线和垂直线进行修剪处理,如图 11-32 所示。

(12) 在命令行输入 O,执行偏移命令,将水平线依次向下进行偏移,其偏移距离分别为 240 和 300,如图 11-33 所示。

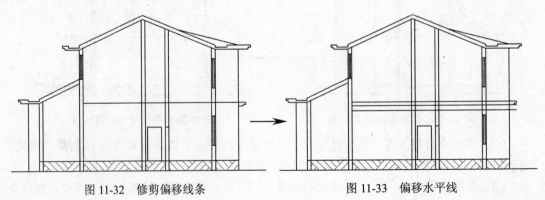

图 11-32 修剪偏移线条　　　　　　　　　　　图 11-33 偏移水平线

（13）在命令行输入 O，执行偏移命令，将右端垂直线向左进行偏移，其偏移距离为 240，如图 11-34 所示。

（14）在命令行输入 TR，执行修剪命令，将偏移的水平线及垂直线进行修剪处理，如图 11-35 所示。

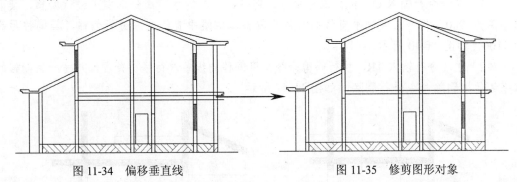

图 11-34　偏移垂直线　　　　　　　　　　图 11-35　修剪图形对象

（15）在命令行输入 O，执行偏移命令，将底端第二条水平线向上进行偏移，其偏移距离为 3000，如图 11-36 所示。

（16）在命令行输入 TR，执行修剪命令，将偏移的水平线进行修剪处理，如图 11-37 所示。

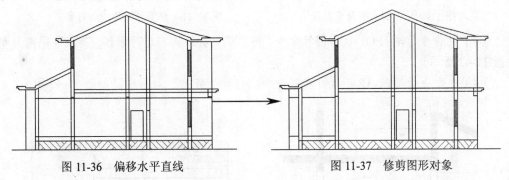

图 11-36　偏移水平直线　　　　　　　　　　图 11-37　修剪图形对象

（17）在命令行输入 O，执行偏移命令，将左端修剪后的水平线和垂直线向内进行偏移，其偏移距离为 100，并使用修剪命令将图形对象进行修剪处理，如图 11-38 所示。

（18）在命令行输入 BH，执行图案填充命令，将剖面图的剖切面以图案进行填充处理，其中"图案"选项设置为 SOLID，如图 11-39 所示。

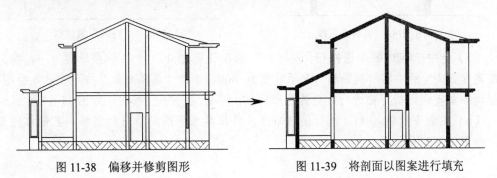

图 11-38　偏移并修剪图形　　　　　　　　　图 11-39　将剖面以图案进行填充

3. 绘制台阶及栏杆

使用直线、偏移、阵列、样条曲线、修剪等命令绘制建筑剖面图台阶及栏杆图形。操作步骤如下：

（1）在命令行输入 O，执行偏移命令，将一、二层的水平线分别向上进行偏移，其偏移距离为 900，将一层左端垂直线向右进行偏移，右端垂直线向左进行偏移，其偏移距离为 1100，如图 11-40 所示。

（2）在命令行输入 TR，执行修剪命令，将偏移的线条进行修剪处理，并将一层偏移的水平线使用删除命令进行删除，如图 11-41 所示。

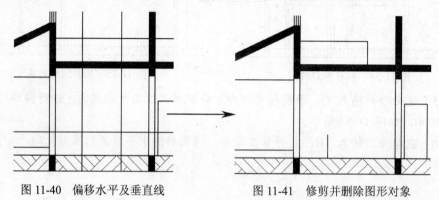

图 11-40　偏移水平及垂直线　　　　　　　图 11-41　修剪并删除图形对象

（3）在命令行输入 O，执行偏移命令，将二层垂直线向左进行偏移，其偏移距离为 60，如图 11-42 所示。

（4）在命令行输入 AR，执行阵列命令，打开"阵列"对话框，如图 11-43 所示。

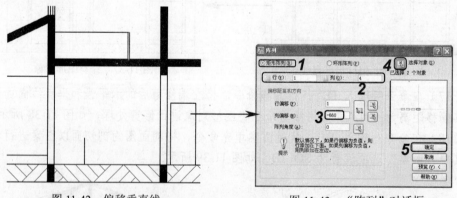

图 11-42　偏移垂直线　　　　　　　　　　图 11-43　"阵列"对话框

（5）选中 ⊙矩形阵列 单选按钮，将"行"选项设置为 1，"列"选项设置为 4，在"偏移距离和方向"栏中将"列偏移"选项设置为-660，单击"选择对象"按钮 进入绘图区，选择两条垂直线，指定要进行阵列的图形对象，单击 确定 按钮，如图 11-44 所示。

（6）在命令行输入 O，执行偏移命令，将顶端水平线向下进行偏移，其偏移距离为 60，如图 11-45 所示。

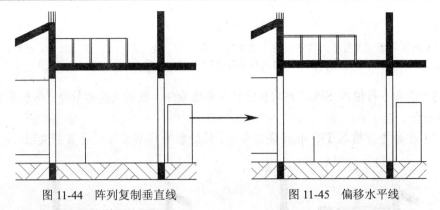

图 11-44　阵列复制垂直线　　　　　　　　图 11-45　偏移水平线

（7）在命令行输入 CO，执行复制命令，将两条水平线向下进行复制，其相对距离分别为 230 和 760，如图 11-46 所示。

（8）在命令行输入 SPL，执行样条曲线命令，在命令行提示"指定第一个点或 [对象(O)]:"后捕捉垂直线顶端端点，指定样条曲线的第一个点，如图 11-47 所示。

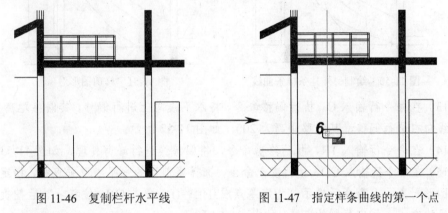

图 11-46　复制栏杆水平线　　　　　　图 11-47　指定样条曲线的第一个点

（9）在命令行提示"指定下一点:"后在绘图区中指定一点，指定样条曲线通过的点，如图 11-48 所示。

（10）在命令行提示"指定下一点或 [闭合(C)/拟合公差(F)] <起点切向>:"后捕捉二层栏杆垂直线顶端端点，指定样条曲线的端点，如图 11-49 所示。

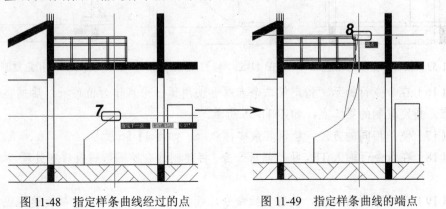

图 11-48　指定样条曲线经过的点　　　　图 11-49　指定样条曲线的端点

提示：

> 以样条曲线来绘制图形的大样时，除了这里介绍的起点、经过点和端点的方法外，还可以多指定几个通过点来绘制样条曲线，也可以移动样条曲线的夹点，来更改样条曲线的形状。

（11）在命令行输入 SPL，再次执行样条曲线命令，绘制楼梯的另外几条样条曲线，如图 11-50 所示。

（12）在命令行输入 TR，执行修剪命令，将绘制的样条曲线进行修剪处理，如图 11-51 所示。

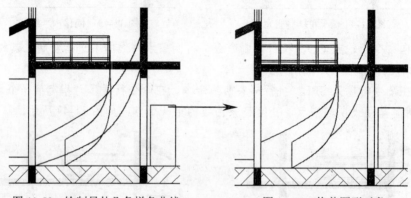

图 11-50　绘制另外几条样条曲线　　　　　图 11-51　修剪图形对象

（13）在命令行输入 O，执行偏移命令，将水平线向上进行偏移，其偏移距离为 150，将垂直线向右进行偏移，其偏移距离为 200，如图 11-52 所示。

（14）在命令行输入 TR，执行修剪命令，将偏移线进行修剪处理，如图 11-53 所示。

（15）在命令行输入 CO，执行复制命令，选择修剪后的水平线及垂直线，指定要进行复制的图形对象，在命令行提示"指定基点或 [位移(D)/模式(O)] <位移>："后捕捉水平线与垂直线的交点，指定复制的基点，如图 11-54 所示。

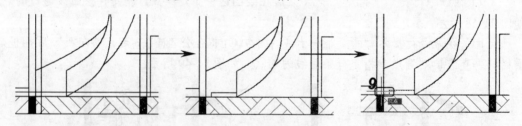

图 11-52　偏移水平线及垂直线　　　图 11-53　修剪图形对象　　　图 11-54　指定复制基点

（16）在命令行提示"指定第二个点或 <使用第一个点作为位移>："后捕捉垂直线顶端端点，指定复制的第二点，如图 11-55 所示。

（17）使用相同的方法，绘制其余楼梯台阶，如图 11-56 所示。

（18）在命令行输入 TR，执行修剪命令，将复制的台阶图形进行修剪处理，如图 11-57 所示。

（19）在命令行输入 L，执行直线命令，捕捉水平线端点的对象捕捉追踪线，在命令行提示"指定第一点:"后输入"150",指定直线的起点,如图 11-58 所示。

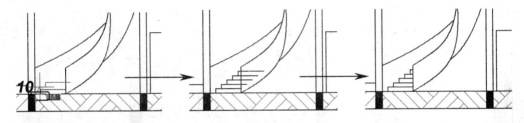

图 11-55　指定复制的第二点　　　图 11-56　复制其余台阶图形　　　图 11-57　修剪台阶图形

（20）打开正交功能,将鼠标光标向右移动,在命令行提示"指定下一点或 [放弃(U)]:"后输入"300",绘制水平线,如图 11-59 所示。

（21）使用相同的方法,绘制其余台阶图形,如图 11-60 所示。

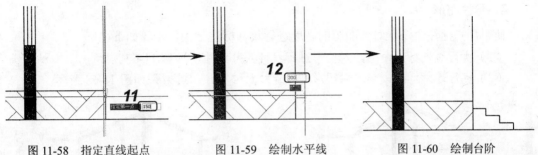

图 11-58　指定直线起点　　　　图 11-59　绘制水平线　　　　图 11-60　绘制台阶

（22）在命令行输入 O,执行偏移命令,将垂直线依次向左进行偏移,其偏移距离分别为 120 和 60,如图 11-61 所示。

（23）在命令行输入 O,执行偏移命令,将水平线向上进行偏移,其偏移距离为 900,如图 11-62 所示。

（24）在命令行输入 TR,执行修剪命令,将偏移的水平线及垂直线进行修剪处理,如图 11-63 所示。

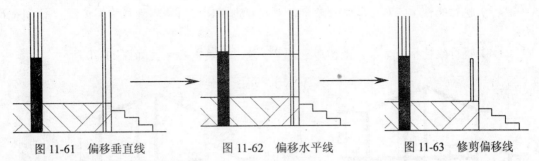

图 11-61　偏移垂直线　　　　图 11-62　偏移水平线　　　　图 11-63　修剪偏移线

（25）在命令行输入 CO,执行复制命令,将修剪后的水平线及垂直线进行复制,其效果如图 11-64 所示。

🔊提示:

绘制台阶时,可以根据不同的情况使用不同的命令,如果台阶数量比较多,可以使用阵列命令阵列复制台阶,如果比较少,则可以使用复制命令复制台阶。

（26）在命令行输入 L，执行直线命令，连接栏杆垂直线端点之间的连线，如图 11-65 所示。

（27）在命令行输入 TR，执行修剪命令，将复制的图形对象进行修剪处理，并使用删除命令将多余的线条进行删除处理，如图 11-66 所示。

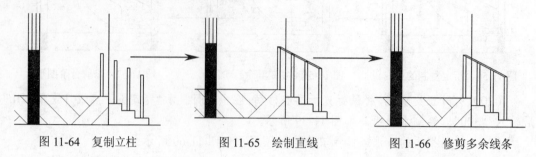

图 11-64　复制立柱　　　　　图 11-65　绘制直线　　　　　图 11-66　修剪多余线条

4. 标注图形

使用尺寸标注命令，对剖面图的高度进行尺寸标注。操作步骤如下：

（1）执行线性标注命令，对图形进行线性尺寸标注，如图 11-67 所示。

（2）执行连续标注命令，对图形进行连续尺寸标注，其效果如图 11-68 所示。

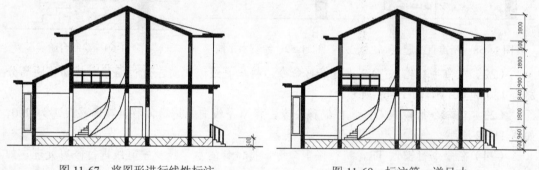

图 11-67　将图形进行线性标注　　　　　图 11-68　标注第一道尺寸

（3）执行线性标注和连续标注命令，对建筑剖面图进行第二道尺寸标注，如图 11-69 所示。

（4）执行线性标注命令，对图形进行第三道总高度的标注，如图 11-70 所示。

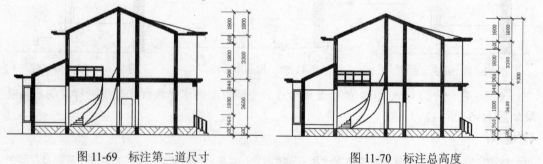

图 11-69　标注第二道尺寸　　　　　图 11-70　标注总高度

（5）在命令行输入 L，执行直线命令，绘制标高符号，并使用单行文字命令对标注进行文字说明，如图 11-71 所示。

（6）执行复制命令，将标高号及文字进行复制，如图 11-72 所示。

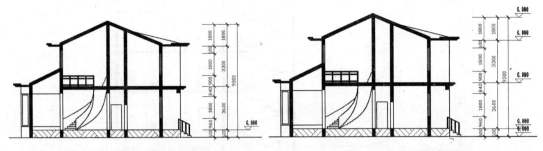

图 11-71 绘制标高符号和文字　　　　　图 11-72 复制标高图形

（7）在命令行输入 MI，执行镜像命令，将底端标高符号和文字进行镜像操作，如图 11-73 所示。

（8）双击单行文字内容，将标高文字内容进行更改，如图 11-74 所示。

（9）使用相同的方法，对另一侧的尺寸进行标注，完成建筑剖面图形的绘制。

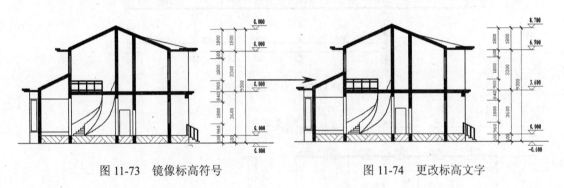

图 11-73 镜像标高符号　　　　　图 11-74 更改标高文字

11.3.2 绘制办公楼剖面图

利用本章所学知识，并结合各种绘图及编辑命令，完成某办公楼剖面图的绘制，效果如图 11-75 所示（立体化教学:\源文件\第 11 章\办公楼剖面图.dwg）。

绘制该剖面图时，首先应打开办公楼底层平面图，然后在平面图的基础上绘制剖面图轮廓，再使用修剪、阵列等命令完成其余各种剖面图的绘制，最后对剖面图进行标注等操作。

本练习可结合立体化教学中的视频演示进行学习（立体化教学:\视频演示\第 11 章\绘制办公楼剖面图.swf）。主要操作步骤如下：

（1）打开"办公楼底层平面图.dwg"图形文件（立体化教学:\实例素材\第 11 章\办公楼底层平面图.dwg），如图 11-76 所示。

（2）执行旋转命令，将平面图进行旋转处理，并使用构造线命令绘制水平构造线，然后使用修剪、删除等命令将水平构造线下方多余的图形对象删除，如图 11-77 所示。

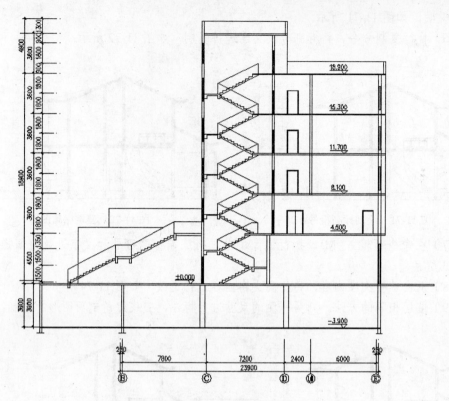

图 11-75　办公楼剖面图

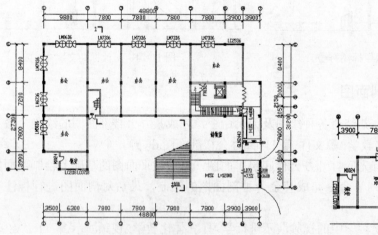

图 11-76　打开平面图

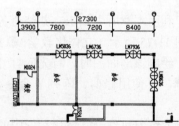

图 11-77　旋转平面图并绘制水平构造线

（3）执行构造线命令，在平面图上方绘制水平构造线，并在相对于水平构造线 4500 的位置绘制第二条水平构造线，再以平面图墙线端点为通过点，绘制垂直构造线，如图 11-78 所示。

（4）使用修剪命令，将绘制的构造线进行修剪，效果如图 11-79 所示。

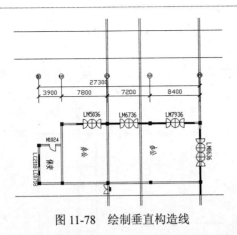

图 11-78　绘制垂直构造线

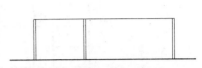

图 11-79　修剪图形对象

（5）使用相同的方法，绘制其余楼层的剖面图轮廓，效果如图 11-80 所示。

（6）使用偏移命令，将每层楼板直线进行偏移，其偏移距离为 120，并使用修剪命令将多余线条进行修剪处理，如图 11-81 所示。

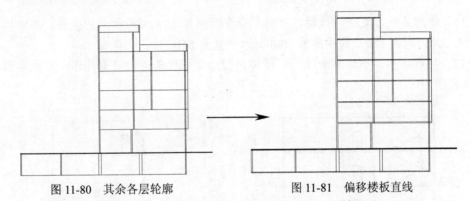

图 11-80　其余各层轮廓　　　　　　　　图 11-81　偏移楼板直线

（7）使用绘图及编辑命令，绘制如图 11-82 所示的门、窗图形。

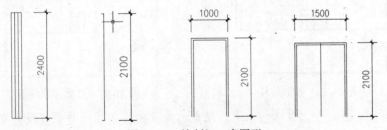

图 11-82　绘制门、窗图形

（8）使用绘图及编辑命令，绘制如图 11-83 所示的梁的剖面图。

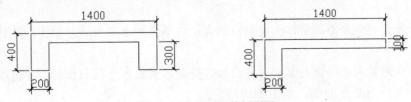

图 11-83　绘制梁的剖面图

（9）使用移动、复制、阵列等命令，将门、窗图形插入到办公楼剖面图中，效果如图 11-84 所示。

（10）使用移动、阵列等命令，将绘制的梁剖面图插入到办分楼剖面图中，效果如图 11-85 所示。

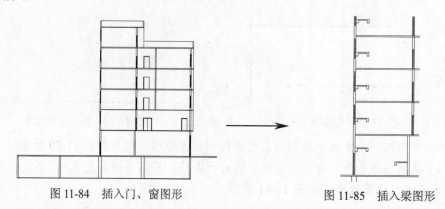

图 11-84　插入门、窗图形　　　　图 11-85　插入梁图形

（11）使用直线、复制、移动、阵列等命令绘制如图 11-86 所示的楼梯，其中楼梯踏步的宽为 300，高为 150，扶手高为 1000，水平宽为 550。

（12）执行修剪、删除等命令，对楼梯剖面的多余线条进行修剪处理，完成后的效果如图 11-87 所示。

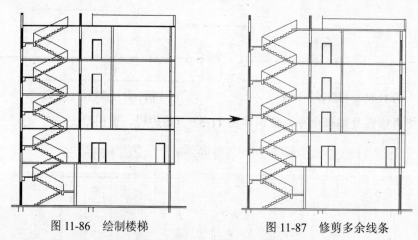

图 11-86　绘制楼梯　　　　　图 11-87　修剪多余线条

（13）执行直线命令，以楼板水平线端点的对象捕捉追踪线与垂直线的交点为起点，绘制如图 11-88 所示的台阶线。

（14）执行阵列命令，将台阶踏步进行阵列复制，其中阵列的列数为 14，效果如图 11-89 所示。

（15）执行拉伸命令，将阵列复制后的台阶左下角的水平线进行拉伸，其拉伸长度为 1200，如图 11-90 所示。

（16）使用阵列命令阵列复制台阶图形，并使用直线命令绘制栏杆、台阶厚度和梁剖面等，其中栏杆高度为 1100，如图 11-91 所示。

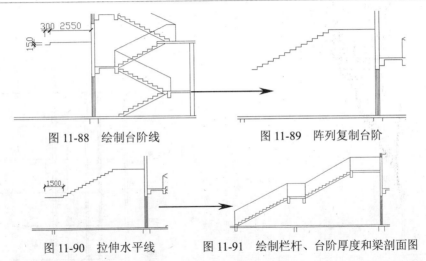

图 11-88　绘制台阶线	图 11-89　阵列复制台阶

图 11-90　拉伸水平线　　　图 11-91　绘制栏杆、台阶厚度和梁剖面图

（17）绘制其余细部，并对剖面图进行尺寸及标高标注，完成剖面图的绘制。

11.4　练习与提高

（1）绘制如图 11-92 所示的台阶剖面图（立体化教学:\源文件\第 11 章\台阶剖面图.dwg）。

提示：使用直线命令绘制台阶，并使用复制或阵列命令复制台阶图形，然后使用图案填充命令将剖切面以图案进行填充处理。

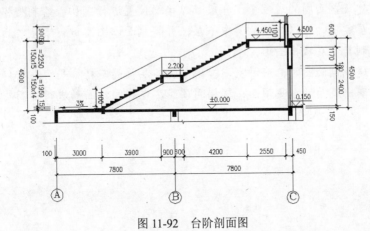

图 11-92　台阶剖面图

（2）在如图 11-93 所示平面图的基础上（立体化教学:\实例素材\第 11 章\某住宅一层建筑平面图.dwg)绘制如图 11-94 所示的剖面图(立体化教学:\源文件\第 11 章\剖面图.dwg)。

提示：打开素材文件，使用直线命令绘制 1-1 的剖切线，然后使用修剪命令修剪 1-1 剖切线左边部分对象。将平面图进行旋转，绘制水平及垂直构造线，并使用偏移、修剪、复制等命令绘制剖面图。本练习可结合立体化教学中的视频演示进行学习（立体化教学:\视频演示\第 11 章\绘制剖面图.swf）。

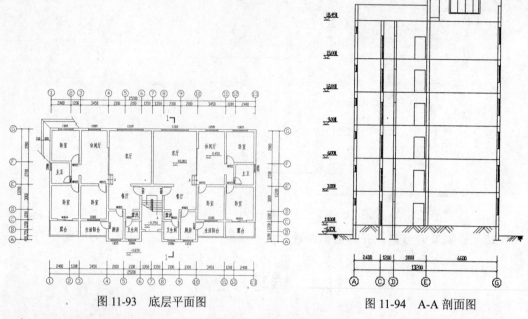

图 11-93 底层平面图 图 11-94 A-A 剖面图

经验技巧 总结使用 AutoCAD 绘制建筑剖面图的方法

本章主要介绍了使用 AutoCAD 绘制建筑剖面图的方法，这里总结以下几点供读者参考和探索：

- 绘制建筑剖面图的过程中，一般都以楼梯位置进行剖切，绘制楼梯剖面时，对于多层建筑，可以先绘制其中一层，并将剖面以图案进行填充之后，再进行阵列复制其余层楼梯图形。

- 绘制建筑剖面图时，应对室内外地面、各层楼面与楼梯平台、檐口或女儿墙顶面、高出屋面的水池顶面、楼梯间顶面、电梯间顶面等进行标高处理。

第 12 章　绘制建筑总平面图

学习目标

- ☑ 绘制办公楼总平面图
- ☑ 使用各种绘图及编辑命令绘制商住楼总平面图
- ☑ 使用各种绘图及编辑命令绘制展览馆总平面图
- ☑ 绘制厂房总平面图

目标任务&项目案例

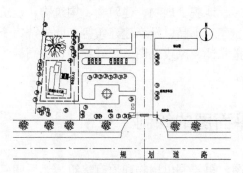

绘制办公楼总平面图

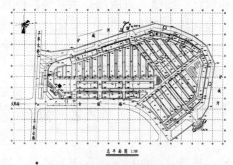

绘制商住楼总平面图

绘制展览馆总平面图

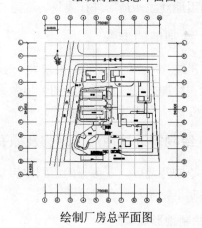

绘制厂房总平面图

建筑设计一般是从总平面图开始的，总平面图的内容主要包括原有地形、地貌、地物、建筑物、构筑物、建筑红线、用地红线，以及新建筑道路、绿化与环境规划、建筑小品和新建建筑等。本章将详细介绍绘制总平面图时的方法、技巧及一般步骤等。

12.1　建筑总平面图基础知识

施工人员进行建筑施工时，最先查阅的即建筑总平面施工图（以下简称"建筑总平面图"），它是用于施工定位、报城建部门和建筑有关部门（如消防）审批的重要依据。因此，总平面施工图必须准确反映新旧建筑的位置和环境关系，并准确定位当前建筑。

12.1.1　建筑总平面图的生成

在进行建筑设计时，一般的绘图习惯是从一层平面开始绘制。因此绘制建筑总平面图的方法是将经过修改后的屋顶层平面图与一层平面图中详尽的环境和室外附属工程调入方案进行综合比较，然后进行修改和深化，最后加上辅助说明性文字。

12.1.2　建筑总平面图的组成

建筑总平面图的组成部分主要包括原有地形、地貌、地物、建筑物、构筑物、建筑红线、用地红线、新建筑道路、绿化与环境规划、建筑小品以及新建建筑等。此外，为了方便施工，还应标明大地标高定位点、经纬度、指北针、风玫瑰图、尺寸标注、标高标注、层数标注以及设计说明等辅助说明图素。

12.2　建筑总平面图的绘制

绘制建筑总平面图时，首先应绘制出地形图，再绘制出地物和原有建筑，然后明确建筑红线和用地红线，最后进行建筑、道路和环境景观等的绘制。

12.2.1　绘制前的准备

由于建筑总平面图的面积一般较大，使用 AutoCAD 默认的绘图环境不能满足其绘制要求，因此在绘图之前，需要对绘图环境做必要的设置，主要包括绘图边界、图层、线型、字体和尺寸标注格式等参数的设置。

12.2.2　绘制附近的地形、地物及原有建筑

设置绘制环境后，即可开始绘制建筑总平面图。首先应绘制建筑附近的地形图，然后在其中绘制地物图和原有建筑图。

1．绘制地形现状图

任何建筑都是基于甲方提供的地形现状图进行设计的，在进行设计之前，设计师必须首先绘制地形现状图。总平面图中的地形现状图的输入，依据具体的条件不同，内容也不尽相同，一般可分为如下 3 种情况。

➥　**高差起伏不大的地形：** 可近似地看作平地，用简单的绘图命令即可完成。

> - **较复杂的地形**：如高差起伏较剧烈的地形，应用 LINE、MLINE、PLINE、ARC、SPLINE 和 SKETCH 等命令绘制出等高线或网格形体。
> - **特别复杂的地形**：可以用扫描仪将甲方提供的图纸扫描为光栅文件，再用 XREF 命令对其进行外部引用，也可用数字化仪器直接将其输入为矢量文件。

2．绘制地物图

绘制好地形现状图后，就可以对地形图中的地物进行绘制了，主要包括铁路、道路、地下管线、桥梁、河流、湖泊、绿化、广场和雕塑等的初步绘制，通常用简单的二维绘图命令按相应规范绘制即可。

地物中道路和铁路等部件的一般绘制步骤是先用 MLINE 和 PLINE 等命令绘制一定宽度的平行线，然后用圆角、倒角和修剪等编辑命令对平行线进行圆角、倒角和修剪等一系列处理，最后用点划线绘制道路轴线，用 SOLID 命令填充铁路短黑线，用 HATCH 命令填充流水等。

地物中的其他部件也可以由基本的二维绘图和编辑命令进行绘制。若用户已在 AutoCAD 中建立了专业图形库，则可以使用插入图块的方法插入相应形体，如树木、建筑小品和花台等，再使用复制、移动、缩放等命令对图形进行编辑。

3．绘制原有建筑图

根据建筑设计规范的相关规定，在总平面图设计中必须反映新旧建筑之间的关系，并且原有建筑应用细实线绘制。由于一般建筑形体都比较规则，因此在方案设计阶段可以只绘制出建筑的简单形体，这些形体只要求尺寸大小和位置准确。使用二维绘图命令，如直线、多段线、圆弧、圆等命令，即可完成全部图形的绘制，绘制时应注意形体的定位。

对于总平面图中一些需要用符号表示的构筑物，如水塔、泵房、消火栓、电杆和变压器等应符合制图规范，可以将这些构筑物统一创建成图块以供调用，也可从专业图库中调用。

12.2.3　绘制红线

在建筑设计中，有两种红线：建筑红线和用地红线。用地红线是主管部门或城市规划部门依据城市建设总体规划要求确定的可使用的用地范围；建筑红线是拟建建筑可摆放在该用地范围中的位置，新建建筑不可超出建筑红线。

用地红线一般用点划线绘制，建筑红线一般用粗虚线绘制。由于建筑用地是根据城市道路骨架和城市规划骨架以及其他建筑用地划分的，因此用地红线和建筑红线往往与周边道路和建筑等平行，在绘制时可用偏移命令偏移道路等部件的线条后，再修改其颜色和线型。

12.2.4　绘制辅助图素

在总平面图设计中的其他一些辅助图素（如大地坐标、经纬度、绝对标高、特征点标高、风玫瑰图、指北针等），可用尺寸标注、文本标注等命令标注或调用（绘制）图块。由于这些数值或参数是施工设计和施工放样的主要参考标准，因此设计绘图时应注意绘制精确、定位准确。如图 12-1 所示即为绘制辅助图素后的某办公楼原有地形现状图。

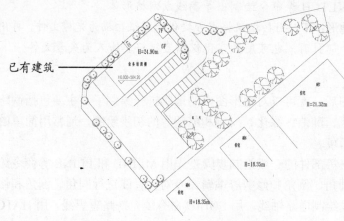

图 12-1   绘制辅助图素

12.2.5   绘制拟建建筑与道路

在绘制建筑总平面图时，通常单体设计项目大多先绘制建筑，然后绘制相关道路；群体规划项目则大多先绘制道路网，然后绘制建筑。

在 AutoCAD 中，道路和新建建筑可以先用二维绘图命令如 LINE、MLINE、PLINE、ARC 和 CIRCLE 等进行绘制，之后用二维编辑命令进行编辑。需要注意的是新建建筑必须在图中以粗实线表示，不能超出建筑红线的范围。如图 12-2 所示即为加入新建建筑与道路的某办公楼总体平面图。

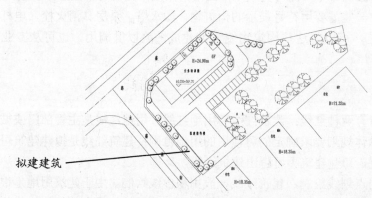

图 12-2   绘制拟建建筑与道路

12.2.6   绘制其他设施

建筑总平面图以指北针或者风玫瑰表示方向。风玫瑰因地区差异而各不相同，而且由于现代建筑还配有景观设计，因此在绘制总平面图时还需要绘制出绿化与配景部分。一般来说，用户可以将预先建立好的各种建筑配景图块直接插入，也可以直接用二维绘图命令绘制。

12.3 上机及项目实训

12.3.1 绘制办公楼总平面图

本次实训将利用本章所学建筑总平面图的基础知识，以及前几章介绍的绘图及编辑命令，完成办公楼总平面图的绘制，效果如图 12-3 所示（立体化教学:\源文件\第 12 章\办公楼总平面图.dwg）。绘制该图形时，首先应使用构造线、偏移等命令绘制轴线，再使用插入图块等方式插入原有地形、地貌，再绘制红线、拟建建筑等。

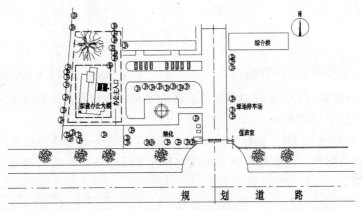

图 12-3 办公楼总平面图

1. 绘制轴网

使用构造线、偏移、修剪以及直线、圆、单行文字等命令，绘制建筑总平面图的轴线网。操作步骤如下：

（1）新建"办公楼总平面图.dwg"图形文件，选择"格式/图层"命令，打开"图层特性管理器"对话框。

（2）创建如图 12-4 所示的图层，分别设置图层的线型、线宽特性，并将 zx 图层设置为当前图层，单击 确定 按钮，关闭"图层特性管理器"对话框，返回绘图区。

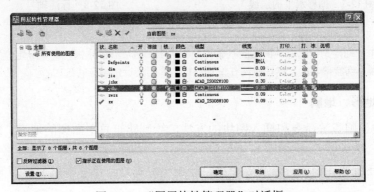

图 12-4 "图层特性管理器"对话框

（3）在命令行输入 XL，执行构造线命令，打开正交功能，绘制水平及垂直构造线，如图 12-5 所示。

（4）在命令行输入 O，执行偏移命令，将垂直构造线连续向右进行 9 次偏移，其偏移距离为 25000，如图 12-6 所示。

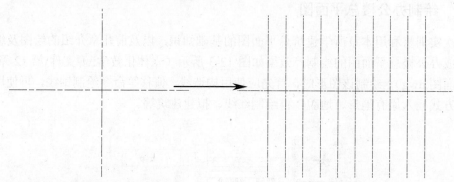

图 12-5　绘制水平及垂直构造线　　　　图 12-6　偏移垂直构造线

（5）在命令行输入 O，执行偏移命令，将水平构造线连续向上进行 7 次偏移，其偏移距离为 25000，如图 12-7 所示。

（6）在命令行输入 TR，执行修剪命令，将多余的线条进行修剪处理，并使用直线、圆、单行文字以及阵列、镜像等命令对轴线的轴号进行标注，如图 12-8 所示。

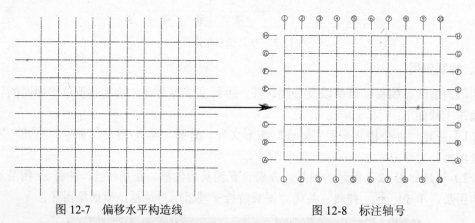

图 12-7　偏移水平构造线　　　　图 12-8　标注轴号

提示：

总平面图中的轴网是绘制总平面图的基础和施工人员施工放线的依据，其坐标定位一般是根据城市的规划骨架经纬度确定的，这些轴网在设计前规划部门会提供相应的数据。

2．绘制地形、地貌

使用直线、圆弧等命令和插入图块的方法，绘制建筑总平面图的地形、地貌。操作步骤如下：

（1）使用直线、圆弧、修剪等命令，绘制已有道路、原有建筑和地形等，如图 12-9 所示。

（2）执行插入命令，插入"植物 1.dwg"、"植物 2.dwg"、"植物 3.dwg"、"车.dwg"图块文件（立体化教学:\实例素材\第 12 章\植物 1.dwg、植物 2.dwg、植物 3.dwg、车.dwg），并使用复制命令复制生成其余图块，如图 12-10 所示。

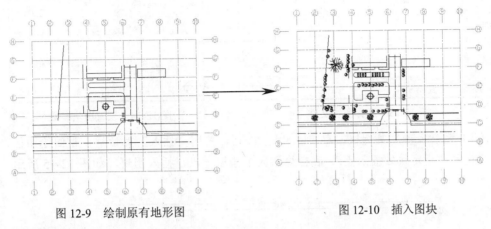

图 12-9　绘制原有地形图　　　　　　　图 12-10　插入图块

3．绘制红线

使用多段线、矩形命令绘制总平面图中的红线。操作步骤如下：

（1）将图层切换至 ydhx，使用多段线命令绘制如图 12-11 所示的用地红线。

（2）将当前图层切换至 jzhx，并使用矩形命令绘制如图 12-12 所示的建筑红线。

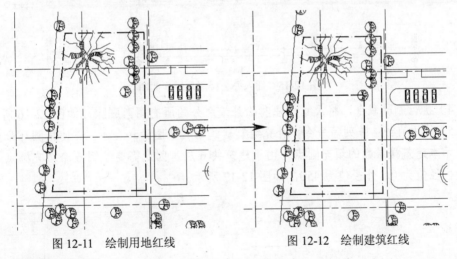

图 12-11　绘制用地红线　　　　　　　图 12-12　绘制建筑红线

4．绘制拟建建筑

使用图块命令，插入顶层平面图，并使用直线等命令绘制拟建建筑轮廓。操作步骤如下：

（1）在命令行输入 I，执行插入命令，打开"插入"对话框，单击 浏览(B)... 按钮，打开"选择图形文件"对话框，如图 12-13 所示。

（2）选择"办公楼屋顶层平面图.dwg"图块文件，单击 打开(O) 按钮，返回"插入"对话框，如图 12-14 所示。

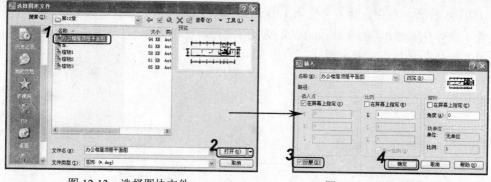

图 12-13　选择图块文件

图 12-14　设置图块参数

（3）选中 ☑分解 复选框，单击 确定 按钮，关闭"插入"对话框，返回绘图区，在命令行提示"指定块的插入点:"后在绘图区中拾取一点，插入图块，如图 12-15 所示。

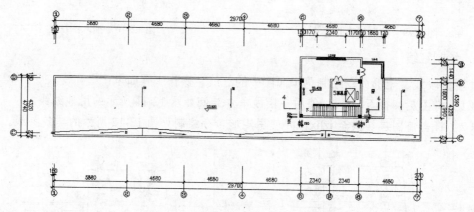

图 12-15　插入办公楼屋顶层平面图

（4）执行删除命令，将尺寸标注和除外墙之外的所有图素删除，如图 12-16 所示。

（5）使用直线、阵列等命令，补充绘制建筑的其他图素和台阶，并使用圆环命令绘制用以表示本建筑楼层数的填充圆点，由于建筑共 6 层，因此需要绘制 6 个填充圆点，其中圆环的内径值为 0，外径值为 450，如图 12-17 所示。

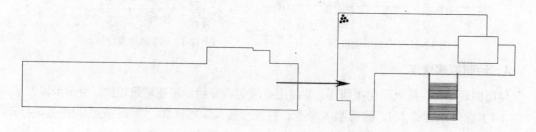

图 12-16　绘制屋顶轮廓

图 12-17　绘制拟建建筑

（6）在命令行输入 B，打开"块定义"对话框，在"名称"文本框中输入"建筑"，单击"对象"栏中的"选择对象"按钮 🔲，进入绘图区选择绘制的拟建建筑，并按 Enter

键返回"块定义"对话框，然后在"对象"栏中选中 ⊙转换为块C 单选按钮，单击 确定 按钮，将绘制的拟建建筑定义为图块，如图 12-18 所示。

（7）在命令行输入 M，执行移动命令，将定义的图块移动到如图 12-19 所示的位置。

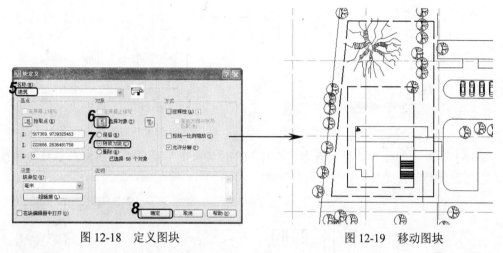

图 12-18 定义图块   图 12-19 移动图块

（8）在命令行输入 RO，执行旋转命令，在命令行提示"选择对象:"后选择移动后的图块，指定要进行旋转的图形对象，如图 12-20 所示。

（9）在命令行提示"指定基点:"后捕捉水平多段线的端点，指定旋转的基点，如图 12-21 所示。

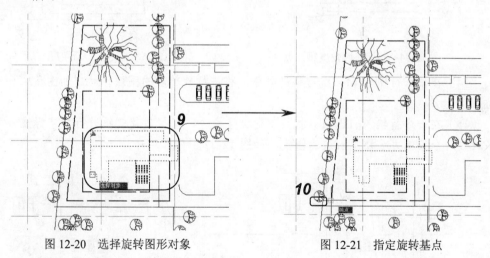

图 12-20 选择旋转图形对象   图 12-21 指定旋转基点

（10）在命令行提示"指定旋转角度，或 [复制(C)/参照(R)] <0>:"后输入"R"，选择"参照"选项，如图 12-22 所示。

（11）在命令行提示"指定参照角 <0>:"后捕捉多段线水平线左端端点，指定旋转参照角度的第一点，如图 12-23 所示。

（12）在命令行提示"指定第二点:"后捕捉多段线水平线右端端点，指定旋转参照角度的第二点，如图 12-24 所示。

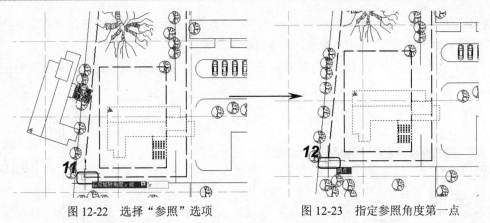

图 12-22　选择"参照"选项　　　　　　图 12-23　指定参照角度第一点

（13）在命令行提示"指定新角度或 [点(P)] <0>:"后捕捉多段线中倾斜线与轴线的交点，指定旋转的新角度，如图 12-25 所示。

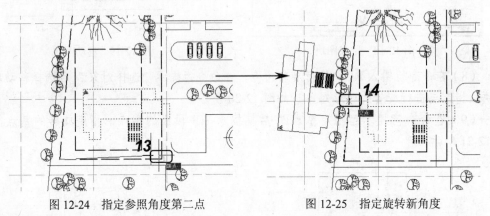

图 12-24　指定参照角度第二点　　　　　　图 12-25　指定旋转新角度

（14）在命令行输入 M，执行移动命令，将进行旋转后的图块移动到如图 12-26 所示的位置。

（15）在命令行输入 TEXT，执行单行文字命令，对拟建建筑物进行文字标注，并使用多段线命令绘制办公楼主入口的箭头，如图 12-27 所示。

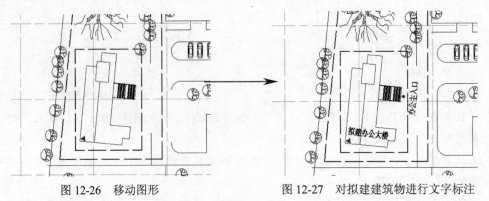

图 12-26　移动图形　　　　　　图 12-27　对拟建建筑物进行文字标注

（16）执行单行文字命令，对其余图形进行文字标注，如图 12-28 所示。

（17）在命令行输入 I，执行插入命令，插入"指北针.dwg"图块文件（立体化教学:\
实例素材\第 12 章\指北针.dwg），完成办公楼总平面图的绘制，如图 12-29 所示。

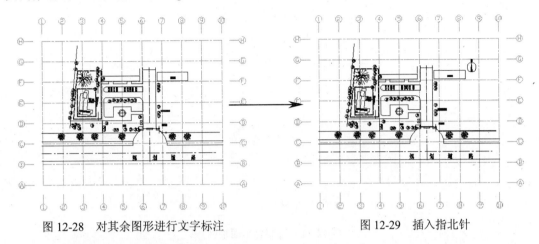

图 12-28 对其余图形进行文字标注　　　　　　　图 12-29 插入指北针

12.3.2 绘制商住楼总平面图

利用本章所学知识，绘制如图 12-30 所示的商住楼总平面图。绘制该图形时，应首先
绘制总平面轴网，以方便图形定位及施工放线。总平面轴网绘制完成后再绘制已有地形地
貌、用地红线及建筑红线，最后绘制拟建建筑，标注拟建建筑层以及拟建建筑坐标定位（立
体化教学:\源文件\第 12 章\商住楼总平面图.dwg）。

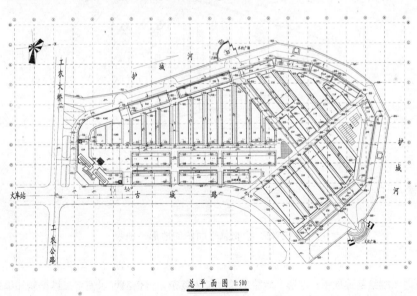

图 12-30 绘制商住楼总平面图

本练习可结合立体化教学中的视频演示进行学习（立体化教学:\视频演示\第 12 章\绘制
商住楼总平面图.swf）。主要操作步骤如下：

（1）使用直线、偏移等命令，绘制总平面轴网，轴网轴间距为 25000，X 方向为 21 个轴线（即 20 个轴间距）；Y 方向为 13 个轴线（即 12 个轴间距），如图 12-31 所示。

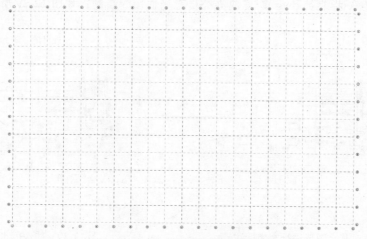

图 12-31　绘制总平面轴网

（2）使用直线、圆弧、矩形等各种绘图及编辑命令，绘制如图 12-32 所示总平面图的地形、地貌。

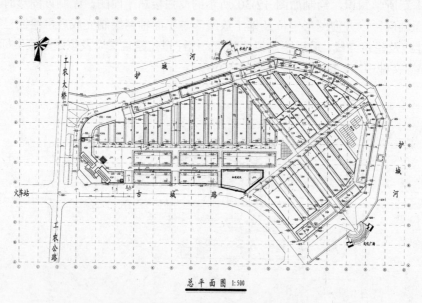

总平面图 1:500

图 12-32　绘制总平面图的地形、地貌

提示：

在总平面图的绘制过程中，地形、地貌的绘制较为复杂，但仍然可以使用二维绘制和编辑命令来完成，通常像这种小区内新建商住楼的情况，如其前期已有绘制完成的地形、地貌图，不必再详细进行绘制，直接调用即可。

（3）执行视图缩放命令，将要进行拟建建筑绘制的区域进行放大显示，如图 12-33 所示。
（4）执行矩形和多段线命令，绘制用地红线和建筑红线，绘制红线时，若用地红线和建筑红线重合，重合部分可适当偏移一定距离绘制或只绘制其中一种重合部分红线即可，如图 12-34 所示。

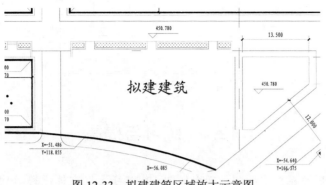

图 12-33　拟建建筑区域放大示意图

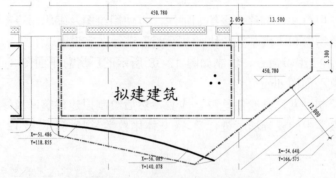

图 12-34　绘制建筑红线和用地红线

（5）在绘制好用地红线和建筑红线后，即可根据建筑红线和平面设计绘制拟建建筑。这时使用矩形命令绘制 32400×13200 的矩形，再使用偏移命令偏移 240 即可，如图 12-35 所示。

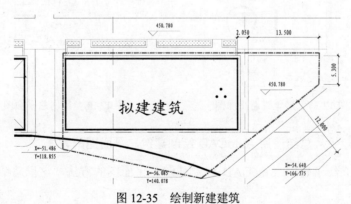

图 12-35　绘制新建建筑

（6）对总平面图进行定位尺寸标注，主要是对拟建建筑的长、宽及 4 个角点的绝对坐标进行标注，其长、宽标注用 DIMLINEAR 命令自动标注即可，角点的绝对坐标用 QLEADER 命令标注即可，效果如图 12-36 所示。

273

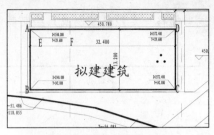

图 12-36 标注定位尺寸

12.4 练习与提高

（1）绘制某展览馆总平面图，效果如图 12-37 所示（立体化教学:\源文件\第 12 章\展览馆总平面图.dwg）。

提示：首先使用直线、偏移命令绘制轴网，再使用绘图及编辑命令绘制绿化和建筑范围，最后插入"植物"和"汽车"图块，并对图形进行文字说明。

（2）使用绘图及编辑命令，绘制如图 12-38 所示的厂房总平面图（立体化教学:\源文件\第 12 章\厂房总平面图.dwg）。

提示：首先绘制轴网，再绘制地形、地貌，然后绘制拟建建筑以及绿化建筑等。本练习可结合立体化教学中的视频演示进行学习（立体化教学:\视频演示\第 12 章\绘制厂房总平面图.swf）。

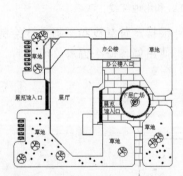

图 12-37 展览馆总平面图

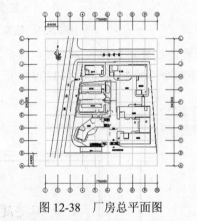

图 12-38 厂房总平面图

经验技巧 总结使用 AutoCAD 绘制建筑总平面图的方法

本章主要介绍了使用 AutoCAD 绘制建筑总平面图的方法，这里总结以下几点供读者参考和探索：

➤ 建筑总平面图主要表示整个建筑基地的总体布局，具体表达新建房屋的位置、朝向以及周围环境（原有建筑、交通道路、绿化、地形）等基本情况的图样。

➤ 绘制建筑总平面图时，对于绿化等装饰物，一般先将其定义为图块，在绘制时直接进行调用图块即可。

第 13 章 项目设计案例

学习目标

- ☑ 绘制住宅楼底层平面图
- ☑ 绘制住宅楼立面图
- ☑ 绘制住宅楼剖面图

目标任务&项目案例

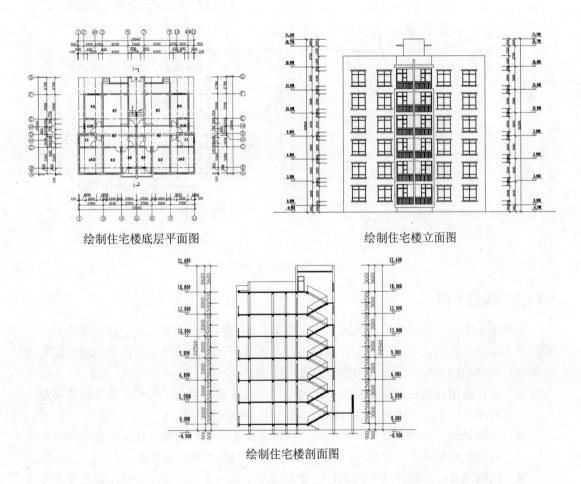

绘制住宅楼底层平面图

绘制住宅楼立面图

绘制住宅楼剖面图

进行项目设计时,应包括建筑平面图、立面图以及剖面图等图形,以便更好地了解建筑的形状、特性等。本章将以住宅楼为例,介绍住宅楼平面图、立面图以及剖面图的绘制。

13.1 绘制住宅楼底层平面图

13.1.1 项目目标

本案例将绘制如图 13-1 所示的住宅楼底层平面图（立体化教学:\源文件\第 13 章\住宅楼底层平面图.dwg）。该为一楼两户住宅楼，而且两户的户型相对，在绘制该图形时，首先应绘制平面图的轴网，再绘制墙线、门窗等，而且可以在完成其中一户的图形绘制后，镜像复制出另外一户的图形。

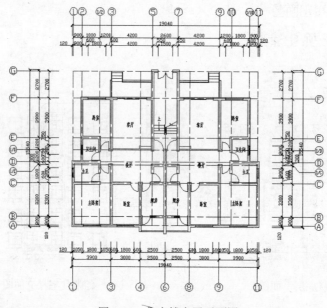

图 13-1 住宅楼底层平面图

13.1.2 项目分析

建筑平面图用于表示建筑物在水平方向房屋各部分的组合关系，是了解房屋格局、功能的重要依据。绘制该图形前，应对图形进行具体分析，再使用绘图及编辑命令对图形进行绘制。本例的图形可以分为 6 个部分来进行绘制。

- **设置绘图环境**：在绘制建筑平面图时，应对图层、单位、图形界限等绘图环境进行相应设置，以更好、更快地完成图形的绘制及编辑操作。
- **绘制轴网**：在绘制建筑平面图时，轴线是平面图墙线的绘制依据，在进行平面图的墙线绘制之前，应先对轴网进行绘制，并对轴网进行编号等。
- **绘制墙体**：在轴网绘制完成后，可以使用多线、多线编辑、分解、修剪等命令完成墙体的绘制，并对门窗位置预留门洞等。
- **绘制门窗**：对建筑平面图进行门窗的绘制，可以使平面图更加完整，绘制前需先了解门窗的尺寸规格等。

➥ **绘制楼梯**：完成建筑的墙体、门窗设计后，还应该绘制楼梯图形。楼梯图形主要是交通设计中的垂直交通，在绘制时，一般是先绘制一个踏步线，再使用阵列命令复制其余踏步，如果是对称的楼梯，还可使用镜像命令完成另一楼梯踏步的绘制。

➥ **标注图形**：完成图形的绘制之后，还应对图形进行标注，如文字标注、尺寸标注等。

13.1.3　绘制过程

下面将根据案例的项目分析讲解住宅楼底层平面图的绘制。

1. 设置绘图环境

在绘制住宅楼底层平面图之前，应对绘图环境进行相应设置，如图层、单位、图形界限、线型比例等。操作步骤如下：

（1）新建"住宅楼底层平面图.dwg"图形文件，选择"格式/图层"命令，打开"图层特性管理器"对话框，创建如图 13-2 所示的图层，并对 zx 图层的线型进行设置。

（2）选择"格式/线型"命令，打开"线型管理器"对话框，单击 显示细节① 按钮，显示"详细信息"栏，将"全局比例因子"选项设置为 100，如图 13-3 所示。

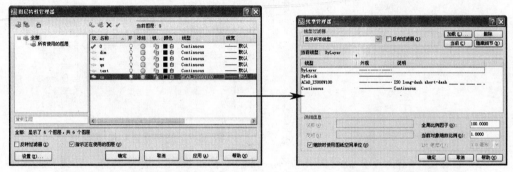

图 13-2　创建并设置图层　　　　图 13-3　设置线型比例

（3）选择"格式/图形界限"命令，将图形界限的左下角端点设置为（0,0），右上角端点设置为（29700,21000）。

（4）选择"格式/图形界限"命令，在命令行提示"指定左下角点或 [开(ON)/关(OFF)]<0,0>:"后输入"ON"，选择"开"选项。

📢**提示：**

> 使用图形界限命令设置绘图区域之后，还应该打开图形界限功能。设置图形界限时，一般应根据图纸的大小规格进行设置，如 A1、A4 等。

（5）选择"格式/单位"命令，打开"图形单位"对话框，在"长度"栏的"精度"下拉列表框中选择 0 选项，指定图形单位的精度，如图 13-4 所示。

（6）选择"格式/文字样式"命令，打开"文字样式"对话框，在"字体"栏的"SHX字体"下拉列表框中选择 txt.shx 选项，并选中 ☑使用大字体⑪ 复选框，在"大字体"下拉列表框中选择 gbcbig.shx 选项，如图 13-5 所示。

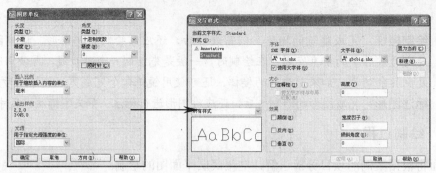

图 13-4 设置图形单位　　　　　　　　　图 13-5 设置文字样式

2. 绘制轴网

设置好绘图环境后，就可以使用构造线、偏移等命令绘制轴网了。操作步骤如下：

（1）将当前图层设置为 zx，在命令行输入 XL，执行构造线命令，打开正交功能，绘制水平及垂直构造线，如图 13-6 所示。

（2）在命令行输入 O，执行偏移命令，将垂直构造线向右进行偏移，其偏移距离参见如图 13-7 所示的尺寸标注。

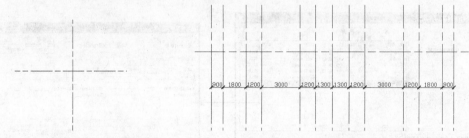

图 13-6 绘制水平及垂直构造线　　　　　　图 13-7 偏移垂直构造线

（3）在命令行输入 O，执行偏移命令，将水平构造线向上进行偏移，其偏移距离参见如图 13-8 所示的尺寸标注。

（4）在命令行输入 TR，执行修剪命令，将绘制的构造线进行修剪处理，如图 13-9 所示。

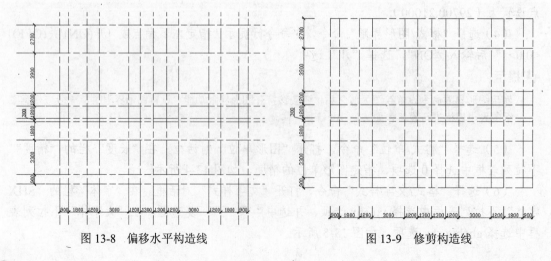

图 13-8 偏移水平构造线　　　　　　　　　图 13-9 修剪构造线

（5）使用直线、圆、属性定义和图块命令，绘制轴号的直线、轴线圈，以及对轴号进行属性定义，并将其定义为图块，如图 13-10 所示。

（6）在命令行输入 CO，执行复制命令，将创建的轴号进行复制操作，效果如图 13-11 所示。

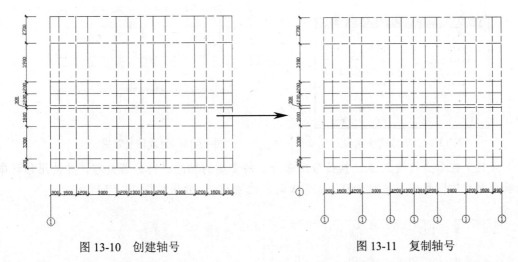

<table>
<tr><td>图 13-10　创建轴号</td><td>图 13-11　复制轴号</td></tr>
</table>

（7）在命令行输入 RO，执行旋转命令，将复制的纵轴的轴号进行旋转处理，如图 13-12 所示。

（8）双击旋转后的轴号，打开"增强属性编辑器"对话框，在"值"文本框中输入"A"，指定轴号的文字内容，如图 13-13 所示。

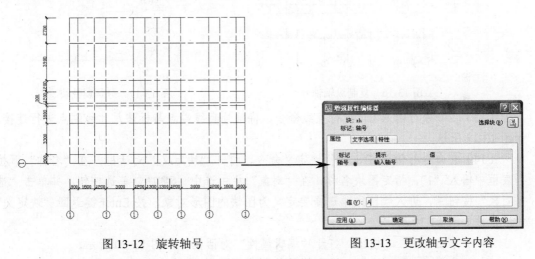

<table>
<tr><td>图 13-12　旋转轴号</td><td>图 13-13　更改轴号文字内容</td></tr>
</table>

（9）选择"文字选项"选项卡，将"旋转"选项更改为 0，如图 13-14 所示。

（10）单击 确定 按钮，返回绘图区，更改轴号的效果如图 13-15 所示。

（11）在命令行输入 CO，执行复制命令，将纵轴的轴号进行复制操作，如图 13-16 所示。

279

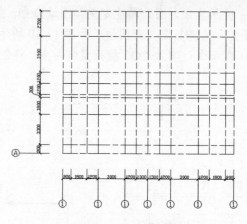

图 13-14　更改文字角度　　　　　　　图 13-15　更改轴号效果

（12）在命令行输入 X，执行分解命令，将复制的轴号进行分解处理，并使用移动命令将分解后的图形向下移动 650，将直线向左拉伸 600，效果如图 13-17 所示。

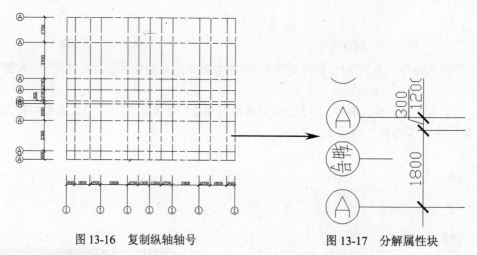

图 13-16　复制纵轴轴号　　　　　　　图 13-17　分解属性块

（13）在命令行输入 L，执行直线命令，将轴号直线端点与标注尺寸线端点进行连接，如图 13-18 所示。

（14）在命令行输入 B，执行块定义命令，打开"块定义"对话框，在"名称"下拉列表框中输入"1"，指定图块名称，在"对象"栏中选中⊙转换为块(C)单选按钮，并单击"选择对象"按钮，进入绘图区，选择要定义为图块的图形对象，按 Enter 键返回"块定义"对话框，如图 13-19 所示。

（15）单击　确定　按钮，打开"编辑属性"对话框，如图 13-20 所示。

（16）单击　确定　按钮，将分解并绘制直线后的图形重新定义为图块，如图 13-21 所示。

（17）双击纵轴要更改轴号的图形，在打开的"增强属性编辑器"对话框中更改轴号，如图 13-22 所示。

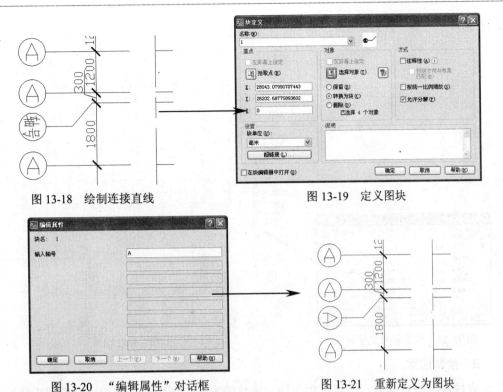

图 13-18　绘制连接直线

图 13-19　定义图块

图 13-20　"编辑属性"对话框

图 13-21　重新定义为图块

（18）双击添加的轴号，打开"增强属性编辑器"对话框，在"值"文本框中输入"1/C"，如图 13-23 所示。

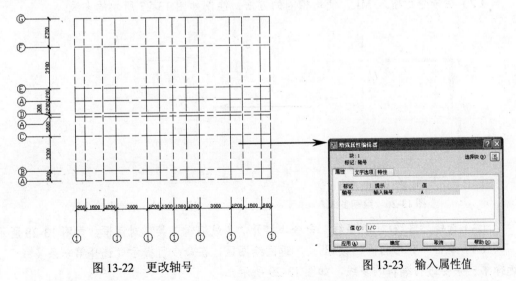

图 13-22　更改轴号

图 13-23　输入属性值

（19）选择"文字选项"选项卡，在"高度"文本框中输入"300"，指定文字高度，在"宽度因子"文本框中输入"0.7"，指定轴号的宽度因子，如图 13-24 所示。

（20）使用相同的方法，对其余轴号进行标注，并使用镜像、复制、移动等命令，完成所有轴号的标注，如图 13-25 所示。

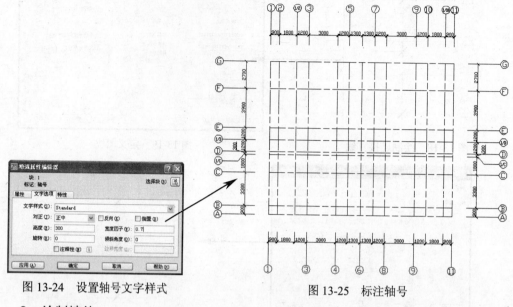

图 13-24   设置轴号文字样式

图 13-25   标注轴号

3．绘制墙体

完成轴网的绘制后，即可使用多线、多线编辑等命令绘制墙体图形。操作步骤如下：

（1）将图层切换为 qx，在命令行输入 ML，执行多线命令，将多线比例设置为 240，"对正"方式设置为"无"，绘制如图 13-26 所示的多线。

（2）在命令行输入 ML，使用相同的方法，绘制如图 13-27 所示的多线。

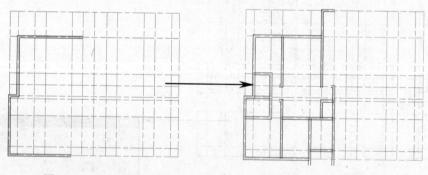

图 13-26   绘制多线

图 13-27   绘制其余多线

（3）选择"修改/对象/多线"命令，打开"多线编辑工具"对话框，如图 13-28 所示。

（4）单击"T 形打开"按钮 ，返回绘图区，在命令行提示"选择第一条多线:"后选择第一条要进行编辑的多线，如图 13-29 所示。

（5）在命令行提示"选择第二条多线:"后选择另一条要进行编辑的多线，如图 13-30所示，编辑后的效果如图 13-31 所示。

（6）使用相同的方法，将其余多线进行编辑处理，如图 13-32 所示。

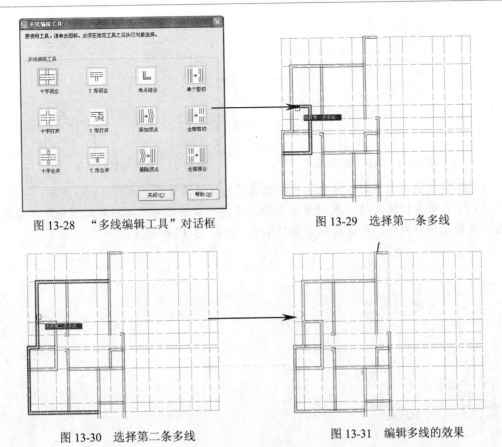

图 13-28 "多线编辑工具"对话框

图 13-29 选择第一条多线

图 13-30 选择第二条多线

图 13-31 编辑多线的效果

（7）在命令行输入 X，执行分解命令，将多线进行分解处理，并使用修剪命令修剪多余线条，然后使用直线命令连接多线开口处直线端点的连线，如图 13-33 所示。

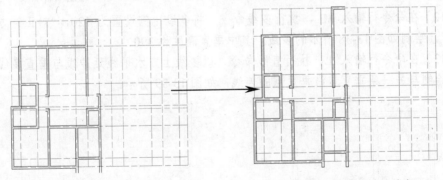

图 13-32 编辑其余多线

图 13-33 修剪并连接线条

（8）在命令行输入 O，执行偏移命令，将墙线偏移 60，再使用偏移命令将偏移的线条再次进行偏移，其偏移距离为 800，如图 13-34 所示。

（9）在命令行输入 EX，执行延伸命令，将偏移线条进行延伸，延伸边界为另一条墙线，并使用修剪命令将多余线条进行修剪，如图 13-35 所示。

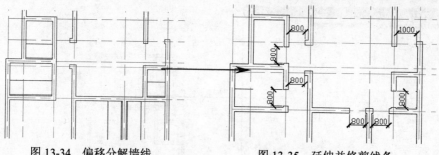

图 13-34　偏移分解墙线　　　　　　　图 13-35　延伸并修剪线条

（10）使用偏移、修剪等命令，将墙线进行编辑修改处理，如图 13-36 所示。

（11）在命令行输入 L，执行直线命令，连接底端墙线端点与右端墙线垂足点之间的连线，并使用偏移命令，将直线向上偏移 120，如图 13-37 所示。

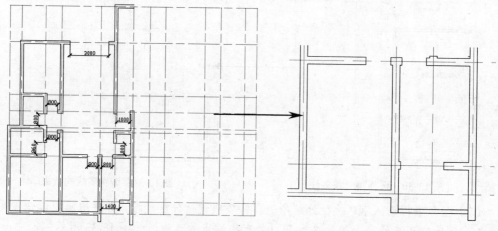

图 13-36　绘制另外两个门洞　　　　　　图 13-37　绘制阳台墙线

（12）在命令行输入 ML，执行多线命令，将多线比例设置为 120，"对正"方式设置为"下"，绘制如图 13-38 所示的多线，其中垂直高度为 390。

（13）在命令行输入 L，执行直线命令，以多线上方水平线延伸线与垂直多线交点为起点，绘制与另一条垂直墙线垂足点的连线，如图 13-39 所示。

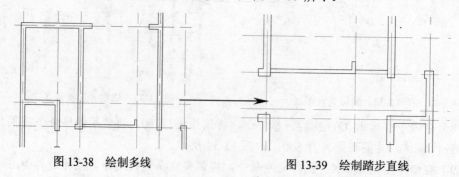

图 13-38　绘制多线　　　　　　　　　图 13-39　绘制踏步直线

（14）在命令行输入 CO，执行复制命令，将绘制的直线向上进行复制，其相对距离为 240，如图 13-40 所示。

（15）在命令行输入 ML，执行多线命令，将"对正"选项设置为"上"，绘制垂直高度为 1680 的多线，并绘制与右端垂直多线垂足点的连线，如图 13-41 所示。

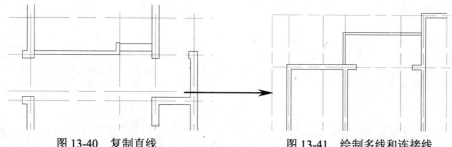

图 13-40　复制直线　　　　　　　　　图 13-41　绘制多线和连接线

（16）执行分解命令，将绘制的多线进行分解，并使用偏移命令将图形进行偏移处理，其偏移为 50，如图 13-42 所示。

（17）在命令行输入 CO，执行复制命令，将两条垂直线进行复制，相对于 X 轴的距离为 1100，如图 13-43 所示。

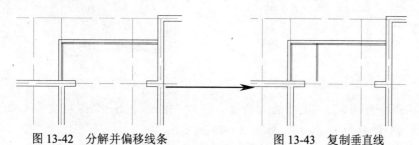

图 13-42　分解并偏移线条　　　　　　　图 13-43　复制垂直线

（18）在命令行输入延伸命令，将偏移的两条直线进行延伸，其延伸边界为右端底端水平墙线的延伸线，并使用修剪命令将图形进行修剪操作，如图 13-44 所示。

（19）在命令行输入 AR，执行阵列命令，将台阶直线进行阵列复制，其中阵列的"行"选项设置为 4，"行偏移"选项设置为 280，如图 13-45 所示。

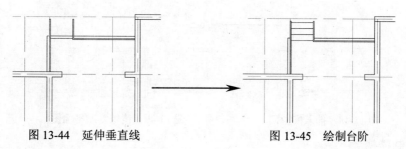

图 13-44　延伸垂直线　　　　　　　　　图 13-45　绘制台阶

4. 绘制门窗

完成住宅楼底层平面图墙线的绘制后，接着绘制平面图的门、窗图形，绘制时可使用插入图块的方式快速完成绘制。操作步骤如下：

（1）在命令行输入 I，执行插入命令，插入"门.dwg"图块文件（立体化教学:\实例素材\第 13 章\门.dwg），并使用复制、旋转以及镜像等命令插入图块文件。在插入室内门时，应对图块进行缩小插入，其中缩放比例为 0.8，如图 13-46 所示。

（2）在命令行输入 I，执行插入命令，插入"窗户.dwg"图块文件（立体化教学:\实例素材\第 13 章\窗户.dwg），插入图块时的比例参见如图 13-47 所示的窗户尺寸标注。

📢 **提示：**

> 插入"门.dwg"和"窗户.dwg"图块时，由于对门进行缩放时，是整体进行缩放，而对"窗户.dwg"
> 图块文件进行缩放时，只针对 X 轴方向进行缩放，插入"门.dwg"图块时，应选中 ☑统一比例(U) 复选
> 框，再调整 X 选项后的值。

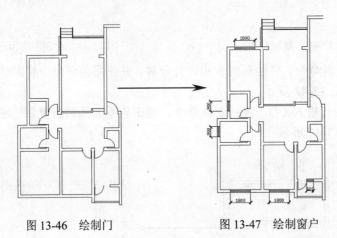

图 13-46　绘制门　　　　　　　　　　图 13-47　绘制窗户

（3）在命令行输入 I，执行插入命令，插入"推拉门.dwg"图块文件（立体化教学:\实例素材\第 13 章\推拉门.dwg），如图 13-48 所示。

（4）在命令行输入 MI，执行镜像命令，镜像复制图形，如图 13-49 所示。

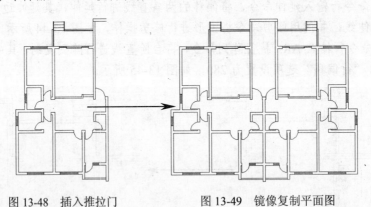

图 13-48　插入推拉门　　　　　　　图 13-49　镜像复制平面图

5．绘制楼梯

使用多线、直线、阵列以及镜像等命令，绘制平面图的楼梯。操作步骤如下：

（1）在命令行输入 O，执行偏移命令，将楼梯间垂直线向内进行偏移，其偏移距离为
430，并使用修剪命令将多余线条进行修剪，如图 13-50 所示。

（2）在命令行输入 I，执行插入命令，插入"门.dwg"图块文件（立体化教学:\实例素材\第 13 章\门.dwg），比例为 0.75，并使用镜像命令镜像复制另一扇门，如图 13-51 所示。

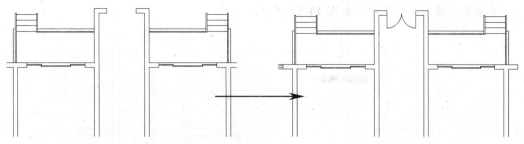

图 13-50　绘制楼梯间门框　　　　　　图 13-51　绘制楼梯大门

（3）在命令行输入 ML，执行多线命令，将"比例"选项设置为 60，"对正"选项设置为"下"，在命令行提示"指定起点或 [对正(J)/比例(S)/样式(ST)]:"后输入"FROM"，选择"捕捉自"选项，如图 13-52 所示。

（4）在命令行提示"基点:"后捕捉水平线的中点，如图 13-53 所示。

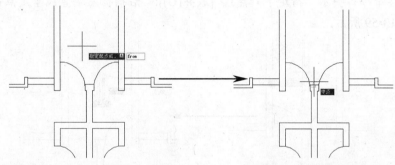

图 13-52　选择"捕捉自"选项　　　　图 13-53　捕捉水平线中点

（5）在命令行提示"<偏移>:"后输入"@-110,2385"，指定多线的起点，如图 13-54 所示。

（6）打开正交功能，将鼠标向下移动，在命令行提示"指定下一点:"后输入"945"，绘制垂直多线，如图 13-55 所示。

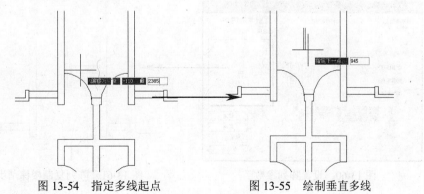

图 13-54　指定多线起点　　　　　　图 13-55　绘制垂直多线

（7）将鼠标光标向右移动，在命令行提示"指定下一点或 [放弃(U)]:"后输入"220"，绘制水平多线，如图 13-56 所示。

（8）将鼠标光标向上移动，并在合适的位置指定一点，绘制垂直多线，并使用直线命令，连接多线端点间的连线，如图 13-57 所示。

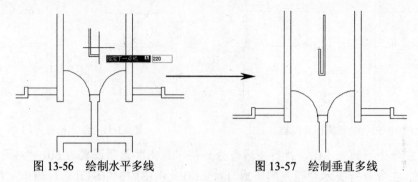

图 13-56　绘制水平多线　　　　　图 13-57　绘制垂直多线

（9）在命令行输入 L，执行直线命令，捕捉多线端点的对象追踪线，并在命令行提示"指定第一点:"后输入"60"，指定直线的起点，如图 13-58 所示。

（10）在命令行提示"指定下一点或 [放弃(U)]:"后捕捉左端直线垂足点，指定直线端点，如图 13-59 所示。

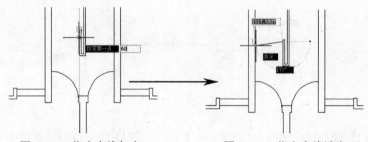

图 13-58　指定直线起点　　　　　图 13-59　指定直线端点

（11）在命令行输入 AR，执行阵列命令，打开"阵列"对话框，设置如图 13-60 所示的参数，并单击"选择对象"按钮⬚进入绘图区，选择绘制的直线作为阵列对象。

（12）单击 ⬚确定⬚ 按钮，完成楼梯踏步的绘制，如图 13-61 所示。

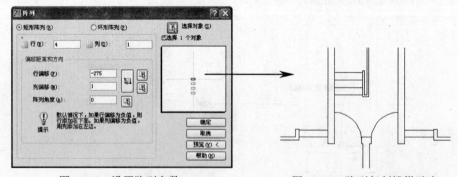

图 13-60　设置阵列参数　　　　　图 13-61　阵列复制楼梯踏步

（13）在命令行输入 MI，执行镜像命令，将绘制的楼梯踏步直线进行镜像复制，如图 13-62 所示。

（14）在命令行输入 L，执行直线命令，绘制剖断线，并使用修剪命令对图形进行修剪处理，如图 13-63 所示。

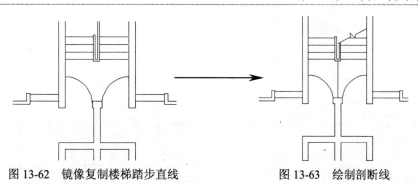

图 13-62　镜像复制楼梯踏步直线　　　　图 13-63　绘制剖断线

（15）在命令行输入 PL，执行多段线命令，绘制楼梯走向的多段线，如图 13-64 所示。

（16）在命令行输入 TEXT，执行单行文字命令，对楼梯走向进行文字说明，如图 13-65 所示。

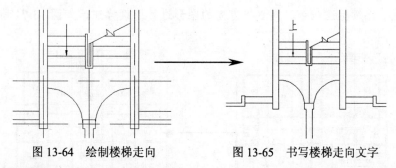

图 13-64　绘制楼梯走向　　　　　　图 13-65　书写楼梯走向文字

6．标注平面图

在完成住宅楼底层平面图的绘制后，还应使用文字及尺寸标注命令，对图形进行相应的文字及尺寸文字说明。操作步骤如下：

（1）在命令行输入 TEXT，执行单行文字命令，对图形书写文字，如图 13-66 所示。

（2）在命令行输入 CO，执行复制命令，将书写的单行文字进行复制操作，如图 13-67 所示。

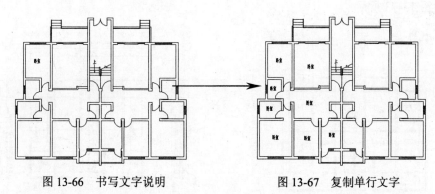

图 13-66　书写文字说明　　　　　　图 13-67　复制单行文字

（3）双击复制的单行文字，对其进行更改，并使用镜像命令对单行文字进行文字说明，如图 13-68 所示。

（4）执行多段线命令，在平面图的上方和下方分别绘制剖切符号，并使用单行文字标注剖切编号，如图 13-69 所示。

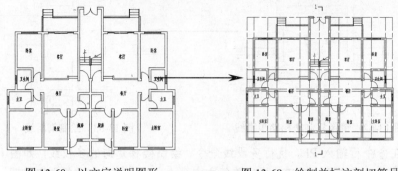

图 13-68　以文字说明图形　　　　图 13-69　绘制并标注剖切符号

（5）执行线性标注命令，对图形进行线性尺寸标注，如图 13-70 所示。

（6）执行连续标注命令，对水平方向的图形进行连续标注，如图 13-71 所示。

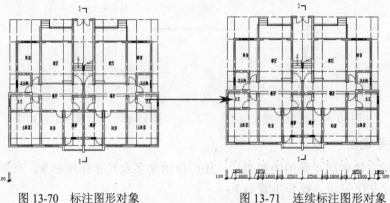

图 13-70　标注图形对象　　　　　图 13-71　连续标注图形对象

（7）使用相同的方法，对住宅楼底层平面图进行第一道尺寸标注，如图 13-72 所示。

（8）执行线性标注和连续标注命令，使用相同的方法对图形进行第二道和第三道尺寸标注，如图 13-73 所示。

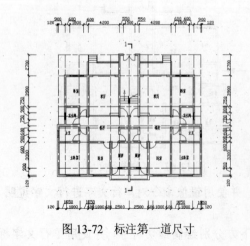

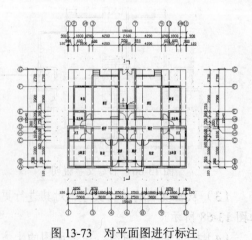

图 13-72　标注第一道尺寸　　　　图 13-73　对平面图进行标注

13.2　绘制住宅楼立面图

13.2.1　项目目标

本案例将绘制如图 13-74 所示的住宅楼立面图（立体化教学:\源文件\第 13 章\住宅楼立面图.dwg）。该立面图是住宅楼的背立面图，绘制时，首先应绘制立面图轮廓，然后再绘制窗户，并利用镜像和阵列等命令，完成其余几层立面图形的绘制，最后绘制顶层立面图。

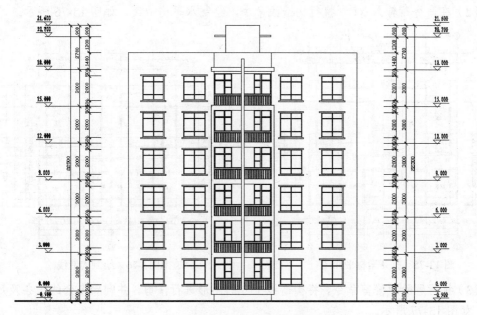

图 13-74　住宅楼立面图

13.2.2　项目分析

建筑立面图是反映建筑设计方案、门窗立面位置、样式与朝向、室外装饰造型及建筑结构样式等最直观的手段，它是三维模型和透视图的基础。本例的立面图是规则的左右对称、上下基本相同的住宅楼，绘制该立面图时，可以将其分为以下 3 个方面来进行:

❧ 该住宅楼是户型相同、相对的建筑，绘制该类建筑图形时，应先绘制其中的一户，再使用镜像命令镜像相对的另外一户住宅，最后使用阵列命令完成其余楼层建筑立面图的绘制。

❧ 在绘制建筑立面图的窗户时，可以在平面图的基础上确定窗户水平方向的位置，再使用构造线命令确定垂直方向的高度位置，最后使用偏移、修剪等命令完成窗户立面图的绘制。

❧ 绘制顶层立面图时，可以使用构造线命令确定立面图的宽度及高度，再使用修剪等命令完成绘制。

13.2.3　绘制过程

根据案例的项目分析，本例将绘制住宅楼立面图，下面具体讲解绘制过程。

1．绘制底层立面图

绘制建筑立面图时，可以在已有平面图的基础上进行立面图的绘制，绘制时一般以底层为基础，再逐层向上进行绘制。绘制底层立面图的操作步骤如下：

（1）打开"住宅楼底层平面图.dwg"图形文件（立体化教学:\实例素材\第13章\住宅楼底层平面图.dwg），如图13-75所示。

（2）在命令行输入 XL，执行构造线命令，绘制水平构造线，如图13-76所示。

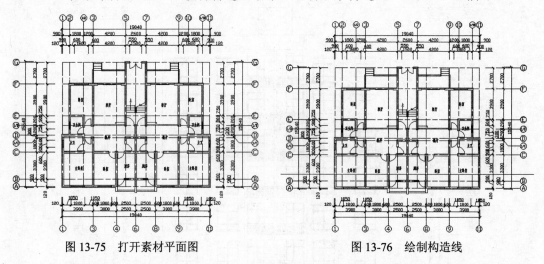

图13-75　打开素材平面图　　　　　　　图13-76　绘制构造线

（3）执行删除及修剪命令，将构造线上方的图形进行修剪，并删除多余的线条及尺寸标注，如图13-77所示。

（4）执行构造线命令，在平面图上方绘制一条水平构造线，如图13-78所示。

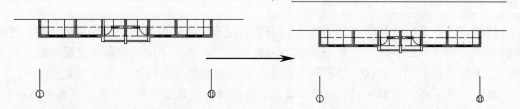

图13-77　修剪并删除多余的线条和尺寸标注　　　图13-78　绘制水平构造线

（5）在命令行输入 XL，执行构造线命令，选择"垂直"选项，以平面图墙线端点与窗户端点为通过点，绘制几条垂直构造线，如图13-79所示。

（6）在命令行输入 O，执行偏移命令，将顶端水平构造线向上偏移，其偏移距离分别为1300、1400、3400、3500，如图13-80所示。

（7）在命令行输入 O，执行偏移命令，将垂直构造线分别向外进行偏移，其偏移距离为150，如图13-81所示。

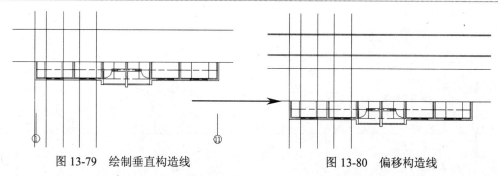

图 13-79　绘制垂直构造线　　　　　图 13-80　偏移构造线

（8）在命令行输入 TR，执行修剪命令，将偏移的线条进行修剪处理，如图 13-82 所示。

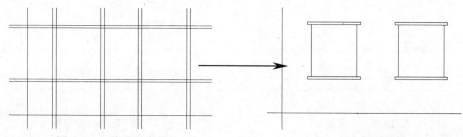

图 13-81　偏移垂直线　　　　　图 13-82　修剪偏移线条

（9）在命令行输入 REC，执行矩形命令，在命令行提示 "指定第一个角点或 [倒角(C)/标高(E)/圆角(F)/厚度(T)/宽度(W)]:" 后输入 "FROM"，选择 "捕捉自" 选项，如图 13-83 所示。

（10）在命令行提示 "基点:" 后捕捉垂直线端点，如图 13-84 所示。

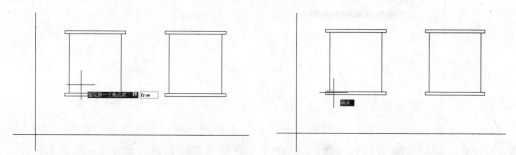

图 13-83　选择 "捕捉自" 选项　　　　　图 13-84　捕捉垂直线端点

（11）在命令行提示 "<偏移>:" 后输入 "@50,50"，指定矩形的起点，如图 13-85 所示。

（12）在命令行提示 "指定另一个角点或 [面积(A)/尺寸(D)/旋转(R)]:" 后输入 "@825，400"，指定矩形另一个角点完成矩形的绘制，如图 13-86 所示。

（13）在命令行输入 CO，执行复制命令，将绘制的矩形向上进行复制，其相对距离为 450 和 1500，如图 13-87 所示。

（14）在命令行输入 S，执行拉伸命令，在命令行提示 "选择对象:" 后利用 "窗交" 方式选择要进行拉伸的图形对象，如图 13-88 所示。

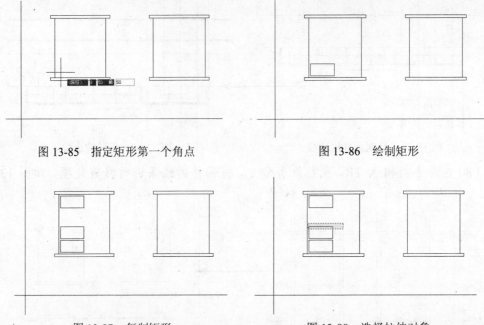

图 13-85　指定矩形第一个角点　　　　　图 13-86　绘制矩形

图 13-87　复制矩形　　　　　　　图 13-88　选择拉伸对象

（15）在屏幕上拾取一点，指定拉伸基点，将鼠标向上移动，输入"600"，指定拉伸
距离，如图 13-89 所示，拉伸图形后的效果如图 13-90 所示。

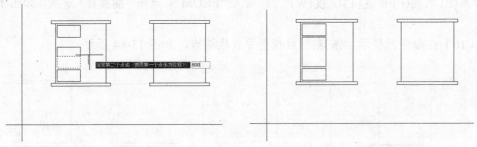

图 13-89　指定拉伸距离　　　　　　　图 13-90　拉伸图形对象

（16）在命令行输入 MI，执行镜像命令，将 3 个矩形进行镜像复制，如图 13-91 所示。

（17）在命令行输入 CO，执行复制命令，将矩形进行复制，如图 13-92 所示。

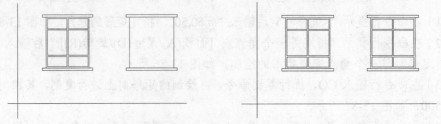

图 13-91　镜像复制矩形　　　　　　　图 13-92　复制矩形

（18）在命令行输入 XL，执行构造线命令，选择"垂直"选项，以墙线及门窗图形端

点为通过点，绘制垂直构造线，如图 13-93 所示。

（19）在命令行输入 O，执行偏移命令，将水平构造线向上进行偏移，其偏移距离分别为 600、1000、1950、3600，如图 13-94 所示。

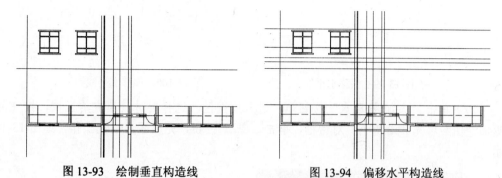

图 13-93　绘制垂直构造线　　　　　　图 13-94　偏移水平构造线

（20）在命令行输入 TR，执行修剪命令，将偏移的构造线进行修剪处理，如图 13-95 所示。

（21）在命令行输入 O，执行偏移命令，将顶端水平线向下进行偏移，其偏移距离为 550，如图 13-96 所示。

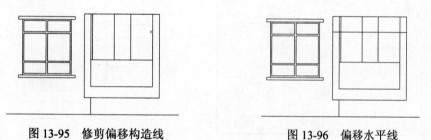

图 13-95　修剪偏移构造线　　　　　　图 13-96　偏移水平线

（22）在命令行输入 O，执行偏移命令，将水平线及垂直线进行偏移，其偏移距离为 50，如图 13-97 所示。

（23）在命令行输入 TR，执行修剪命令，将偏移线条进行修剪，如图 13-98 所示。

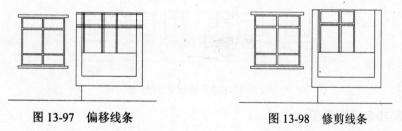

图 13-97　偏移线条　　　　　　　　　图 13-98　修剪线条

（24）在命令行输入 O，执行偏移命令，将右下方修剪后的水平线向下进行偏移，其偏移距离为 500 和 550，如图 13-99 所示。

（25）在命令行输入 O，执行偏移命令，将水平线向下进行偏移，其偏移距离分别为 50、150 和 200，如图 13-100 所示。

（26）在命令行输入 BH，打开"图案填充和渐变色"对话框，参数设置如图 13-101

所示。

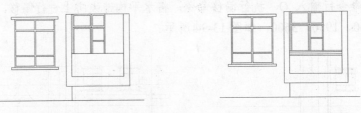

图 13-99　偏移水平线　　　　　图 13-100　偏移水平线

（27）单击"添加:拾取点"按钮 ，进入绘图区，选择要进行填充的区域，按 Enter 键返回"图案填充和渐变色"对话框，单击 按钮，完成图案填充操作，如图 13-102 所示。

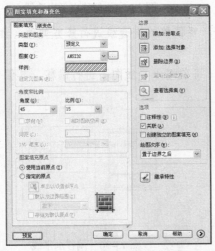

图 13-101　设置图案填充参数

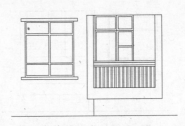

图 13-102　填充图形

（28）在命令行输入 **MI**，执行镜像命令，将绘制的立面图进行镜像复制，并使用修剪命令将多余线条进行修剪处理，如图 13-103 所示。

图 13-103　镜像立面图

2．绘制其余层立面图

在完成底层立面图的绘制后，可以使用阵列命令完成标准层的绘制，并绘制顶层立面图。操作步骤如下：

（1）在命令行输入 **AR**，执行阵列命令，打开"阵列"对话框，参数设置如图 13-104 所示。

（2）选择底层立面图，将其进行阵列复制，效果如图 13-105 所示。

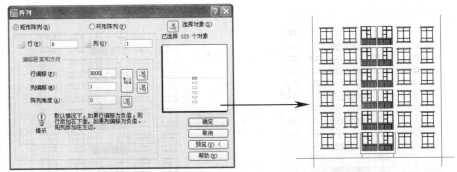

图 13-104　设置阵列参数　　　　　图 13-105　阵列复制立面图

（3）在命令行输入 EX，执行延伸命令，将垂直线进行延伸处理，如图 13-106 所示。

（4）在命令行输入 O，执行偏移命令，将水平线向上进行偏移，其偏移距离分别为 2800、3100 和 3800，如图 13-107 所示。

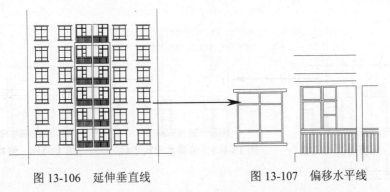

图 13-106　延伸垂直线　　　　　　图 13-107　偏移水平线

（5）使用延伸及修剪命令，对图形延伸，并将其进行修剪处理，如图 13-108 所示。

（6）在命令行输入 MI，执行镜像命令，将左端图形进行镜像复制，如图 13-109 所示。

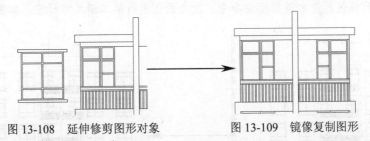

图 13-108　延伸修剪图形对象　　　　图 13-109　镜像复制图形

（7）在命令行输入 O，执行偏移命令，将底端水平构造线向上进行偏移，其偏移距离为 20300，如图 13-110 所示。

（8）使用延伸命令，将中间垂直线进行延伸，并使用修剪命令将多余线条进行修剪处理，如图 13-111 所示。

（9）在命令行输入 O，执行偏移命令，将两端垂直线向中间进行偏移，其偏移距离为 7200 和 8100，如图 13-112 所示。

（10）在命令行输入 O，执行偏移命令，将水平构造线向上进行偏移，其偏移距离分别为 1300、1420、2200，如图 13-113 所示。

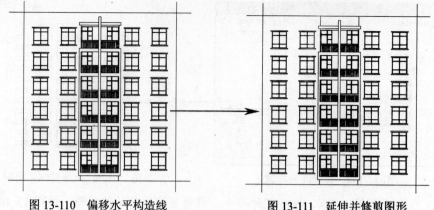

图 13-110　偏移水平构造线　　　　　　　图 13-111　延伸并修剪图形

（11）在命令行输入 TR，执行修剪命令，将偏移的构造线进行修剪处理，如图 13-114 所示。

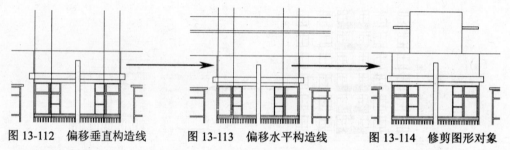

图 13-112　偏移垂直构造线　　　图 13-113　偏移水平构造线　　　图 13-114　修剪图形对象

3．标注立面图

完成立面图的绘制后，应使用尺寸标注等命令对图形进行标注。操作步骤如下：

（1）执行线性标注和连续标注命令，对立面图进行第一道尺寸标注，如图 13-115 所示。

（2）执行线性标注和连续标注命令，对立面图进行第二道尺寸标注，如图 13-116 所示。

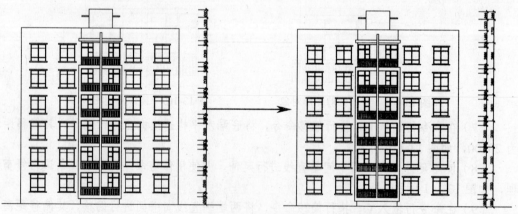

图 13-115　标注第一道尺寸　　　　　　　图 13-116　标注第二道尺寸

（3）执行线性标注命令，对立面图进行总高度尺寸标注，如图 13-117 所示。

（4）在命令行输入 I，执行插入命令，插入"标高.dwg"图形文件（立体化教学:\实例素材\第 13 章\标高.dwg），并输入标高文字内容，如图 13-118 所示。

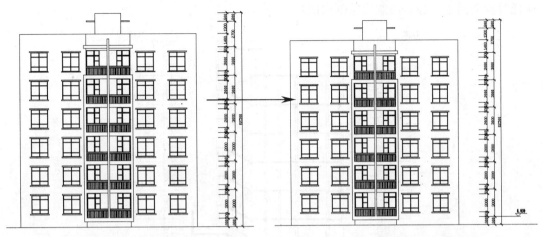

图 13-117　标注总高度　　　　　　　　　　图 13-118　插入标高图块

（5）在命令行输入 CO，执行复制命令，将插入的"标高"图块进行复制操作，效果如图 13-119 所示。

（6）选择"修改/对象/属性/单个"命令，对复制的标高文字内容进行修改处理，效果如图 13-120 所示。

图 13-119　复制标高图块　　　　　　　　　　图 13-120　修改标高文字

（7）在命令行输入 MI，执行镜像命令，将尺寸标注及标高标注进行镜像复制，完成对立面图的标注操作，并补充绘制勒脚图形，完成住宅楼立面图的绘制。

13.3　绘制住宅楼剖面图

13.3.1　项目目标

本案例将绘制如图 13-121 所示的住宅楼剖面图（立体化教学:\源文件\第 13 章\住宅楼

剖面图.dwg）。绘制该图形时，应在平面图的基础上，完成剖面轮廓的绘制，再绘制剖面图楼梯等剖面图形，最后绘制顶层剖面图形。

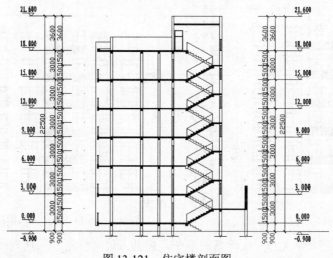

图 13-121　住宅楼剖面图

13.3.2　项目分析

　　建筑剖面图是假设剖切平面沿指定位置将建筑物切成两部分，并沿剖视方向进行平行投影得到的平面图形。本例的剖面图是多层相同的建筑，绘制该类图形时，应先在平面图的基础上确定剖面图的轮廓，再使用构造线、偏移、修剪等命令对剖切图形进行绘制，并使用阵列命令阵列复制出其他几层的剖面图，最后绘制顶层剖面图。

13.3.3　绘制过程

　　根据案例的项目分析，本例将绘制住宅楼剖面图，下面具体讲解绘制过程。

1．绘制剖面图轮廓

　　绘制住宅楼剖面图时，应在平面图的基础上完成剖面图轮廓的绘制。操作步骤如下：

　　（1）打开"住宅楼底层平面图.dwg"图形文件（立体化教学:\实例素材\第 13 章\住宅楼底层平面图.dwg），如图 13-122 所示。

　　（2）执行旋转命令，将平面图旋转-90°，并使用构造线命令在楼梯位置绘制水平构造线，指定剖面图剖面位置，如图 13-123 所示。

　　（3）执行修剪命令，将水平构造线下方的线条进行修剪，并使用删除命令将多余线条删除，如图 13-124 所示。

　　（4）在命令行输入 XL，执行构造线命令，在平面图上方绘制水平构造线，并使用"垂直"功能绘制垂直构造线，通过点为墙线端点，如图 13-125 所示。

　　（5）在命令行输入 O，执行偏移命令，将水平构造线向上进行偏移，其偏移距离分别为 600、900 和 1000，如图 13-126 所示。

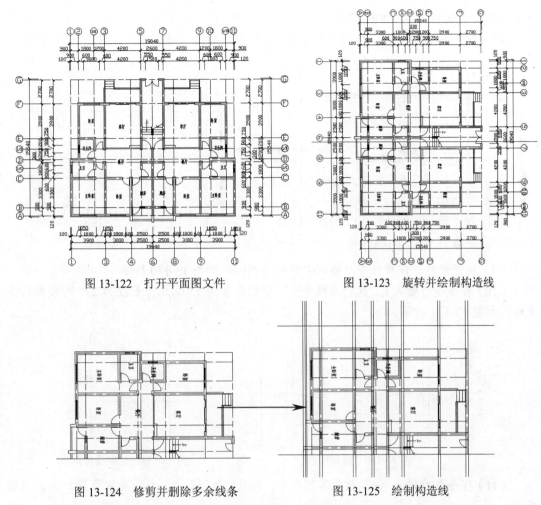

图 13-122　打开平面图文件　　　　　　图 13-123　旋转并绘制构造线

图 13-124　修剪并删除多余线条　　　　　图 13-125　绘制构造线

（6）在命令行输入 TR，执行修剪命令，将偏移的构造线进行修剪处理，如图 13-127 所示。

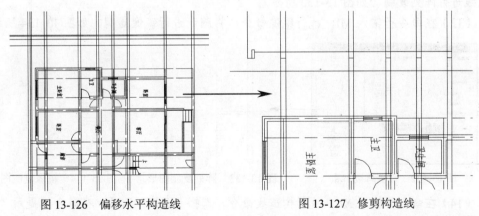

图 13-126　偏移水平构造线　　　　　　图 13-127　修剪构造线

（7）在命令行输入 O，执行偏移命令，将修剪后的水平线向下进行偏移，其偏移距离分别为 40、120 和 160，如图 13-128 所示。

（8）在命令行输入 TR，执行修剪命令，将偏移线条进行修剪处理，如图 13-129 所示。

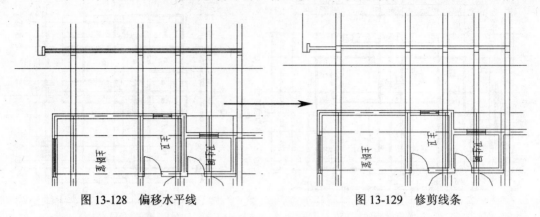

图 13-128　偏移水平线　　　　　　　　　　图 13-129　修剪线条

（9）执行偏移、修剪命令，绘制左端阳台图形，如图 13-130 所示。

（10）在命令行输入 L，执行直线命令，绘制高度为 150、水平长度为 275 的楼梯踏步直线，如图 13-131 所示。

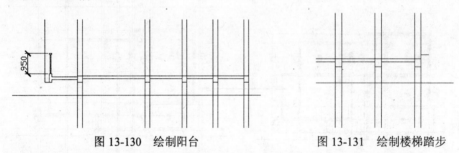

图 13-130　绘制阳台　　　　　　　　　　图 13-131　绘制楼梯踏步

（11）在命令行输入 AR，执行阵列命令，打开"阵列"对话框，参数设置如图 13-132 所示。

（12）单击"选择对象"按钮 ，返回绘图区，选择绘制的楼梯踏步直线，将楼梯踏步直线进行阵列复制，如图 13-133 所示。

（13）在命令行输入 MI，执行镜像命令，将踏步进行镜像复制，如图 13-134 所示。

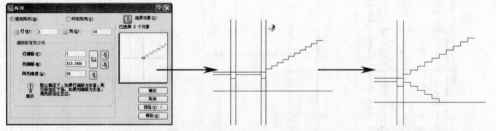

图 13-132　设置阵列参数　　图 13-133　阵列复制图形　　图 13-134　镜像复制图形

（14）在命令行输入 XL，执行构造线命令，选择"角度"选项，在命令行提示"输入构造线的角度 (0) 或 [参照(R)]:"后捕捉直线的端点，指定角度的第一点，如图 13-135 所示。

（15）在命令行提示"指定第二点:"后捕捉右上方直线端点，指定角度的第二点，如图 13-136 所示。

（16）在命令行提示"指定通过点:"后捕捉水平直线端点，指定倾斜构造线通过的点，如图 13-137 所示。

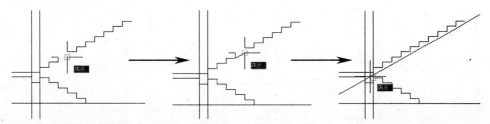

图 13-135　指定角度的第一点　　图 13-136　指定角度的第二点　　图 13-137　指定通过点

（17）在命令行输入 O，执行偏移命令，将水平构造线向上进行偏移，其偏移距离分别为 2100、2280、2400 和 4800，如图 13-138 所示。

（18）在命令行输入 TR，执行修剪命令，将线条进行修剪处理，如图 13-139 所示。

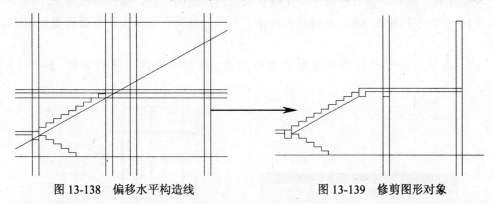

图 13-138　偏移水平构造线　　　　　　　图 13-139　修剪图形对象

（19）在命令行输入 L，执行直线命令，绘制楼梯栏杆图形，如图 13-140 所示。

（20）在命令行输入 MI，执行镜像命令，将楼梯踏步直线和栏杆图形进行镜像复制，如图 13-141 所示。

（21）在命令行输入 M，执行移动命令，将镜像复制后的图形进行移动，如图 13-142 所示。

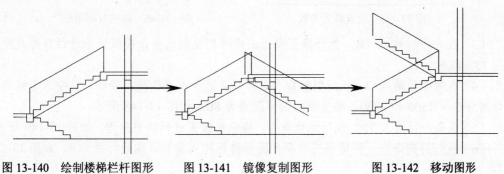

图 13-140　绘制楼梯栏杆图形　　　图 13-141　镜像复制图形　　　图 13-142　移动图形

（22）执行复制命令，将底端楼板图形向上进行复制，相对距离为3000，如图13-143所示。

（23）在命令行输入O，执行偏移命令，将楼板水平线向上偏移2100，并将垂直线向中间偏移120，再使用修剪命令将其进行修剪处理，如图13-144所示。

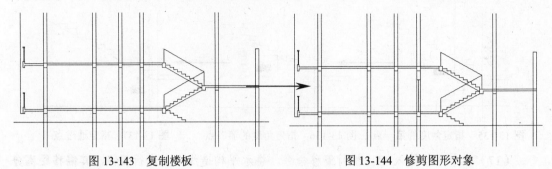

图 13-143　复制楼板　　　　　　　　　　　图 13-144　修剪图形对象

2. 绘制其余层剖面图

使用阵列、偏移、修剪等命令，完成其余层剖面图的绘制。操作步骤如下：

（1）在命令行输入AR，执行阵列命令，打开"阵列"对话框，参数设置如图13-145所示。

（2）选择底层要进行阵列复制的图形对象，将剖面图进行阵列复制，如图13-146所示。

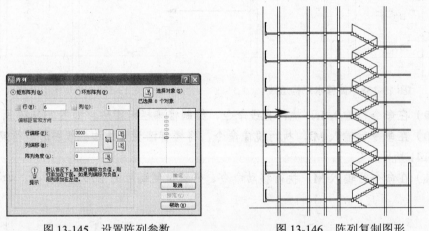

图 13-145　设置阵列参数　　　　　　　　　图 13-146　阵列复制图形

（3）在命令行输入TR，执行修剪命令，将阵列复制的多余楼板线条进行修剪处理，如图13-147所示。

（4）在命令行输入O，执行偏移命令，将垂直线和水平线进行偏移，其中水平线的偏移距离分别为1500和2700，垂直线的偏移距离为80，如图13-148所示。

（5）在命令行输入TR，执行修剪命令，将偏移线条进行修剪处理，如图13-149所示。

（6）执行阵列命令，将楼梯间的窗户图形进行阵列复制，阵列行数为6，如图13-150所示。

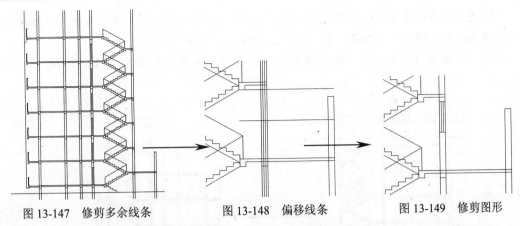

图 13-147　修剪多余线条　　　图 13-148　偏移线条　　　图 13-149　修剪图形

（7）执行视图缩放命令，将左上方的图形进行放大处理，如图 13-151 所示。

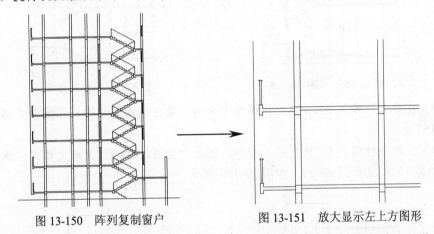

图 13-150　阵列复制窗户　　　　　图 13-151　放大显示左上方图形

（8）执行删除命令，将多余线条删除，并使用延伸命令将水平直线进行延伸处理，如图 13-152 所示。

（9）在命令行输入 O，执行偏移命令，将顶端水平直线向上进行偏移，其偏移距离为 200，将左边的竖直直线向右偏移，偏移距离为 240，如图 13-153 所示。

（10）在命令行输入 TR，执行修剪命令，将多余线条进行修剪，并使用延伸命令对垂直线进行延伸处理，如图 13-154 所示。

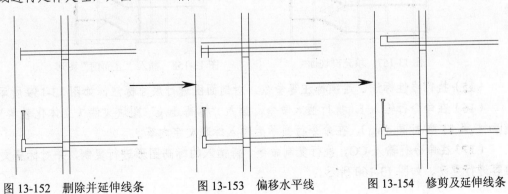

图 13-152　删除并延伸线条　　　图 13-153　偏移水平线　　　图 13-154　修剪及延伸线条

（11）在命令行输入 O，执行偏移命令，将底端水平构造线向上进行偏移，其偏移距离分别为 19800、20300、21600、21720 和 22500，如图 13-155 所示。

（12）在命令行输入 TR，执行修剪命令，将偏移线条进行修剪处理，如图 13-156 所示。

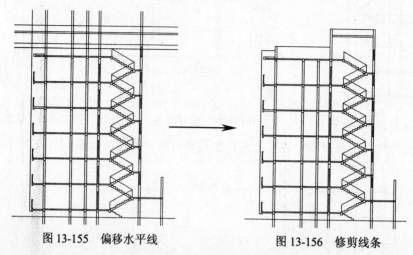

图 13-155　偏移水平线　　　　　图 13-156　修剪线条

（13）在命令行输入 BH，执行图案填充命令，将住宅楼剖切面以图案填充进行处理，如图 13-157 所示。

（14）在命令行输入 I，执行插入命令，插入"立面门.dwg"图形文件（立体化教学:\实例素材\第 13 章\立面门.dwg），如图 13-158 所示。

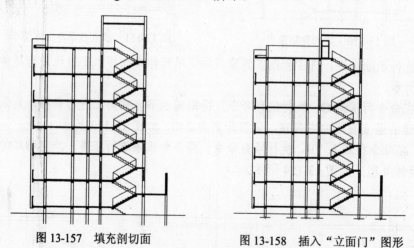

图 13-157　填充剖切面　　　　　图 13-158　插入"立面门"图形

（15）执行线性标注、连续标注等命令，对剖面图进行尺寸标注，如图 13-159 所示。

（16）在命令行输入 I，执行插入命令，插入"标高.dwg"图块文件（立体化教学:\实例素材\第 13 章\标高.dwg），在命令行提示后输入标高文字内容。

（17）在命令行输入 CO，执行复制命令，将插入的标高图形进行复制，并对标高文字内容进行更改，如图 13-160 所示。

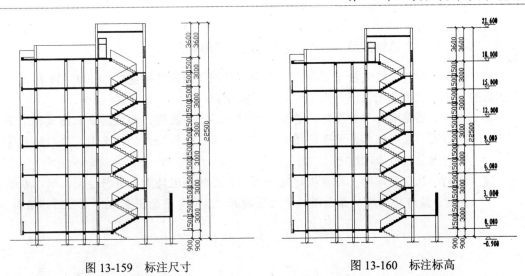

图 13-159　标注尺寸　　　　　　　　　　图 13-160　标注标高

（18）在命令行输入 MI，执行镜像命令，将尺寸标注和标高进行镜像复制，完成住宅楼剖面图的绘制。

13.4　练习与提高

（1）利用本章所绘制的住宅楼平面图，绘制如图 13-161 所示的住宅楼六层平面图（立体化教学:\源文件\第 13 章\住宅楼六层平面图.dwg）。

提示：打开"住宅楼标准层平面图.dwg"图形文件（立体化教学:\实例素材\第 13 章\住宅楼标准层平面图.dwg），然后对图形进行相应编辑，完成住宅楼六层平面图的绘制。

（2）绘制住宅楼屋顶层平面图，效果如图 13-162 所示（立体化教学:\源文件\第 13 章\屋顶层平面图.dwg）。

提示：打开本章绘制的平面图，删除多余图形对象，并对图形进行相应的编辑、修改。

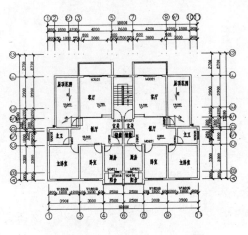

图 13-161　住宅楼六层平面图

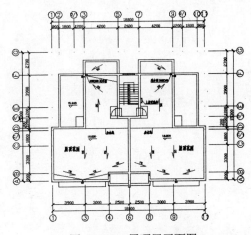

图 13-162　屋顶层平面图

经验技巧 总结使用 AutoCAD 绘制建筑图形的方法

本章主要以绘制某住宅楼平面图、立面图以及剖面图来介绍使用 AutoCAD 绘制建筑图形的方法。这里总结以下几点供读者参考和探索：

- 绘制多层建筑的平面图时，首先应绘制一层的平面图，如底层平面图或标准层平面图。在绘制其余层平面图时，可以调用已经绘制好的平面图，并对墙线等不同部分进行修改即可。

- 绘制建筑立面图时，应根据建筑平面图各层的不同特点来进行绘制，所以在绘制时，最好将要绘制立面图的平面图打开，以参考平面图来进行立面图的绘制。